ABITUR 2011

Prüfungsaufgaben
mit Lösungen

W0465910

Geographie

Leistungskurs
Gymnasium
Bayern
2005–2010

STARK

ISBN 978-3-89449-106-2

31. ergänzte Auflage
www.stark-verlag.de

Inhalt

Abiturprüfungsaufgaben 2009

Abiturprüfungsaufgaben 2010

Hinweise und Tipps sowie Lösungen der Aufgaben:

StD Dr. Hans-Joachim Mollwo

Vorwort

Liebe Kollegiatinnen und Kollegiaten,

der vorliegende Band soll Sie bei Ihren Vorbereitungen auf das G9-Abitur im Leistungskursfach Geographie unterstützen.

Er gliedert sich in zwei Teile:
Der erste Teil des Buches enthält wichtige (Hintergrund-)Informationen zum Abitur.
Ein Kapitel mit **Tipps und Hinweisen** gibt Ihnen praktische Hilfen und Informationen zu Anforderungen und Ablauf der Prüfung.

Der zweite Teil des Buches ist der „Übungsteil“. Er umfasst die **schriftlichen Abituraufgaben** einschließlich Lösungen des Leistungskurses Geographie der vergangenen Jahre. Aus diesen früheren Aufgaben können Sie wertvolle Schlüsse auf den Inhalt und die Anforderungen der kommenden Abiturprüfung ziehen.

Ein **Stichwortverzeichnis** erleichtert Ihnen das schnelle Auffinden von Informationen zu bestimmten Sachgebieten.

Sollten nach Erscheinen dieses Bandes noch wichtige Änderungen in der Abiturprüfung 2011 vom Kultusministerium bekannt gegeben werden, finden Sie aktuelle Informationen dazu im Internet unter *www.stark-verlag.de/info.asp?zentrale-pruefung-aktuell*

Ich wünsche Ihnen eine effektive Abiturvorbereitung und eine erfolgreiche Abiturprüfung!

H.-J. Mollwo

Dr. Hans-Joachim Mollwo

Stichwortverzeichnis

Hinweise und Tipps zum schriftlichen Abitur

1 Rahmenbedingungen für das schriftliche Abitur

In der schriftlichen Abiturprüfung des Leistungskurses werden Ihnen **vier Aufgaben zur Wahl** gestellt, von denen Sie **zwei** zu **bearbeiten** haben.

Als **Bearbeitungszeit** für die zwei frei zu wählenden Aufgaben stehen Ihnen **270 Minuten** zur Verfügung. Als **Hilfsmittel** dürfen Sie lediglich einen zugelassenen Erdkundeatlas sowie einen elektronischen Taschenrechner benutzen. Der Atlas darf keine Kommentare enthalten. Hervorhebungen und Verweise auf wichtige Karten durch Lesezeichen oder Haftnotizzettel sind jedoch gestattet.

2 Prüfungsinhalte

Der Lehrplan für die Jahrgangsstufen 12 und 13 bildet den inhaltlichen Rahmen für die schriftliche Abiturprüfung. Das heißt, alle vier Prüfungsaufgaben müssen sich an den folgenden, vom Lehrplan vorgegebenen Themen orientieren:
- Europa im Wandel
- USA/Kanada – Sowjetunion/Nachfolgestaaten, China
- Dritte Welt
- Die Zukunft des Planeten Erde – Erforschung, Sicherung und Planung als Aufgaben der Geowissenschaften

3 Modifikationen für den letzten Jahrgang des neunjährigen Gymnasiums

Die Abiturprüfungen des letzten Jahrgangs des neunjährigen Gymnasiums wurden um ca. sechs Wochen vorverlegt. Die schriftlichen Abiturprüfungen finden nun im **März 2011** statt. Sollten Sie die G9-Abiturprüfung im Frühjahr 2011 nicht bestehen, können Sie am zentralen Nachtermin im September 2011 teilnehmen.

Wegen der Vorverlegung wurden die Lehrpläne entsprechend gekürzt. Folgende Lernziele/Lerninhalte müssen laut Beiblatt zum Amtsblatt der Bayerischen Staatsministerien für Unterricht und Kultus und Wissenschaft, Forschung und Kunst, Nr. 19/2008 **nicht** behandelt werden und sind für die Lösung des G9-Abiturs 2011 **nicht** erforderlich:

Jahrgangsstufe 12

1.3 Strukturen und Strukturwandel in den Wirtschaftssektoren europäischer Staaten
  - Strukturwandel in der Landwirtschaft der ostmittel- und südosteuropäischen Länder
  - Strukturwandel in der Industrie der ostmittel- und südosteuropäischen Länder

1.5 Zusammenarbeit in Europa

2.6 Raumpotential als Machtfaktor

Jahrgangsstufe 13

1.3 Bedeutung sozialökonomischer Faktoren für die Unterentwicklung
- Süd- und Südostasien: religiöse Gegensätze/Kastenwesen, ethnische Vielfalt, internationale Arbeitsteilung

2.2 Gefährdung, Sicherung und Planung der Lebensgrundlagen auf dem Planeten Erde
- Gegenmaßnahmen: Beiträge einzelner Geowissenschaften: verfeinerte Messmethoden als Voraussetzung für Gegenmaßnahmen
- Schutz der Ressourcen Boden, Wasser und Luft, z. B. bei der Planung der Müllentsorgung; umweltbewusste Produktion

Detaillierte Informationen zum Doppeljahrgang 2011 finden Sie auch unter folgender Internetadresse: *http://www.gymnasium.bayern.de/gymnasialnetz/oberstufe/*

4 Leistungsanforderungen

4.1 Bearbeitung der Aufgaben

Jede Aufgabe stellt eine thematische Einheit dar. Die Abituraufgaben gliedern sich in **Teilaufgaben**, die als Arbeitsanweisungen formuliert und mit **Materialien** (Diagramme, Karten, Statistiken, Grafiken) versehen sind. Ausführliche Hinweise zur Bearbeitung der unterschiedlichen Materialien finden Sie auf S. 5 ff.).

Da im Abitur nur zwei Aufgaben bearbeitet werden müssen, stellt sich die Frage nach einer **sinnvollen thematischen Vorbereitung**. Soll man alle vier Halbjahresthemen vorbereiten oder „Mut zur Lücke“ haben und sich nur auf zwei Themen spezialisieren?
Da auch halbjahresübergreifende Teilaufgaben möglich sind, steigt Ihr Risiko, wenn Sie sich nur auf zwei oder drei Halbjahresthemen spezialisieren. Es ist daher ratsam, sich zumindest in Grundzügen auf alle vier Halbjahresthemen vorzubereiten. Dabei können Sie natürlich auf zwei oder drei Themen einen besonderen Schwerpunkt setzen.

4.2 Bewertungskriterien

Für jede Abituraufgabe werden 60 Bewertungseinheiten ausgewiesen. Für die zwei zu bearbeitenden Aufgaben können Sie also insgesamt maximal 120 Bewertungseinheiten erhalten. Die jeweils erreichbaren Bewertungseinheiten sind auf dem Aufgabenblatt bei den einzelnen Teilaufgaben angegeben und für den Korrektor verbindlich. Nur dann, wenn eine Teilaufgabe aus mehreren Unterfragen besteht, kann der Korrektor die Gesamtzahl der auf diese Teilaufgabe entfallenden Bewertungseinheiten nach eigenem Ermessen verteilen.

Als Kriterium für die inhaltliche Bewertung können die Lösungsvorschläge der Abituraufgaben der letzten Jahre dienen, die sich an den offiziellen Hinweisen zur Korrektur und Bewertung orientieren. Es gibt jedoch keine absolut verbindlich vorgeschriebenen Vorgaben für die Korrektur. Innerhalb gewisser Grenzen kann der Korrektor vom Lösungsschlüssel abweichen und entsprechend dem vorangegangenen Unterricht anders gewichten.

Neben der inhaltlichen Bewertung können auch Ungenauigkeiten, falsche Bezüge und Verstöße gegen die sprachliche Richtigkeit oder gegen die äußere Form die Bewertung beeinflussen.

Die in den beiden Aufgaben erreichten Bewertungseinheiten werden addiert und nach der folgenden Tabelle in Notenpunkte umgesetzt:

Notenpunkte	Notenstufen	Bewertungseinheiten	Intervalle in %
15	+1	120–115	
14	1	114–109	15
13	1–	108–103	
12	+2	102–97	
11	2	96–91	15
10	2–	90–85	
9	+3	84–79	
8	3	78–73	15
7	3–	72–67	
6	+4	66–61	
5	4	60–55	15
4	4–	54–49	
3	+5	48–41	
2	5	40–33	20
1	5–	32–25	
0	6	24–0	20

5 Anforderungsbereiche und Operatoren

Um eine Frage ihrem Sinngehalt und ihrer Zielrichtung nach eindeutig zu verstehen, müssen Sie die Arbeitsanweisungen exakt definieren können. Diese Arbeitsanweisungen spiegeln die unterschiedlichen **Anforderungsbereiche** wider, die in der Antwort erwartet werden. Generell unterscheidet man dabei die Ebene einer reinen **Reproduktion/Reorganisation** von Kenntnissen von der Ebene der **Übertragung** dieser Kenntnisse auf neue Inhalte und der Ebene **problemlösenden Denkens**.
Wenn Sie sich genauer über die Anforderungsbereiche informieren möchten, können Sie über die Internetseite der Kultusministerkonferenz (www.kmk.org) die „Einheitlichen Prüfungsanforderungen in der Abiturprüfung" (**EPA**) für das Fach Geographie herunterladen.

Allen drei Anforderungsbereichen sind bestimmte **Operatoren** zugeordnet. Anhand dieser standardisierten Arbeitsanweisungen können Sie erkennen, was genau von Ihnen in den einzelnen Teilaufgaben der Prüfung erwartet wird.

Tipp: Sehr häufig kommen in einer Teilaufgabe zwei Operatoren vor. Vergessen Sie nicht, beide Arbeitsaufträge auszuführen.

Die folgende Liste umfasst besonders typische Operatoren der einzelnen Anforderungsbereiche und verweist jeweils auf eine in diesem Buch abgedruckte Aufgabe aus einem früheren Jahrgang, die den entsprechenden Operator enthält. Dabei bedeutet z. B. der Zusatz 2010/I/1.1, dass dieses Beispiel aus den Abiturprüfungsaufgaben des Jahres 2010 stammt. Man findet es dort unter Aufgabe I, Teilaufgabe 1.1.

Ebene I (Reproduktion):

Operator(en)	Definition	Beispiel
zusammenfassen	einen Sachverhalt oder eine Aussage komprimiert angeben	2007/I/3.1
beschreiben/darstellen	einen Sachverhalt ohne Bewertung in seinen wesentlichen Aspekten aufzeigen	2005/II/3.2

herausarbeiten/ erarbeiten	einem vorgegebenen Material Informationen unter einem bestimmten Gesichtspunkt entnehmen	2005/I/3.1
umsetzen (z. B. in ein Diagramm)	(zeichnerisch) knapp einen Sachverhalt in seinen wesentlichen Merkmalen darstellen	2008/III/2.1
aufzeigen	auf besondere Sachverhalte/Merkmale aufmerksam machen	2005/III/3.2

Ebene II (Transfer):

Operator(en)	Definition	Beispiel
erklären	Sachverhalte in einen Zusammenhang einordnen und begründen	2005/I/1.1.
charakterisieren	die besonderen Eigenarten eines Sachverhaltes erkennen und zu typischen Merkmalen zusammenführen	2005/III/2.1
erläutern	Sachverhalte beschreiben und mit Beispielen oder Zusatzinformationen verdeutlichen	2005/II/1.2
zuordnen	Informationen sinnvoll in ein vorgegebenes Material einfügen und in einen Zusammenhang stellen	2005/II/2.1
vergleichen	Gemeinsamkeiten und Unterschiede verschiedener Sachverhalte herausarbeiten	2007/III/2.2

Ebene III (Problemlösung):

Operator(en)	Definition	Beispiel
überprüfen/ prüfen	Sachverhalte auf Richtigkeit und innere Logik untersuchen	2005/III/2.1
bewerten	ein mit einer persönlichen Wertung verbundenes Urteil vornehmen	2007/I/1.2
begründen	Sachverhalte überprüfen und ein sachgerechtes Urteil über deren Sinn und Richtigkeit treffen	2006/I/1.1
diskutieren	verschiedene Argumente zu einem Sachverhalt entwickeln, die als Basis zu einer begründeten Bewertung führen können	2007/II/2.2
erörtern	durch das Abwägen von Pro- und Contra-Argumenten ein Urteil zu einer vorgegebenen Problemstellung abgeben	2005/IV/3.2

6 Tipps zur schriftlichen Abiturprüfung

6.1 Auswahl der Aufgaben

Es gibt keine direkte Zeitvorgabe für die Auswahl der Aufgaben. Sie können sich von den insgesamt zur Verfügung stehenden 270 Minuten auch mehr als die dafür eigentlich vorgesehenen **30 Minuten Einlesezeit** nehmen. Auf keinen Fall sollten Sie vorschnell mit der Bearbeitung einer Aufgabe beginnen: Während des Schreibens abzubrechen und mit einer anderen Aufgabe zu beginnen kostet Zeit und Nerven. Legen Sie sich deshalb nicht zu schnell fest und lesen Sie wirklich alle Aufgaben einschließlich der Materialien intensiv durch, bevor Sie sich entscheiden. Um zu einer Entscheidung zu kommen, können Sie z. B. folgendermaßen vorgehen:

1. Sehen Sie sich die Überschriften der Aufgaben an. Überlegen Sie, ob ähnliche Fragestellungen zu einem vergleichbaren Raum schon einmal im Unterricht behandelt wurden, welches Vorwissen zum Thema Sie also schon mitbringen.

2. Markieren Sie wichtige Informationen in den Fragestellungen und im Materialteil.

3. Überprüfen Sie, ob die Materialien aussagekräftig sind und ob es geeignete Karten im Atlas zu diesem Thema gibt. Wenn Sie der Meinung sind, dass z. B. eine Grafik schlecht lesbar ist oder eine Aufgabenstellung eine missverständliche Formulierung enthält, wenden Sie sich an die aufsichtführenden Lehrkräfte. Diese dürfen Ihnen zwar keine inhaltlichen Hilfen geben, müssen aber formale Probleme lösen.

Legen Sie, wenn Sie Ihre Entscheidung getroffen haben, einen **Zeitplan** fest und halten Sie diesen auch ein! Bei Ihrem Zeitplan sollten Sie nicht nur bedenken, dass Sie zwei Aufgaben zu bearbeiten haben, sondern auch, dass Sie unbedingt am Ende noch genügend Zeit einberechnen müssen, um Ihre Antworten noch einmal gründlich durchzulesen und gegebenenfalls zu korrigieren.

Tipp: Ohne „Abschalten" zwischendurch geht es nicht. Planen Sie auch Pausen ein! Neben einer längeren Pause von einigen Minuten, ungefähr nach der Hälfte der Bearbeitungszeit, ist es empfehlenswert, auch zwischendurch hin und wieder kurz den Stift aus der Hand zu legen. Nach einer solchen kleinen „Auszeit" gehen Sie oft mit einem ganz anderen Blick und neuen Ideen an die Aufgaben heran.

6.2 Ausformulierung

Bevor Sie mit der Ausformulierung Ihrer Lösungen beginnen, sollten Sie sich – trotz der bereits vorhandenen **Vorstrukturierung durch die Teilfragen** – einen **sinnvollen Aufbau** Ihrer Antworten überlegen. Auf diese Weise vermeiden Sie Wiederholungen und Widersprüche, die nicht nur Zeit, sondern auch Punkte kosten können.
Versuchen Sie auch unbedingt, die vorgegebene Reihenfolge der Teilaufgaben beizubehalten. Häufig sind die Teilaufgaben logisch aufeinander aufgebaut, sodass eine veränderte Reihenfolge bei der Bearbeitung unnötige Probleme mit sich bringt.

Tipp: Als sinnvoll hat sich erwiesen, nach jeder Teilaufgabe bei der ersten Niederschrift noch genügend freien **Platz für eventuelle nachträgliche Zusätze** zu lassen. Sollte dieser Platz dann für die späteren Ergänzungen nicht ausreichen, müssen Sie unbedingt darauf achten, dass Ihre zusätzlichen Ausführungen (u. U. auf einem Extrablatt!) eindeutig zugeordnet werden können.

Schreiben Sie lesbar und grammatikalisch korrekt – bei missverständlichen Aussagen ist kein Korrektor gezwungen, zu Ihren Gunsten zu entscheiden! Vermeiden Sie es, selbst wenn Sie Überschneidungen von zwei Fragen vermuten, als Antwort auf eine Frage auf die Antwort zu einer anderen Frage zu verweisen.

Tipp: Kennzeichnen Sie auf dem Aufgabenblatt bereits bearbeitete Teilaufgaben. Es ist schon vorgekommen, dass einzelne Teilaufgaben vergessen wurden!

7 Umgang mit Materialien

Die schriftlichen Abituraufgaben im Fach Geographie beziehen sich in der Regel auf beiliegende **Karten, Statistiken, Grafiken, Diagramme** u. ä.. Mit deren Interpretation kann man einen beträchtlichen Teil der möglichen Punktzahl erreichen. Es empfiehlt sich daher, schon bei der Vorbereitung auf das Abitur einen Schwerpunkt auf die Interpretation von Materialien zu legen.

7.1 Tabellen, Grafiken, Diagramme

Statistische Angaben werden Ihnen im Abitur in den Regel in Form von **Tabellen, Grafiken** und **Diagrammen** vorgelegt. Bei der Interpretation dieser Art von Materialien ist es ratsam, eine Art „Gerüst" zur Verfügung zu haben, an dem Sie sich orientieren können. Generell ist ein Vorgehen in **drei Schritten** empfehlenswert:

1. Analyse der Form
2. Analyse des Inhalts
3. Analyse der Aussageabsicht, Interpretation und Kritik

Bei den drei Schritten können – je nach Thema – folgende **Leitfragen** hilfreich sein:

1. Form:

- Was ist Thema/Erhebungsgegenstand und Zweck (Überschrift, Begleittext) der Tabelle/Grafik/des Diagramms?
- Welcher Erhebungsraum und Erhebungszeitraum liegt der Darstellung zugrunde (Momentaufnahme, Entwicklung, Prognose)?
- Wie und durch wen wurden die Werte ermittelt?
- Auf welchen Quellen beruht die Tabelle/Grafik/das Diagramm?
- Welche Darstellungsform wurde gewählt (z. B. Kurven-/Linien-, Säulen-/Balken-, Kreis-, Flächen-, Block- und Figuren-Diagramm)?
- Was sind die Bezugsgrößen: Zahlenarten (absolute Zahlen, Prozentzahlen, Indexzahlen), Zahlenwerte (gerundet, geschätzt, vorläufig), Maßeinheiten und Intervalle?
- Welche Kategorien werden zueinander in Beziehung gesetzt (z. B. bei Tabellen Gliederung in Kopfzeile, Spalten und Vorspalten)?
- Sind auffällige grafische Gestaltungsmittel vorhanden (Symbole, Farben, Bilder)?

2. Inhalt:

- Welche Hauptaussagen lassen sich formulieren (Trends, Tendenzen)?
- Welche Teilaussagen in Bezug auf Einzelaspekte lassen sich machen (Minima, Maxima, Zunahme, Abnahme, Stagnation, Zahlensprünge, Anomalien, Gleichmäßigkeiten und regelhafte Verläufe, unterschiedliche Phasen, Wechselbeziehungen zwischen verschiedenen Variablen/Merkmalen, ...)?

3. Aussageabsicht, Interpretation und Kritik:

- Welche Antwort gibt die Tabelle/Grafik/das Diagramm auf die Fragestellung? Zu welchen Teilbereichen lassen sich keine Aussagen treffen?
- Welche Empfehlungen oder Handlungen werden durch die Tabelle/Grafik/das Diagramm nahe gelegt?
- Welche neuen Fragen werden durch die Informationen der Tabelle/Grafik/des Diagramms aufgeworfen?
- Was sind mögliche Ursachen für die der Tabelle/Grafik/dem Diagramm entnommenen Sachverhalte?
- Beurteilung der Aussagekraft: Sind die Daten repräsentativ und korrekt? Ist die Darstellungsform angemessen? Gibt es Unklarheiten in Bezug auf die Daten, Bezugsgrößen, Quellen ...? Fehlen Informationen? Besteht Verdacht auf Interessengebundenheit/Manipulation (Datenauswahl, Auftraggeber, grafische Darstellung ...)?

Nach dieser „Vorarbeit" müssen Sie die entscheidenden Aussagen klar und prägnant wiedergeben. Ihre Ausführungen sollten auch ohne Blick auf das Material verständlich sein.

Bei der Frage nach den **Erklärungen** für die gefundenen Aussagen vergleichen Sie die von Ihnen vermutete Erklärung möglichst mit bereits vorhandenem Vorwissen. Ziehen Sie auch die Aussagen anderer Materialien (Atlas, Statistiken) heran und stellen Sie deren Aussagen in einen Zusammenhang mit den gefundenen Ergebnissen.

Tipp: Auf welche Materialinformationen und Aspekte Sie bei der Ausformulierung Ihrer Lösung tatsächlich zurückgreifen, hängt jeweils von der konkreten Aufgabenstellung ab. Keinesfalls sollten Sie alles, was Ihnen zum Material einfällt, niederschreiben, sondern eine zielgerichtete Auswahl treffen!

7.2 Karten

Karten sind im Fach Geographie ein zentrales Material. Da Sie in der Abiturprüfung eine Sammlung von Karten – den Atlas – verwenden dürfen, sind Karten auch im Hinblick auf die Abiturprüfung Ihr wichtigstes Hilfsmittel. Durch **gute Atlaskenntnisse** können Sie viel Zeit sparen!

Tipp: Zwar darf Ihr Atlas keine Kommentare enthalten. Sie können aber durchaus einige wichtige Karten mit Haftnotizzetteln oder Lesezeichen, thematisch durch unterschiedliche Farben untergliedert, kennzeichnen.

Auch im Umgang mit Karten bietet der Dreischritt Form – Inhalt – Aussageabsicht/Interpretation/Kritik ein gutes Grundgerüst:

1. **Form**:
   Bevor Sie sich mit dem Inhalt der Karte auseinandersetzen, sehen Sie sich zunächst Überschrift, Maßstab, Legende und u. U. die zeitliche Zuordnung an. So verschaffen Sie sich einen **ersten Überblick** über den dargestellten Raum.
   Sind Sie sich über die räumliche Einordnung nicht ganz im Klaren, so sollten Sie andere, kleinmaßstäblichere Karten aus dem Atlas zurate ziehen.
2. **Inhalt**:
   Anschließend kommen Sie zur **inhaltlichen Analyse**, indem Sie die einzelnen Signaturen auf ihre räumliche Verteilung prüfen und dabei die Schwerpunkte und Tendenzen festhalten. Mitunter werden Sie erst aus der Zusammenschau mehrerer Signaturen die erforderlichen Erkenntnisse erhalten. Auch mithilfe ergänzender Karten sind wertvolle Schlussfolgerungen möglich.
3. **Aussagekraft/Interpretation/Kritik**:
   Je nach Fragestellung müssen Sie eine Karte entweder nur **beschreiben**, wobei selbstverständlich die genaue räumliche Verteilung der nachgefragten Merkmale im Vordergrund steht, oder Sie müssen über die reine Beschreibung hinaus das Verteilungsmuster **erläutern**. Im ersten Fall reichen normalerweise die in der Karte enthaltenen Informationen aus, im zweiten Fall müssen aus Vorkenntnissen oder anderen Materialien die richtigen Schlüsse gezogen werden.

Tipp: Bei der Auswertung sehr komplexer Karten und bei einer offenen Aufgabenstellung („Analysieren Sie die Karte XY") ist es hilfreich, die zur Karte gehörende Gliederung der Legende auch als Gliederung für die eigenen Ausführungen zu benutzen.

Auch bei der Kartenarbeit ist eine klar gegliederte, logisch aufgebaute Antwort, die die gesamte Fragestellung abdeckt, erforderlich. Schwammige, vage und oberflächliche Andeutungen oder gar Widersprüche sollten Sie unbedingt vermeiden.

7.3 Profile

Sie sollten sich auch darauf vorbereiten, u. U. ein Profil zeichnen zu müssen. Diese Aufgabe kann sich auf den topographischen oder thematischen Bereich (z. B. Jahresniederschlagsmengen entlang einer vorgegebenen Strecke), beziehen.

Beispiel: *Setzen Sie die Daten der Anlage I.1 in ein maßstabsgetreues West-Ost-Klimaprofil um und begründen Sie den aus diesem Profil ersichtlichen Wandel der klimatischen Verhältnisse!* (2006/I/1.1)

Bei einer solchen Aufgabenstellung sollten Sie sich zunächst einen sinnvollen Höhen- und Längenmaßstab überlegen. Entscheidend ist dabei, dass aus dem Profil die wesentlichen Höhen-/Werteunterschiede deutlich erkennbar sind. Die Profillinie darf also nicht annähernd horizontal verlaufen.

Achten Sie auf eine maßstabsgetreue Zeichnung. Rechnen Sie dabei immer zunächst eine vorgegebene Strecke nach dem Maßstab der Atlaskarte in die reale Entfernung um. Dann erst sollten Sie die errechnete tatsächliche Streckenlänge nach dem Längenmaßstab Ihres Profils in die von Ihnen zu zeichnende Länge der Profillinie umrechnen.

Wenn entlang einer Profillinie in einer Atlaskarte zu wenig Höhenangaben enthalten sind, können Sie sich mit den Farbübergängen behelfen, die aus der Legende ersichtlich sind und jeweils einem bestimmten Höhenwert entsprechen. Auch bei thematischen Profilen kann man die Farbübergänge in einer Karte nutzen. Wenn z. B. hellgelbe Flächen eine Temperatur von 5–10 °C darstellen und mittelgelbe Flächen 10–15 °C entsprechen, dann liegt der Wert der Grenzlinie bei 10 °C.

Geben Sie die gewählten Maßstäbe in der Form 1 : X an, beschriften Sie die Achsen und versehen Sie die Profillinien mit den korrekten Bezeichnungen, z. B. „Jahresniederschlag“ oder „Januartemperatur“. Bei topographischen Profillinien sollten Sie wichtige Geländepunkte, Landschaftseinheiten o. ä. kennzeichnen.

Meist wird von Ihnen noch gefordert, neben der Zeichnung aus dem Profil erkennbare Merkmale zu erläutern, oder es schließen sich Aufgaben an, die auf der Profillinie aufbauen. Die Profilzeichnung selbst wird nach inhaltlicher Korrektheit sowie zeichnerischer Vollständigkeit, Sauberkeit und Exaktheit bewertet.

Eine Zeichnung verlangt normalerweise mehr Zeit als eine schriftliche Beantwortung einer Frage. Bedenken Sie das, wenn Sie Ihren Zeitplan zur Bearbeitung der Aufgaben aufstellen. Halten Sie sich unbedingt auch dann an diesen Zeitplan, wenn die anzufertigende Zeichnung zu einer übermäßig langen Beschäftigung damit verleitet.

Tipp: Zeichnen Sie nie mit Kugelschreiber oder Füller, sondern immer mit Bleistift! So können Sie auch leichter korrigieren.

7.4 Arbeit mit Texten

Im Materialteil können Ihnen als Anlagen auch Texte vorgelegt werden, mit denen Sie sich – je nach Fragestellung – in unterschiedlicher Weise auseinandersetzen müssen. Die einfachste Form ist eine Zusammenfassung der wichtigsten Aussagen. Etwas aufwendiger ist es, wenn man aus dem Text nur ganz bestimmte Gesichtspunkte erarbeiten und interpretieren soll. Der höchste Anforderungsbereich „Problemlösung“ wird dann erreicht, wenn man Sie dazu auffordert, Stellung zu bestimmten Textteilen zu nehmen oder z. B. den Text wertend im Vergleich mit anderen Materialien auf Gemeinsamkeiten und Unterschiede bzw. logische Übereinstimmungen oder Unstimmigkeiten hin zu untersuchen. Wesentlich ist in jedem Fall, dass Sie den Textsinn präzise erfassen und in knappen eigenen Worten wiedergeben können.

Bei der Bearbeitung sollten Sie darauf achten, dass manchmal schon die **Überschrift** des Textes oder vielleicht sogar der Autor bzw. das Erscheinungsjahr erste Hinweise zur Beantwortung der Frage geben können: Handelt es sich bei dem Text um eine objektive Darstellung oder um die subjektive Meinungsäußerung des Autors?

Es empfiehlt sich, mit Bezug zur Fragestellung die wesentlichen **Schlüsselbegriffe** des Textes zu **markieren** und den **Inhalt** zu analysieren und **zusammenzufassen**. Auf keinen Fall sollten Sie in Ihrer Antwort Textstellen wortwörtlich übernehmen. Notwendig ist dagegen, die Textstellen (Zeilenangaben!) zu nennen, denen Sie bestimmte Argumente oder Daten entnommen haben.

Leistungskurs Erdkunde (Bayern): Abiturprüfung 2005 – Aufgabe I: Nordeuropäische und baltische Staaten

1 Naturraum und energiewirtschaftliche Nutzung

1.1 Erklären Sie unter Einbeziehung von Anlage I.1, weshalb Teile der Ostsee im Gegensatz zur Nordsee vereisen, und erläutern Sie das räumliche Muster der Eisbedeckung der Ostsee!

1.2 Zeichnen Sie unter Zuhilfenahme geeigneter Atlaskarten ein Höhenprofil durch Nordeuropa bei etwa 62° N von Ålesund an der norwegischen Küste bis Imatra an der finnisch-russischen Grenze, das die großräumigen Reliefeinheiten wiedergibt!
Legen Sie das Potenzial zur Erzeugung hydroelektrischer Energie innerhalb dieser Reliefeinheiten dar! (22 BE)

2 Wirtschaft in Nordeuropa

2.1 Die Verhüttung von Erzen spielt für die Staaten Nordeuropas eine bedeutende wirtschaftliche Rolle.
Erklären Sie jeweils die Lage der Hüttenstandorte in Norwegen und Schweden!

2.2 Kiruna wurde 1901 als Bergbausiedlung in Nordschweden gegründet und hatte seine Blütezeit in den 1960er und den frühen 1970er Jahren mit bis zu 8 300 Beschäftigten im Bergbau. Bis zum Jahr 2003 sank diese Zahl auf 3 100.
Erläutern Sie die Veränderungen der in Anlage I.2 dargestellten Altersstruktur Kirunas! Legen Sie davon ausgehend Probleme dar, die bei einer bergbaulichen Erschließung in subpolaren Regionen wie dem Raum Kiruna auftreten! (20 BE)

3 Die baltischen Staaten

3.1 Die Entwicklung der Zu- und Abwanderung von und nach Lettland seit 1980 ist typisch für die baltischen Staaten.
Arbeiten Sie die in Anlage I.3 erkennbaren Veränderungen heraus und begründen Sie diese!

3.2 Von 1995 bis 2003 haben die baltischen Staaten ihr durchschnittliches BIP/Kopf von knapp 20 % auf 40 % des EU-15-Durchschnitts gesteigert.
Erörtern Sie Chancen und Hemmnisse für eine weitere Verbesserung der wirtschaftlichen Lage der baltischen Staaten nach deren Beitritt zur EU! (18 BE)

(60 BE)

Anlage I.1:
Wasserbilanz der Ostsee [km³/Jahr]

Wasserzufuhr			**Wasserabfuhr**	
Flusswasser	Niederschlag	Einstrom aus der Nordsee	Verdunstung	Abfluss in die Nordsee
440	225	470	185	950

Anlage I.2:
Altersstruktur von Kiruna

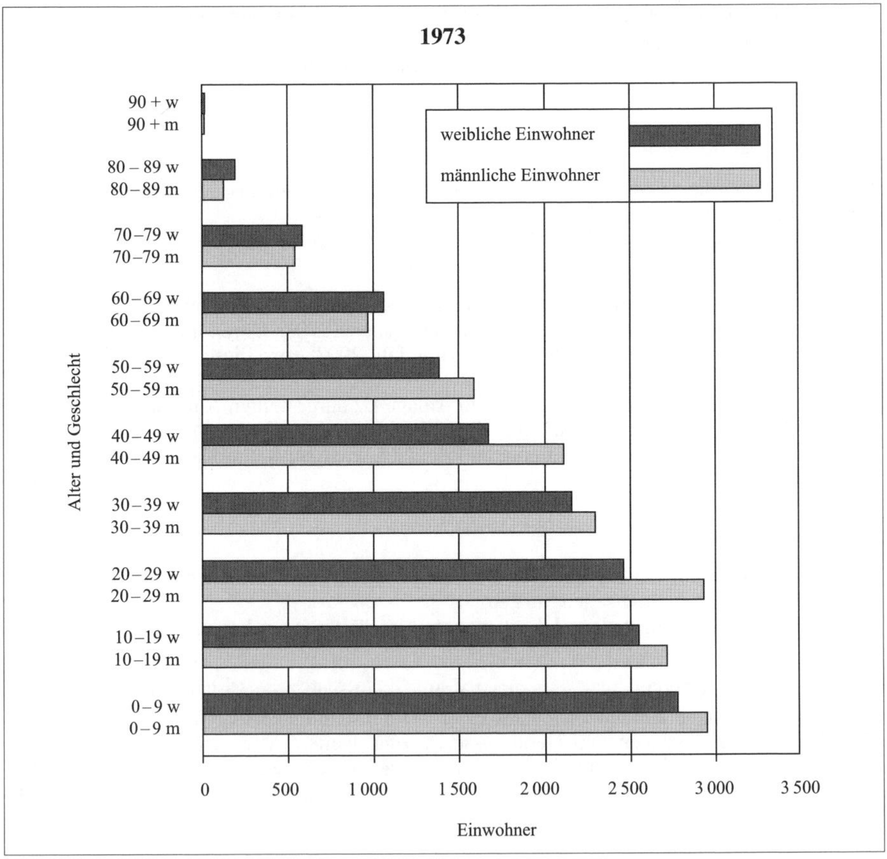

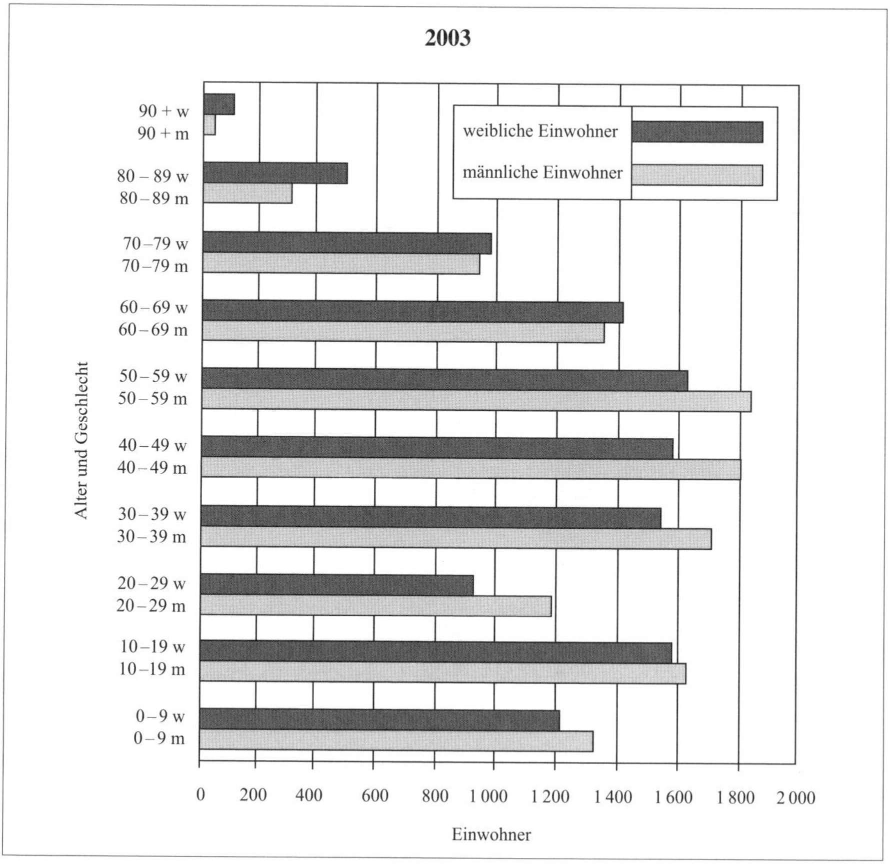
2003
90 + w
90 + m
80 – 89 w
80 – 89 m
70 – 79 w
70 – 79 m
60 – 69 w
60 – 69 m
50 – 59 w
50 – 59 m
40 – 49 w
40 – 49 m
30 – 39 w
30 – 39 m
20 – 29 w
20 – 29 m
10 – 19 w
10 – 19 m
0 – 9 w
0 – 9 m
Alter und Geschlecht
weibliche Einwohner
männliche Einwohner
0
200
400
600
800
1 000
1 200
1 400
1 600
1 800
2 000
Einwohner

Anlage I.3:
Daten zur Bevölkerung Lettlands

Jährliche Zu- und Abwanderung Lettlands (bis 1990 Lettische Sozialistische Sowjetrepublik)

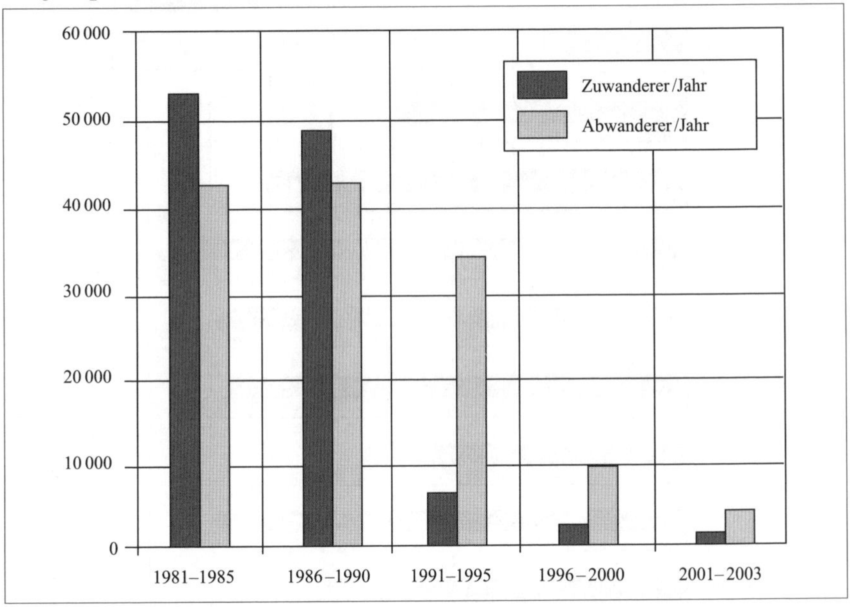

Ethnien und Sprachkompetenz

	1989	**2002**
Letten	1 387 757	1 365 308
Russen	905 515	684 657
Weißrussen	119 702	93 583
Ukrainer	92 101	61 589
Polen	60 416	58 502
Litauer	34 630	32 673
Andere	66 446	49 456

	1989
Letten in Lettland mit russischen Sprachkenntnissen (in %)	65,7
Russen in Lettland mit lettischen Sprachkenntnissen (in %)	21,1

Quellenverzeichnis

Stadelbauer, J.: Demographische Entwicklungen und ethnische Minderheiten in den baltischen Staaten. In: Geographische Rundschau, Heft 4, 1999, S. 165.

http://www.meeresgeo-online.de/inhalt/ostsee.php?is=&sg=12

http://www.popin.lanet.lv/en/index_eng.html

http://www.ssd.scb.se/databaser

Lösungsvorschlag

1.1 Die Ostsee ist ein weitgehend geschlossenes Binnenmeer mit nur schmalen Zugängen zur Nordsee und damit zum Atlantik. Der Wasseraustausch ist daher sehr gering. Wie die Anlage zeigt, ist dabei der Abfluss in die Nordsee mit 950 km^3/Jahr etwa doppelt so hoch wie der salzreiche Einstrom aus der Nordsee mit 470 km^3/Jahr. Vor allem das in die Ostsee mündende Flusswasser muss in die Nordsee abtransportiert werden. So wird es verständlich, dass der Salzgehalt der Ostsee viel geringer ist als der der Nordsee. Je weiter man in den Osten und Norden kommt, desto geringer wird die Konzentration. Das begünstigt genauso wie das Fehlen einer warmen Meeresströmung und die bis in höhere nördliche Regionen reichende Lage der Ostsee die Eisbildung. Die Winter sind im Gebiet der Ostsee kälter als an der Nordsee, da das Klima kontinentaler ist. Denn der Einfluss des Atlantiks ist durch die Skanden deutlich abgeschwächt und wird durch die Wirkung der umgebenden Landmassen ersetzt. Schließlich wirken auch die nur sehr geringfügigen Gezeiten entsprechend. Das Wasser ist weniger in Bewegung als bei der gezeitenstärkeren Nordsee und erlaubt daher eine schnellere Eisbildung.
Das räumliche Muster der winterlichen Eisbedeckung der Ostsee entspricht den oben angeführten Gründen für die Vereisung. In den nördlichen und östlichen Teilen der Ostsee ist die Vereisung ausgeprägter durch den höheren Süßwasseranteil bzw. die niedrigeren Temperaturen. Im Bottnischen, Finnischen und Rigaischen Meerbusen sowie an der schwedischen Küste nördlich von Öland werden die längsten Vereisungen gemessen. Insbesondere gilt dies im Bereich schmaler Buchten und vorgelagerter Inseln, die die Strömung und Wasserzirkulation behindern und so die Vereisung fördern. (BE 10)

1.2

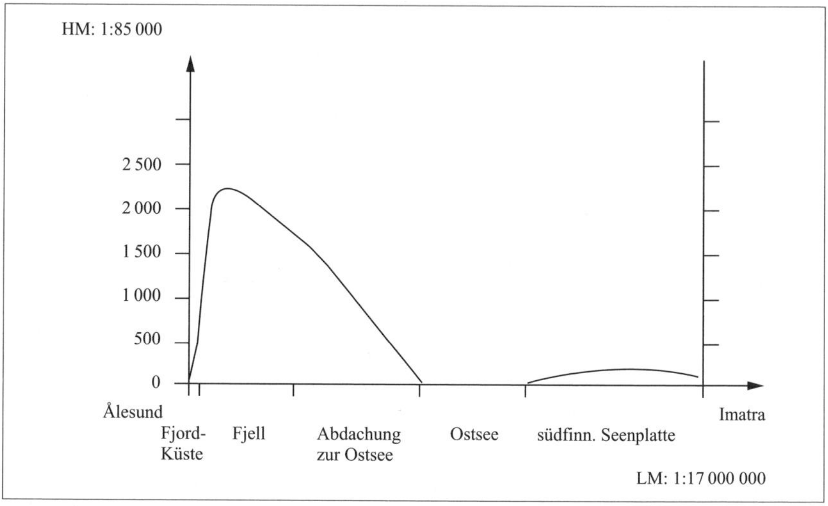

Die norwegische Fjordküste und der Westabfall des Fjells weisen aufgrund der hohen Reliefenergie sehr gefällereiche Flüsse auf. Das Gebirge dacht sich nach Westen ziemlich steil ab, erhält hohe Steigungsniederschläge und versorgt die Flüsse ganzjährig mit gleichmäßig großen Wassermengen. Diese Reliefeinheit ist daher sehr gut für die Anlage von Speicherkraftwerken geeignet.
Die sich östlich anschließende Landschaftseinheit der Ostabdachung des Fjells bis hin zur Ostseeküste hat ein geringeres Gefälle und ist aufgrund der Leeseite auch niederschlagsärmer. Die Flüsse sind länger und nicht ganz so gleichmäßig in ihrer Wasserführung, auch wegen der kälteren Winter. Dennoch ist auch hier ein Potenzial für die Anlage von Speicher- und Laufkraftwerken vorhanden.
Die Ostseeküsten haben durch die geringen Gezeiten keinerlei Eignung für die Anlage von Gezeitenkraftwerken.
Die Finnische Seenplatte ist recht flach, die Flüsse haben nur ein geringes Gefälle und wegen der kontinentalen Leelage auch keine starke Wasserführung. Wenn überhaupt, dann lässt sich dieses Gebiet hydroenergetisch höchstens zur Anlage einiger Laufkraftwerke nutzen. (BE 12)

2.1 Die wichtigsten Hüttenstandorte liegen in Norwegen und in Schweden an den jeweiligen Küsten. Dadurch entstehen Transportkostenvorteile, vor allem, weil ein Großteil der Erzeugnisse exportiert wird. Da diese Standorte im Laufe der Zeit Gebiete hoher Besiedlungsdichte geworden sind, kann man auf ein großes Arbeitskräftepotenzial zurückgreifen.
In Norwegen findet man vor allem Aluminiumhütten, die die reichlich vorhandene Hydroenergie nutzen können. Die Fjorde bieten dazu gut geschützte Hafenanlagen, die direkt am Atlantik liegen und damit einen kostengünstigen Import von Bauxit und die Belieferung des Weltmarktes mit Aluminium erlauben.
In Schweden überwiegen dagegen Eisen- und Stahl- sowie Buntmetallverhüttung, die über die regional vorhandenen Rohstoffe versorgt werden. Zwar geht auch hier ein Teil der Produkte in den Export, aber es wird ein sehr viel größerer Prozentsatz als in Norwegen in den heimischen Industrien im Süden Schwedens verarbeitet. (BE 8)

2.2 Kiruna hatte in seiner Blütezeit 1973 eine für den damaligen Wirtschaftsboom typische Altersstruktur. Bis zu den 60-Jährigen überwogen aufgrund der Arbeit in den Bergwerken in den jeweiligen Altersgruppen die männlichen Einwohner. Den größten Anteil hatte die arbeitsfähigste Altersgruppe der 20- bis 29-Jährigen. Es gab sehr viele Jugendliche, offensichtlich dominierten junge Familien, die wegen der attraktiven Arbeitsplätze im Bergbau hierher gezogen waren. Die Altersstruktur hatte fast eine ideale Pyramidenform, die Bevölkerungszahl wuchs stetig.

Bis zum Jahr 2003 hat sich das Bild deutlich verschoben. Der Altersaufbau ähnelt nun bei Fortbestehen des Männerüberschusses bis 60 Jahre mehr einer Urnenform. Es überwiegen die Jahrgänge zwischen 30 bis 60 Jahre. Die Gruppe der 20- bis 29-Jährigen hat einen drastischen Rückgang zu verzeichnen, der offensichtlich durch Abwanderung, Arbeitsplatzabbau im Bergbau und mangelnde Arbeitsplatz-Alternativen in anderen Bereichen verursacht wurde. Zuwanderung scheint nicht mehr stattzufinden, die noch relativ große Gruppe der 10- bis 19-Jährigen lässt sich auf die umfangreiche Elterngeneration der 40- bis 60-Jährigen zurückführen.

Damit zeigen sich hier musterhaft Auswirkungen der besonderen Problematik, die eine bergbauliche Erschließung im subpolaren Raum mit sich bringt. Diese Regionen sind wegen ihrer abseitigen Lage und des extremen Klimas so unattraktiv, dass man Arbeitskräfte nur durch hohe Lohnzahlungen locken kann. Eine einheimische Bevölkerung fehlt weitgehend. Der Aufbau der Infrastruktur erfordert hohe Kosten, die Versorgung der Bevölkerung gelingt nur durch umfangreiche Anlieferungen aus südlichen Landesteilen. Die Arbeitskräftefluktuation ist hoch, da sich kaum jemand für längere Zeit hier binden will.

Dieses sehr instabile System funktioniert nur solange, wie der Bergbau hochrentabel ist und durch seine hohen Lohnzahlungen die anderen Nachteile ausgleichen kann. Sobald die Konkurrenzfähigkeit nachlässt, wie dies nach 1973 durch die aufkommende Stahlkrise und die Konkurrenz von Billigländern der Fall war, entwickeln sich gravierende Probleme.

Die Monostruktur macht das Gebiet extrem krisenanfällig, es gibt kein Ausweichen auf andere Beschäftigungsmöglichkeiten. Sofort setzt Arbeitsplatzabbau und Abwanderung ein, die Infrastruktur verfällt und die ehemals blühende Bergbausiedlung erlebt einen raschen Niedergang. (BE 12)

3.1 Sowohl die Zu- als auch die Abwanderung Lettlands haben zwischen 1980 und 2003 stark abgenommen. Im Zeitraum 1981 bis 1990 überwog bei jeweiligen Werten über 40 000 die Zuwanderung, danach dominierte bei stark reduzierten Zahlen die Abwanderung. Im letzten erfassten Zeitraum 2001 bis 2003 erreichte die jährliche Zuwanderung nur noch ca. 2 000, die Abwanderung etwa 5 000.

Die Wanderungsgewinne bei hohen Zahlen bis 1990 fallen in die Zeit, in der Lettland noch zur UdSSR gehörte. Damals wurde die innerstaatliche Binnenwanderung zentral gesteuert und oft nach den Gesichtspunkten der Russifizierung ausgerichtet. Russen, Weißrussen und Ukrainer wanderten nach Lettland ein, Letten besiedelten andere Teile der UdSSR.

Nach der staatlichen Unabhängigkeit Lettlands ging im Zeitraum 1991 bis 1995 die Zuwanderung drastisch zurück. Die Abwanderung verharrte zunächst auf hohem Niveau und beweist die Rückwanderung der im Zuge der Russifizierung früher zugewanderten Russen, Weißrussen und Ukrainer in ihre Heimatländer. Die Zuwanderung von Letten aus Russland und anderen Ländern blieb demgegenüber weit zurück, sodass in diesem Zeitraum hohe Wanderungsverluste entstanden.

Ab 1996 sank auch die Abwanderung stark ab bei weiterhin leicht rückläufiger Zuwanderung. Es entstand ein schwach negativer Wanderungssaldo auf zahlenmäßig niedrigem Niveau. Die Verhältnisse in Lettland wurden offensichtlich von der verbleibenden Bevölkerung akzeptiert, zumal sich die wirtschaftliche Lage verbesserte. Die Situation hat sich stabilisiert, nach dem Beitritt Lettlands zur EU überwiegt die Hoffnung auf eine zukünftige Aufwärtsentwicklung. (BE 9)

3.2 Chancen für eine weitere Verbesserung ihres Wirtschaftsstandes ergeben sich für die baltischen Staaten z. B. durch ihre Lage an der Grenze der EU zu Russland. Hier könnten Wirtschaftsbeziehungen aufgebaut werden, auch durch die alten Handelsverbindungen im Ostseeraum und den Ausbau der baltischen Ostseehäfen. Allerdings hat Russland selbst Interesse an der Entwicklung seiner eigenen Häfen, z. B. St. Petersburg, und dürfte hier eine starke Konkurrenz bilden. So könnte der Warentransit aus Russland auch an den baltischen Staaten vorbeigelenkt werden.
Eine weitere Möglichkeit bietet der Tourismus. Die baltischen Staaten, vor allem die Ostseeküste und die alten Hansestädte, dürften auf westliche Touristen eine hohe Anziehungskraft ausüben. Um hier Erfolge zu haben, müssten jedoch hohe Investitionen zum Aufbau einer touristischen Infrastruktur aufgebracht werden. Dazu könnten u. U. EU-Fördermittel verwendet werden, um die aber durch die EU-Erweiterung ein großer Konkurrenzkampf entstanden ist und die auch nur begrenzt helfen könnten.
Schließlich kann man in den baltischen Staaten das wirtschaftliche Gefälle innerhalb der EU ausnutzen. Hier ist das Lohnniveau noch gering und die steuerlichen Bedingungen sind so günstig, dass man sich Investitionen aus anderen EU-Staaten verspricht. Allerdings konkurriert man auch da mit weiteren neuen EU-Ländern, die ähnliche Bedingungen aufweisen und weniger peripher liegen als die baltischen Staaten. (BE 9)

Leistungskurs Erdkunde (Bayern): Abiturprüfung 2005 – Aufgabe II: Transformationsprozesse in Russland

1 Der Naturraum und seine Nutzung

1.1 Erklären Sie die in der Anlage II.1 aufgezeigten Zu- und Abflussverhältnisse des Baikalsees!

1.2 Erläutern Sie ausgehend von Anlage II.2 den Verlauf der polaren Anbaugrenze für Getreide in Russland. Begründen Sie die hiervon abweichende Lage der russischen Getreideanbaugebiete! (20 BE)

2 Wirtschaft

2.1 Ordnen Sie die föderalen Distrikte A, B und C in Anlage II.3 den föderalen Distrikten „Ferner Osten", „Sibirien" und „Ural" begründet zu, indem Sie die jeweils charakteristischen Daten herausarbeiten!

2.2 Zeigen Sie mithilfe geeigneter Atlaskarten natürliche Gunstfaktoren für eine industrielle Inwertsetzung der Region Irkutsk/Angarsk auf.
Erörtern Sie die Zukunftschancen dieser Region vor dem Hintergrund des Transformationsprozesses! (20 BE)

3 Moskau

3.1 Erläutern Sie mithilfe der Anlage II.4 die wirtschaftliche Entwicklung Moskaus während der 1990er Jahre!

3.2 In der russischen Hauptstadt ist seit der Aufgabe der Planwirtschaft ein Funktions- und Nutzungswandel des Stadtzentrums zu beobachten.
Beschreiben Sie die wesentlichen Veränderungen des Nutzungs- und Funktionswandels im Stadtzentrum Moskaus und stellen Sie deren Ursachen dar! (20 BE)

(60 BE)

Anlage II.1:
Natürlicher Zu- und Abfluss des Baikalsees

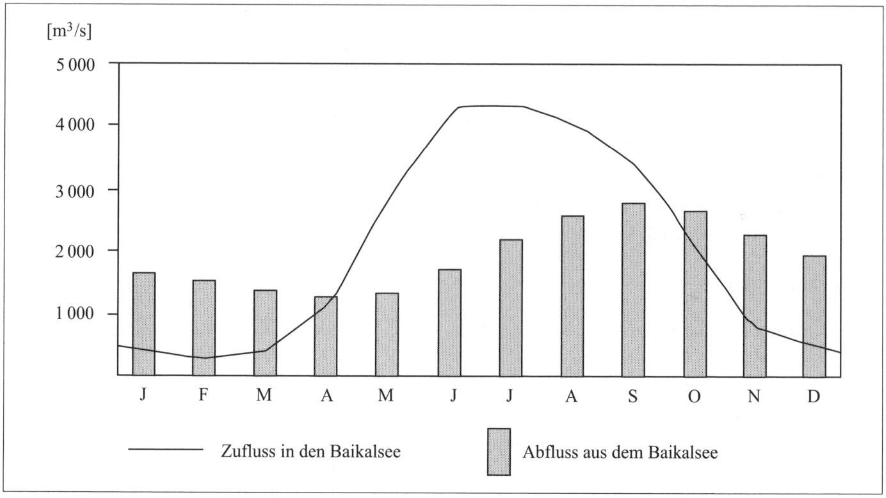

Anlage II.2:
Getreideanbau in Russland

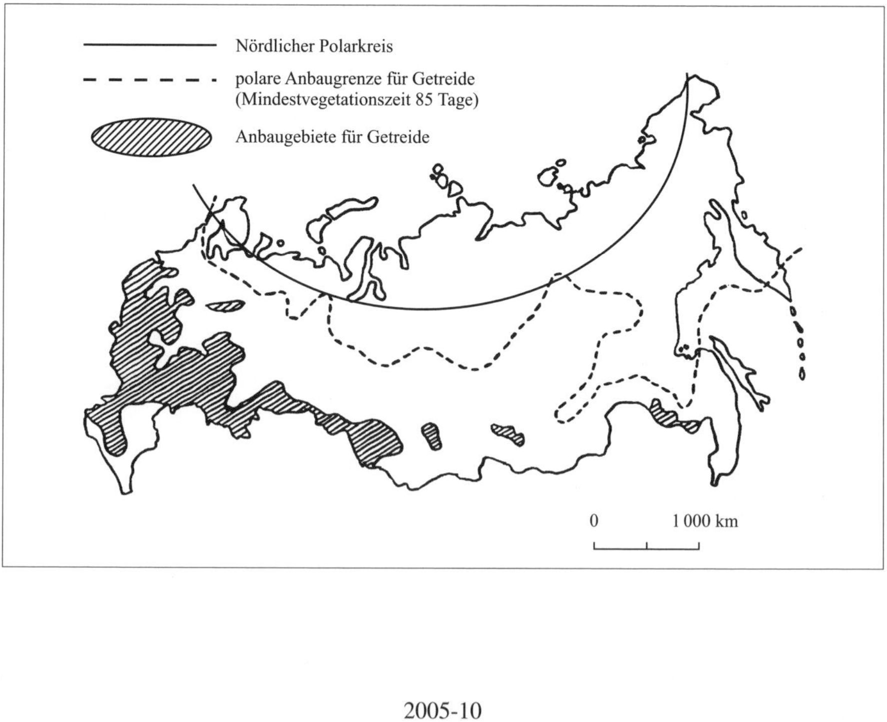

Anlage II.3:
Die relative Bedeutung ausgewählter föderaler Distrikte Russlands (in %)

Föderaler Distrikt	Anteil an der Bevölkerung Russlands (2002)	Anteil am Brutto-inlandsprodukt Russlands (2000)	Anteil am Gesamt-export Russlands in Staaten außerhalb der GUS (2001)	Anteil an den ausländischen Direktinvestitionen in Russland (2001)
A	14,3	11,4	11,0	3,1
B	8,7	15,0	21,3	5,7
C	4,9	5,1	6,3	11,5

Die föderalen Distrikte Russlands

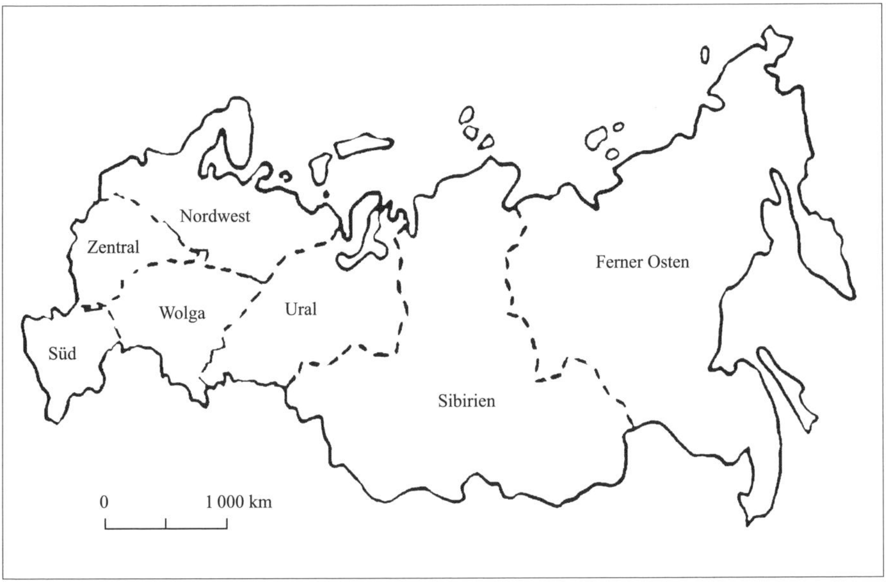

Anlage II.4:
Wirtschaftliche Entwicklung Moskaus in den 1990er Jahren

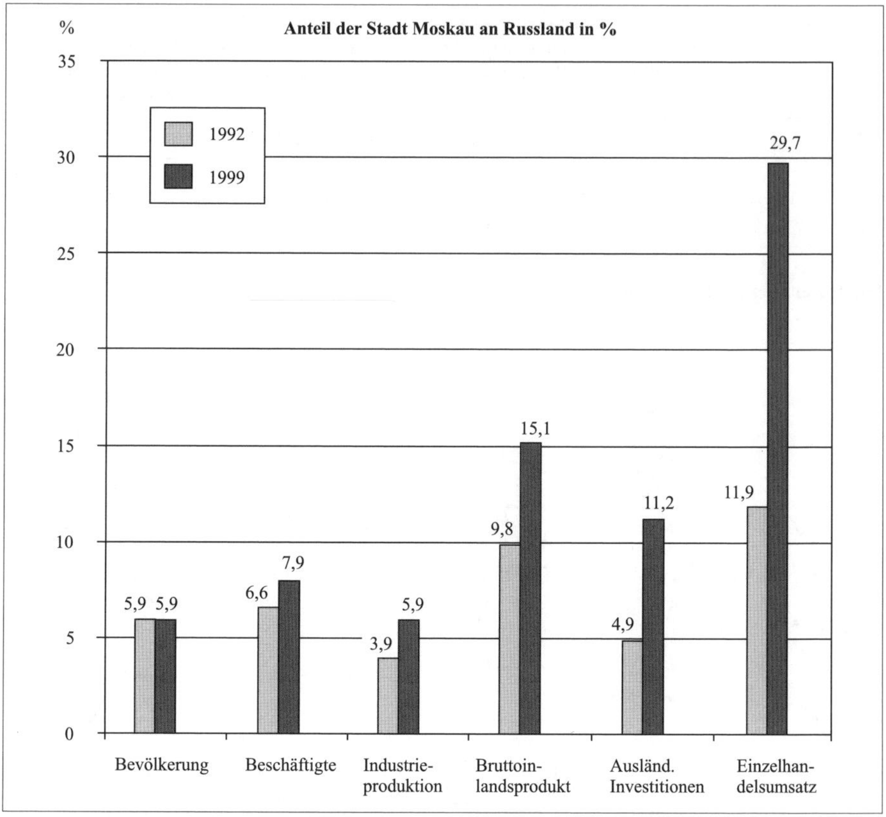

Quellenverzeichnis

Bradshaw, M. J.: Russland – Geographie eines schwierigen Transformationsprozesses. In: Geographische Rundschau, Heft 12, 2003, S. 5 f.

Opp, Ch.: Naturphänomene und Probleme des Natur- und Umweltschutzes am Baikalsee. In: Petermanns Geographische Mitteilungen, Heft 138, 1994, S. 222.

Rudolph, R.: Die Moskauer Region zwischen Planung und Profit – Postsowjetische Faktoren und Prozesse der Raumentwicklung. In: Beiträge zur Regionalen Geographie, Band 57, 2002, S. 230.

Lösungsvorschlag

1.1 Der Baikalsee hat mit Selenga und Angara jeweils einen entscheidenden Zu- und Abfluss. Um die Verhältnisse des Baikalsees verstehen zu können, muss man sich also vor allem mit diesen beiden Flüssen beschäftigen.
Der Hauptzufluss Selenga hat sein Einzugsgebiet in der klimatisch hochkontinentalen Mongolei, in der die Niederschläge saisonal stark schwanken. Hauptregenzeit ist jeweils in den Sommermonaten. Die Schmelzwasser aus dem Quellgebiet, dem Changaigebirge, erhöhen mit Verzögerung den Wasserstand des Flusses, sodass der jahreszeitlich stark schwankende Zufluss in den Baikalsee sein Maximum in den Monaten Juni bis August hat. In den übrigen Monaten ist der Zufluss eher gering.
Die ebenfalls erkennbaren jahreszeitlichen Abflussschwankungen sind nicht so ausgeprägt. Sie haben ein Minimum in den Monaten April und Mai, ihr Maximum liegt im September. Erklärbar ist dies dadurch, dass im Winter bis weit in das Frühjahr hinein das zufließende Wasser durch die Bildung einer dicken Eisdecke gespeichert wird. Das extrem kontinentale Klima mit seinen tiefen Wintertemperaturen begünstigt diese Entwicklung. Ab etwa Mai steigt dann das Abflussvolumen durch die Eisschmelze und den erhöhten Zufluss langsam an. Der Anstieg des Wasserspiegels und damit das Erreichen der Überlaufschwelle zum Fluss Angara geschieht jedoch durch die riesige Oberfläche des Sees sehr verlangsamt und zeitversetzt. Außerdem muss sich der gesamte Abfluss auf die Angara konzentrieren, die den einzigen Abfluss des Sees darstellt. (BE 10)

1.2 Ganz grob gesehen verläuft die polare Anbaugrenze für Getreide von Nordwesten nach Südosten. Da diese Linie mit der Mindestvegetationszeit von 85 Tagen gleichzusetzen ist, bedeutet das, dass in Richtung Osten die klimatischen Bedingungen entlang des gleichen Breitengrades ungünstiger werden. Tatsächlich erhöht sich der Kontinentalitätsgrad mit steigender Entfernung zum warmgemäßigten Atlantik bei vorherrschendem Westwind. Auch die Nähe des kalten Ochotskischen Meeres ganz im Osten kann hier keine entscheidende Verbesserung bringen.
Im Detail wird die Grenze durch lokale Besonderheiten verschoben. So rückt sie im Bereich des Ural aufgrund der Höhenlage deutlich nach Süden, um östlich davon in der Nähe des Ob und noch deutlicher in der Region der Lena weit nach Norden auszuweichen. Hier wirkt der mildernde Einfluss der Wasserflächen. Im östlichsten Bereich überwiegt dann das Hochgebirge, das die Grenze wieder weit nach Süden versetzt.
Es gibt in ganz Russland kein einziges Getreideanbaugebiet, das bis an die nördliche Anbaugrenze heranreicht. Alle wichtigen Getreidegebiete liegen deutlich südlicher. Das größte zusammenhängende Gebiet befindet sich im Südwesten, wo nicht nur das Klima günstiger ist, sondern auch der Boden und die Absatzbedingungen, da dort eine relativ hohe Bevölkerungsdichte herrscht. Nach Osten hin lösen sich die Anbaugebiete in einige kleinere Nutzungsinseln auf. Permafrost und der unfruchtbare Podsolboden wirken hier genauso limitierend wie Versumpfung und schlechte Absatzmöglichkeiten. Denn die periphere Lage und die ungünstigen Bedingungen bewirken eine sehr niedrige Besiedlungsdichte, sodass angebaute Produkte zum großen Teil über weite Entfernungen und mit hohen Transportkosten zu Auslandsmärkten oder in den europäischen Teil Russlands geschafft werden müssen. Umfangreicher Getreideanbau im fernen Osten Russlands ist nicht rentabel. (BE 10)

2.1 Extreme und damit kennzeichnende Merkmale erreicht der „Föderale Distrikt A“ mit dem höchsten Anteil an der Bevölkerung Russlands (14,3 %) und dem geringsten Anteil (3,1 %) an den ausländischen Direktinvestitionen. Bei den übrigen Daten liegt er im Mittelfeld. Das deutet auf den Distrikt „Sibirien“ hin, der im Süden durch die Transsib, den Ausbau der Grundstoffindustrien und die relativ günstigen natürlichen Bedingungen ein breites Band dichter Besiedlung aufweist. Die altindustrialisierten, unter planwirtschaftlichen Voraussetzungen entstandenen Räume sind allerdings im internationalen Maßstab heute kaum wettbewerbsfähig, sodass die Exportquote relativ gering ist und es wenig ausländische Investitionen gibt. Die Entfernungen sind einfach zu groß und die Rahmenbedingungen zu unattraktiv.

Der Distrikt B lässt sich durch den höchsten Anteil am Bruttoinlandsprodukt (15,0 %) und am Export (21,3 %) kennzeichnen. Das kann nur durch die umfangreiche Ausbeutung der Erdgas- und Erdölvorkommen des Ural erklärt werden. Da hier vor allem russische Energiekonzerne tätig sind, die für ausländische Investitionen wenig Raum lassen, fügt sich auch der relativ geringe Anteil der ausländischen Direktinvestitionen (5,7 %) in dieses Bild.

Distrikt C mit dem geringsten Anteil an der Bevölkerung (4,9 %), dem Bruttoinlandsprodukt (5,1 %) und dem Gesamtexport (6,3 %) kann nur der „Ferne Osten“ sein. Hier sind die natürlichen Bedingungen am ungünstigsten und die wirtschaftliche Inwertsetzung nur punktuell. Die Bevölkerungsdichte ist daher sehr niedrig und die Erschließung noch nicht weit fortgeschritten. Allerdings bestehen durch das Vorhandensein reicher Ressourcen durchaus Chancen für die zukünftige Entwicklung. Das zeigt sich auch durch den höchsten Anteil aller drei Distrikte an ausländischen Direktinvestitionen (11,5 %), die vor allem durch die benachbarten Staaten Japan und China sowie die USA erbracht werden. (BE 10)

2.2 Irkutsk/Angarsk liegen im Südteil Sibiriens in einem relativen Gunstbereich. Die Nähe des Baikalsees bewirkt mildere Temperaturen, die landwirtschaftlichen Anbau erlauben und die Lage an der Transsib sorgt für eine günstige Verkehrsanbindung. Entscheidend ist jedoch das Vorkommen reicher Bodenschätze sowie die Nutzbarkeit der Wasserkraft und der Holzvorräte. Daher haben sich hier vielfältige Industriezweige entwickelt, die neben den lokalen Gunstfaktoren auch herantransportierte Ressourcen verarbeiten. So gibt es neben den Papier- und Maschinenbaufabriken auch eine bedeutende Petrochemie- und Aluminiumproduktion.

Zwar sind alle hier errichteten Industriewerke durch die großen Entfernungen zu den Abnehmern bzw. Zulieferern benachteiligt, sie haben jedoch Möglichkeiten, durch eine verbesserte Verkehrsinfrastruktur und hohe Produktqualität auf den ostasiatischen Märkten Fuß zu fassen. Das gilt auch für die Holzindustrie, die durch geregelte Forstwirtschaft ihre Produktionsgrundlagen verbessern und damit der steigenden Nachfrage entsprechen kann. Bisher war sie durch Raubbau und kostenintensive Umweltschutzmaßnahmen, vor allem für den Baikalsee, in ihrer Bedeutung begrenzt. (BE 10)

3.1 Moskau hat sich in den 90er-Jahren in einzelnen Bereichen rasant entwickelt. Während der Bevölkerungsanteil an Russland gleich blieb, haben sich alle angeführten Wirtschaftsdaten positiv verändert. Besonders auffallend ist der enorme Anstieg des Einzelhandelsumsatzes und der ausländischen Investitionen. Hier wirken die vielen gut bezahlten Arbeitsplätze (Stärkung der Kaufkraft) sowie die Nähe zu den politischen und wirtschaftlichen Entscheidungsträgern, die ausländische Investoren anlockt. So hat sich auch der Anteil am Bruttoinlandsprodukt gesteigert, der vor allem durch hochwertige Dienstleistungsarbeitsplätze zustande kam. Der Anteil der Industrieprodukte ist zwar auch gestiegen, bleibt aber etwas zurück. Die Dynamik der Entwicklung lässt sich auch daran nachweisen, dass bei gleich bleibendem Bevölkerungsanteil der Anteil der Beschäftigten zwischen 1992 und 1999 um etwa 20 % gestiegen ist.
Moskau hat sich offensichtlich zu einem überragenden Dienstleistungszentrum entwickelt, in dem sich die Hauptsitze großer russischer Konzerne, z. B. der Öl- und Gassparte, etabliert haben. Die Wirtschaftsdaten der 90er-Jahre zeigen die zunehmende Konzentration der Wirtschaftsleistung Russlands auf seine Hauptstadt Moskau. (BE 10)

3.2 Das Stadtzentrum Moskaus hat sich entsprechend den marktwirtschaftlichen Erfordernissen verändert. Es gibt keine starren Vorgaben einer sozialistischen Stadtplanung mehr, die früher nach ideologischen Gesichtspunkten das Stadtzentrum geprägt hat. Heute geht der Anteil der Wohnbevölkerung dort zurück, der tertiäre Sektor rückt nach. Büroflächen entstehen, die durch nationale und internationale Unternehmen mit dem Anspruch auf repräsentative Bauten nachgefragt werden. Daneben entstehen Geschäfte für gehobene Ansprüche, die die Kernstadt zum Hauptgeschäftszentrum machen. Alte unattraktive Einkaufsstätten werden verdrängt, die hohen Mieten wirken selektiv auf den Ladenmix. Ähnliches vollzieht sich beim Wohnraum. Große, billige Wohnungen gibt es kaum mehr, durch Sanierung entstehen Luxuswohnungen, die eine sozialräumliche Differenzierung der städtischen Bevölkerung bewirken. Familien und Wohnungssuchende mit geringerem und mittlerem Einkommen ziehen aus dem Innenstadtbereich weg und siedeln sich am Stadtrand und in der Umgebung an. Der Stadtkern wird dagegen, soweit er überhaupt noch Wohngebiet ist, zum bevorzugten Ziel wohlhabender Singles.
Die Privatisierung der früher kommunalen bzw. staatlichen Besitztümer sorgte für die Entstehung eines Immobilienmarktes, in dem die attraktiven Lagen aufgrund der hohen finanziellen Forderungen nur noch von finanzkräftigen Firmen, Geschäften und Privatleuten belegt werden können. (BE 10)

Leistungskurs Erdkunde (Bayern): Abiturprüfung 2005 – Aufgabe III: Mittelamerika und karibischer Raum

1 Naturraum

1.1 Ordnen Sie die Klimadaten in Anlage III.1 den Stationen Tijuana, La Paz (Mexiko) und Acapulco zu, indem Sie die jeweiligen charakteristischen klimatischen Verhältnisse herausarbeiten und erklären!

1.2 Naturkatastrophen wirken sich in Entwicklungsländern besonders stark aus. Begründen Sie, warum die Auswirkungen von tropischen Wirbelstürmen auf Bevölkerung und Wirtschaft in der karibischen Inselwelt häufig besonders verheerend sind! (20 BE)

2 Entwicklung in Mittelamerika

2.1 Charakterisieren Sie den Entwicklungsstand der drei in Anlage III.2 dargestellten Staaten Mittelamerikas!
Überprüfen Sie, inwieweit ein durch den Geodeterminismus bestimmter Erklärungsansatz für die Begründung der Entwicklungsunterschiede ausreicht!

2.2 In neueren wissenschaftlichen Veröffentlichungen wird der Marginalitätsgrad zur Bestimmung des Entwicklungsstandes innerhalb eines Landes herangezogen.
Beschreiben Sie anhand von Anlage III.3 die räumliche Verteilung unterschiedlicher Marginalitätsgrade in Mexiko und begründen Sie diese! (20 BE)

3 Landwirtschaft

3.1 Anlage III.4 zeigt ein Modell für eine nachhaltige Landwirtschaft im Bergland der Südlichen Sierra Madre (Chiapas/Mexiko).
Erläutern Sie im Vergleich mit der gegenwärtigen Landnutzung die Maßnahmen, durch die das Ziel der Nachhaltigkeit realisiert werden soll!

3.2 Zeigen Sie auf, warum die staatliche Subventionierung der europäischen Landwirtschaft die Entwicklung des Agrarsektors in den Entwicklungsländern hemmt! (20 BE)
(60 BE)

Anlage III.1:
Klimatabellen der mexikanischen Stationen Tijuana, La Paz und Acapulco

Station A

	J	F	M	A	M	J	J	A	S	O	N	D	Jahr
MT	18	19	21	23	25	27	29	30	29	26	23	20	24,2
MN	14	14	16	17	19	21	25	26	26	23	19	17	237

Station B

	J	F	M	A	M	J	J	A	S	O	N	D	Jahr
MT	27	27	27	28	29	29	29	29	28	28	28	27	28,0
MN	6	1	0	1	36	281	256	252	349	159	28	8	1 377

Station C

	J	F	M	A	M	J	J	A	S	O	N	D	Jahr
MT	14	14	15	17	18	21	23	24	23	20	17	14	18,3
MN	73	64	75	27	8	3	2	3	7	15	34	39	350

MT: mittlere Temperatur in °C; MN: mittlerer Niederschlag in mm

Anlage III.2:
Darstellung des Entwicklungsstandes von drei mittelamerikanischen Staaten im Jahre 2003 (* Haiti 2002)

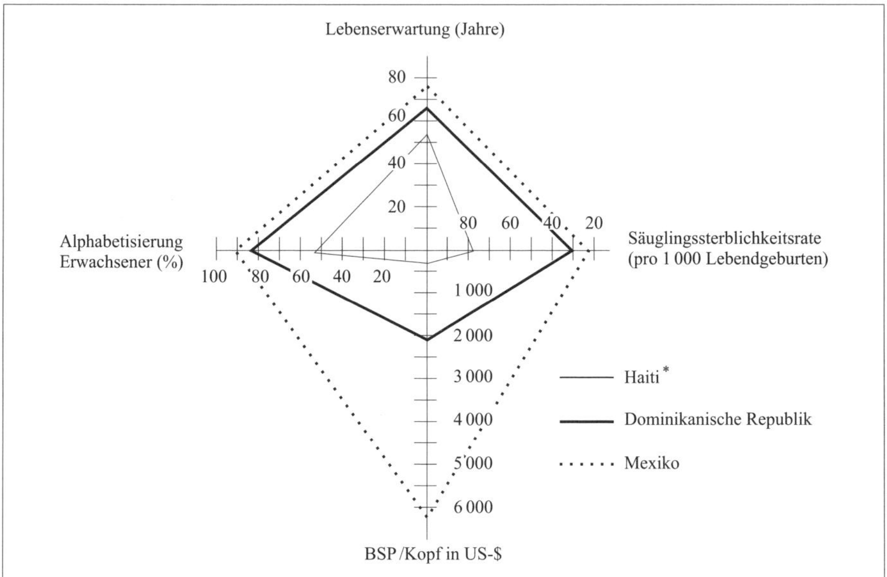

Anlage III.3:
Mexikanische Bundesstaaten nach Marginalitätsgraden

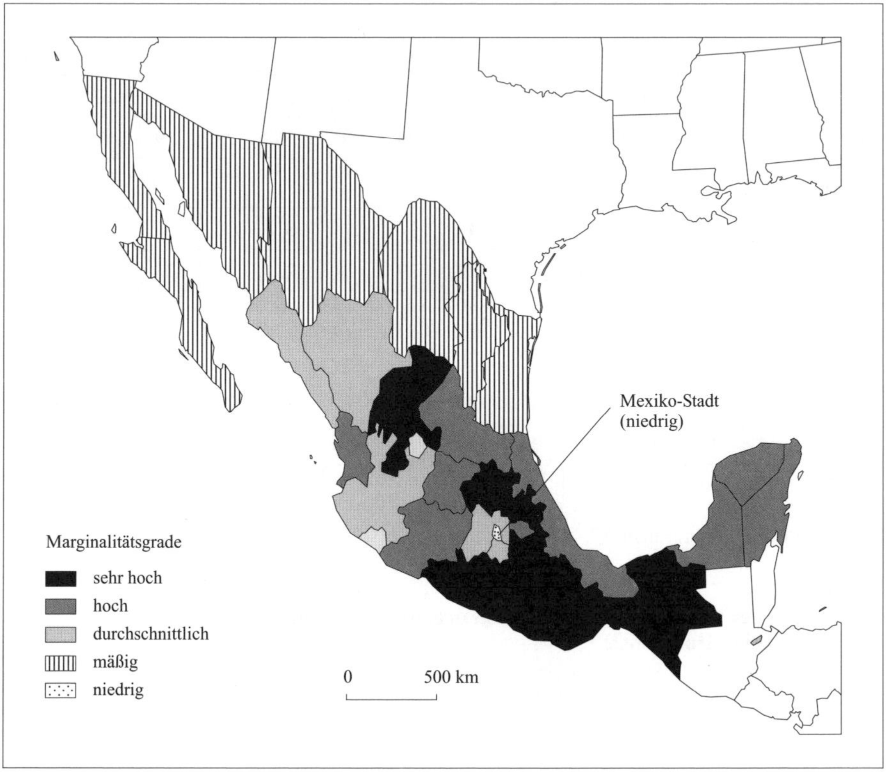

Bestimmung des Marginalitätsgrades u. a. durch
- Anteil der ländlichen Bevölkerung,
- Analphabetenrate,
- unterernährte Kinder,
- Säuglingssterblichkeit,
- Einwohner pro Arzt,
- Wohnungen ohne Wasseranschluss.

Anlage III.4:
Modell einer nachhaltigen Landnutzung in der Südlichen Sierra Madre de Chiapas (Mexiko)

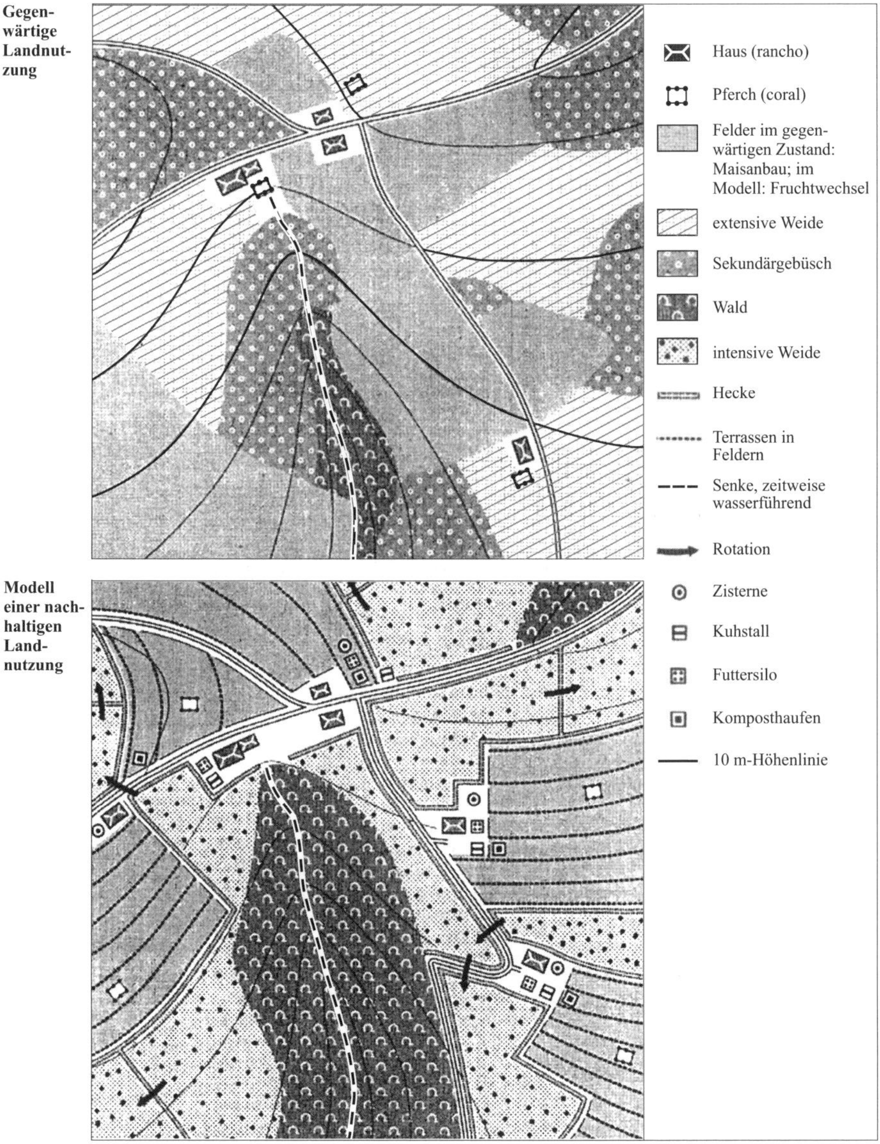

Quellenverzeichnis

Lingenhöhl, D./Richter, M.: Die ökologische und politische Krise in Chiapas. In: Ökologische und Sozioökonomische Probleme in Lateinamerika, Passauer Kontaktstudium Erdkunde, 2003, S. 30f.

Müller, M.: Handbuch ausgewählter Klimastationen der Erde, 4. verbesserte Auflage, Trier 1987, S. 223, 225.

Tyrakowski, K.: Viva Zapata! In: Geographische Rundschau, Heft 7–8, 1999, S. 379.

http://www.weather.com/activities/travel/businesstraveler/weather/climo-monthly.html

http://www.worldbank.org/data

Lösungsvorschlag

1.1 Die Station A hat fast durchgehend sehr geringe Niederschläge mit einem kleinen Anstieg in den Sommermonaten. Auch die aufsummierten Jahresniederschläge sind mit 237 mm sehr niedrig. Da gleichzeitig die Temperaturen mit den Extremen 30° im August und 18° im Januar recht hoch sind, sind hier alle Monate arid.
Das trifft von den drei angegebenen Stationen nur auf La Paz an der Südostseite der Halbinsel Niederkalifornien zu. La Paz liegt ziemlich genau am nördlichen Wendekreis und unterliegt daher weitgehend dem Einfluss des subtropischen Hochdruckgürtels. Der in der Nähe vorbeiströmende kalte Kalifornienstrom erzeugt durch die Abkühlung der unteren Luftschichten häufig Inversionslagen, die die Wirkung des Hochdruckgürtels noch verstärken. Im Winter verschieben sich zwar die feuchten Westwinde nach Süden und erreichen auch noch La Paz, haben hier aber aufgrund der Leelage der Stadt zur kalifornischen Gebirgskette kaum Auswirkung. Die hohen Temperaturen werden durch die südliche Lage und die geringe Bewölkung verursacht. Die Temperaturamplitude von 12° ist relativ hoch und erklärbar durch die nur mäßig ausgleichende Wirkung der kleinen Wasserfläche des Golfs von Niederkalifornien und die doch noch recht große Entfernung zum kerntropischen Bereich.
Ganz anders sehen die klimatischen Merkmale der Station B aus. Die Temperaturen sind das ganze Jahr über gleichmäßig sehr hoch zwischen 27° bis 29°, die Temperaturamplitude entsprechend mit 2° sehr niedrig. Der jahreszeitliche Verlauf der Niederschläge zeigt große Unterschiede: In den Sommermonaten Juli bis September fallen jeweils zwischen 280 mm und 350 mm, in den Wintermonaten gehen die Niederschläge bis auf 0 mm zurück. Daraus ergeben sich humide Sommer- und aride Wintermonate. Die Jahresniederschlagsmenge ist mit 1 377 mm sehr hoch.
Eine Station mit solchen Klimadaten muss in den Tropen liegen. Es handelt sich daher um Acapulco, wo im Sommer mit der Nordverschiebung der ITC heftige Zenitalregen fallen, während im Winter der über das Land wehende, trockene Nordost-Passat herrscht. Die hohen Temperaturen und die sehr geringe Amplitude haben ihren Grund in der Tropen- und Küstenlage.
Charakteristikum der Station C sind die relativ niedrigen Temperaturen zwischen 14° und 24°. Auch die Temperaturamplitude ist mit 10° recht gering und beweist einen ziemlich ausgeglichenen Jahresgang. Die Jahresniederschläge liegen mit 350 mm im unteren Bereich. Sie haben ihr Maximum mit 73 mm im Januar, im Sommer gehen sie auf 2 mm im Juli zurück. Das bedeutet, dass die Wintermonate humid, die Sommer-

monate jedoch arid sind. Durch seine relativ nördliche Lage treffen diese Merkmale auf Tijuana an der Grenze zu Kalifornien zu. Hier herrscht im Sommer das Trockenheit bringende Subtropenhoch vor, im Winter die Regen bringenden Westwinde, deren Wirkung noch durch die Luvlage zum Küstengebirge verstärkt wird. Der Temperaturverlauf wird entscheidend durch die Küstenlage mit dem Einfluss des kalten Kalifornienstroms sowie die allgemein nördlichste Lage der drei Stationen bestimmt. (BE 12)

1.2 Tropische Wirbelstürme wirken sich deshalb so verheerend auf die karibische Inselwelt aus, weil dort die Infrastruktur fehlt, die die Wirkung solcher Naturkatastrophen mindern könnte und die einzigen Wirtschaftsbereiche zerstört werden, die als Existenzgrundlage der Einheimischen bestehen. Es gibt dort mangels Kapital keine Frühwarnsysteme oder Rückzugsräume, die Siedlungen liegen häufig mit schlechter Bausubstanz im unmittelbaren Risikobereich. So ist die Zahl der Toten und Verletzten bei solchen Katastrophen regelmäßig erschreckend hoch. Auch nach einem Wirbelsturm gibt es weitere Probleme durch die schlechte Erreichbarkeit der betroffenen Gebiete, durch erhöhte Seuchengefahr, unzureichende hygienische Einrichtungen und die meist unzulängliche Bereitstellung von Notunterkünften.

Die sowieso nur gering entwickelte Wirtschaft, die vor allem in der Landwirtschaft, der Fischerei und dem Tourismus ihre Bedeutung hat, verliert durch solche Ereignisse gerade in diesen Sektoren weitgehend ihre Grundlage. Ernteausfälle und Arbeitsplatzverluste führen zu einer erheblichen Abnahme des BIP. Alternativen fehlen, die wirtschaftliche Entwicklung gerät in akute Notlage. In solchen Situationen werden eigentlich für andere Zwecke gedachte Finanzmittel eingesetzt und zusätzliche Hilfe vom Ausland angefordert. Dadurch können neue Abhängigkeiten entstehen, die die wirtschaftliche Entwicklung behindern oder in einseitige Bahnen lenken können. (BE 8)

2.1 Von den drei angegebenen mittelamerikanischen Staaten hat Haiti eindeutig den niedrigsten Entwicklungsstand. Es hat mit ca. 800 US-$ das geringste BSP/Kopf, mit 78 pro 1 000 die höchste Säuglingssterblichkeit, mit 53 % die geringste Alphabetisierungsquote und mit 45 Jahren die niedrigste Lebenserwartung. Es gehört damit zu den LDC-Ländern („Least developed countries“ entsprechend der UN-Einstufung).

Die Dominikanische Republik nimmt eine mittlere Stellung ein. Lebenserwartung (65 Jahre), Säuglingssterblichkeitsrate (30 pro 1 000) und Alphabetisierungsquote (85 %) liegen schon näher am fortschrittlichen Mexiko als im Bereich Haitis. Jedoch bleibt die Dominikanische Republik beim BSP/Kopf mit ca. 2 000 US-$ noch weit zurück.

Mexiko ist dagegen ein typisches Schwellenland. Es erreicht bei allen Kriterien die relativ besten Werte. Vor allem beim BSP/Kopf hat es sich mit über 6 000 US-$ weit vor seine Konkurrenten gesetzt. Säuglingssterblichkeit (ca. 23 pro 1 000), Lebenserwartung (78 Jahre) und Alphabetisierungsgrad (90 %) liegen dagegen noch etwas näher an den Werten der Dominikanischen Republik.

Unter „Geodeterminismus“ versteht man den Erklärungsansatz, der die Entwicklungsunterschiede einzelner Länder allein auf die unterschiedliche Ausstattung mit Naturfaktoren zurückführt. Im vorliegenden Fall zeigt sich, dass dieser Ansatz nur bedingt sinnvoll ist. Mexiko hat gegenüber der Dominikanischen Republik und Haiti eindeutig günstigere Voraussetzungen: Es besitzt umfangreiche Rohstoffvorkommen, hat die bessere Lage gegenüber wichtigen Wirtschaftsregionen und konnte aufgrund seiner Größe und Vielgestaltigkeit ein sehr differenziertes Wirtschaftsspektrum aufbauen. Auch ist es weitaus weniger durch tropische Wirbelstürme gefährdet. Man könnte also den Entwicklungsvorsprung Mexikos auch geodeterministisch begründen.

Das fällt bei dem Entwicklungsunterschied zwischen der Dominikanischen Republik und Haiti dagegen sehr schwer. Beide sind Teile derselben Insel Hispaniola, haben dasselbe Klima, die gleichen Böden, die gleichen Bodenschätze (Bauxit) und müssen mit dem gleichen Risiko bei tropischen Wirbelstürmen leben. Damit ist die natürliche Ausstattung bis auf einen etwas höheren Tieflandsanteil der Dominikanischen Republik fast vergleichbar und dennoch ist der Entwicklungsstand deutlich unterschiedlich. Hier ist Geodeterminismus offensichtlich unbrauchbar, wie er wohl auch als einziger Ansatz den höheren Entwicklungsstand Mexikos nicht erklären kann. Es scheint als würde er manchmal als Ergänzung sinnvoll anwendbar sein, sicherlich aber nicht überall und als alleinige Erklärung. (BE 10)

2.2 Je höher der Marginalitätsgrad einer Region ist, desto unterentwickelter ist sie.
Die räumliche Verteilung der Marginalitätsgrade der mexikanischen Bundesstaaten zeigt ein eindeutiges Muster. Die nördlichen Bereiche haben einen mäßigen, also geringen Grad, die südlichen, mit Ausnahme von Mexico Stadt, einen hohen bis sehr hohen.
Der Norden hat seine Vorteile durch bedeutende Bodenschatzvorkommen, darauf aufbauenden Industrien und seine für Wirtschaftsbeziehungen zu den USA günstige Lage. Auch im Bereich der Landwirtschaft bestehen durch die Bewässerungsmöglichkeiten entlang des Rio Grande und Colorado gute Voraussetzungen.
Mexico City verdankt seine geringe Marginalität seiner Hauptstadtfunktion. Hier konzentrieren sich die Arbeitsplätze, die Infrastruktur ist relativ gut ausgebaut und Investitionen werden überwiegend in diesem Bereich getätigt.
Der Süden hat dagegen mannigfache Nachteile. Das Gebiet ist zum großen Teil gebirgig, hat daher eine schwächere Infrastruktur und auch Probleme in der Landwirtschaft. Das tropisch heiße Klima reduziert die Attraktivität der tiefer liegenden Landesteile, zumal dort trotz Bodenreform häufig noch die alten Besitzstrukturen fortbestehen. Auch der im Küstenbereich entwickelte Tourismus sowie gebietsweise Ölförderung können die Marginalität nicht flächenhaft reduzieren. Von den Nachbarn kommen im Gegensatz zum Norden und den USA keine Wirtschaftsimpulse. Denn Belize und Guatemala haben selbst nur einen sehr niedrigen Entwicklungsstand. (BE 10)

3.1 Nachhaltige Landnutzung soll dadurch erreicht werden, dass z. B. Sekundärgebüsch zurückgedrängt und z. T. durch Wald ersetzt wird. Das verstärkt den Erosionsschutz und bringt zusätzlich noch Möglichkeiten der Holzgewinnung. Intensive Weiden, die nach dem Rotationsprinzip genutzt werden, werden großflächig angelegt und die Felder mit Terrassen gesichert. Umfangreiche Hecken werden, um Winderosion zu verhindern, um die Felder herum angepflanzt. Die ursprünglich vorhandenen Häuser und Pferche werden ergänzt durch weitere Häuser, Pferche, Zisternen, Kuhställe und Futtersilos. Dadurch wird die Tierhaltung intensiviert. Die geplanten Komposthaufen deuten auf Düngerverwendung hin zur Erhöhung der Bodenfruchtbarkeit. Da die eingezeichnete Senke nur zeitweise Wasser führt, versucht man, durch die Anlage von Zisternen zusätzlich Regenwasser zu nutzen. Maisanbau wird zurückgedrängt, stattdessen wird der Fruchtwechsel gefördert, der den Boden weniger auslaugt und so die Bodenfruchtbarkeit länger erhält.
Insgesamt zielt die nachhaltige Landwirtschaft darauf ab, auf der einen Seite eine intensivere, vielfältigere Nutzung zu erzielen, auf der anderen Seite versucht man durch zahlreiche, der Natur angepasste Maßnahmen diese Veränderungen schonend durchzuführen und langfristig zu sichern. (BE 10)

3.2 Die staatliche Subvention der europäischen Landwirtschaft reduziert die Abnehmerpreise der dort produzierten landwirtschaftlichen Güter. Dadurch verringern sich die Absatzmöglichkeiten für Waren aus Entwicklungsländern in Europa. Sogar weltweit sinken die Preise, da die europäischen Agrarüberschüsse durch Exportsubventionierung künstlich verbilligt werden.

Für die Entwicklungsländer hat das verheerende Folgen. Ihre wenig rationalisierten Kleinbetriebe sind nicht mehr konkurrenzfähig. Größere Betriebe müssen modernisieren und sich dabei hoch verschulden. Im Bestreben, ihre Produktion zu steigern, wird häufig unsachgemäß intensiviert und dabei der Boden belastet und degradiert. Neue Anbauflächen entstehen in ungeeigneten, z. B. erosionsgefährdeten Gebieten und müssen bald wieder aufgegeben werden. Die traditionellen Produkte werden auf dem Binnenmarkt durch billigere Importprodukte verdrängt, was schließlich dazu führt, dass die Nahrungsmittelproduktion für die einheimische Bevölkerung vernachlässigt wird. Es setzt sich die Produktion von cash crops für den Welthandel durch, was dann allerdings die Abhängigkeit von den Weltmarktpreisen mit sich bringt und die Unfähigkeit, in Notlagen das eigene Land mit billigen Nahrungsmitteln zu versorgen. (BE 10)

Leistungskurs Erdkunde (Bayern): Abiturprüfung 2005 – Aufgabe IV: Die Eisregionen der Erde im Klimawandel

1 Der Naturraum der Polargebiete

1.1 Erläutern Sie die Unterschiede zwischen dem Nord- und dem Südpolargebiet hinsichtlich der in Anlage IV.1 dargestellten Temperaturverhältnisse!

1.2 Anlage IV.2 gibt eine Prognose der zukünftigen Entwicklung des Meeresspiegels wieder.
Erklären Sie die unterschiedlichen Beiträge zur prognostizierten Änderung des Meeresspiegels! (22 BE)

2 Gletscher- und Eiszeitforschung

2.1 Zeigen Sie zwei wissenschaftliche Methoden auf, das Klima vergangener Erdzeitalter zu erforschen, und stellen Sie dabei Erkenntnisse dar, die dadurch über das Eiszeitalter gewonnen werden konnten!

2.2 Anlage IV.3 zeigt die Entwicklung ausgewählter Alpengletscher der Schweiz seit 1900.
Prüfen Sie, inwieweit die vorliegende Grafik Rückschlüsse auf eine globale Klimaänderung im dargestellten Zeitraum zulässt! (22 BE)

3 Die antarktischen Meere als Ökosysteme

3.1 Anlage IV.4 zeigt die Produktion von Phytoplankton im Meer.
Erläutern Sie in Grundzügen deren Verteilungsmuster im Bereich der Südhalbkugel!

3.2 Im Januar 2004 begann das Alfred-Wegener-Institut mit Versuchen, die Phytoplanktonproduktion der antarktischen Gewässer durch Düngung zu steigern.
Erörtern Sie mögliche Erwartungen, die mit diesem Projekt im Hinblick auf die Rolle des Meeres als Nahrungsquelle und klimawirksames Element verbunden sein könnten! (16 BE)

(60 BE)

Anlage IV.1:
Durchschnittliche Sommer- und Wintertemperaturen ausgewählter Polargebiete

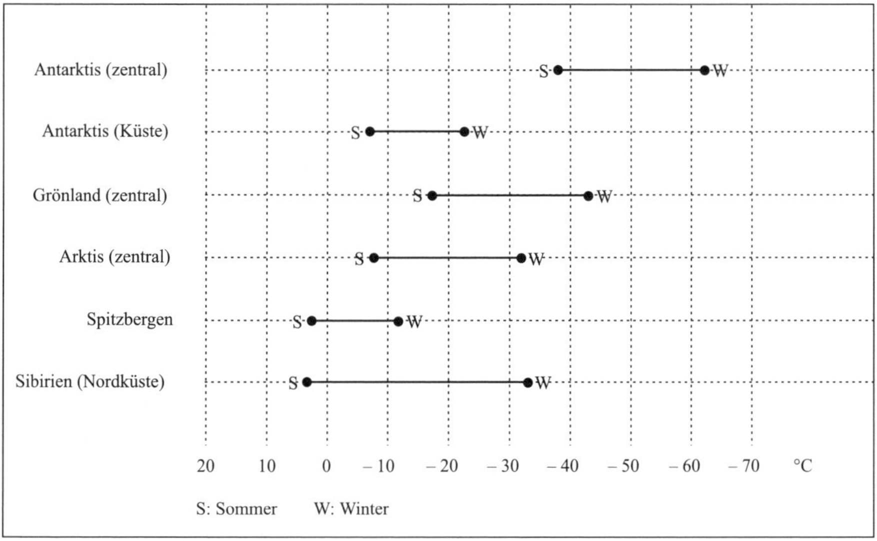

Anlage IV.2:
Prognose und Beitrag einzelner Komponenten zum Anstieg des Meeresspiegels bis zum Jahr 2100

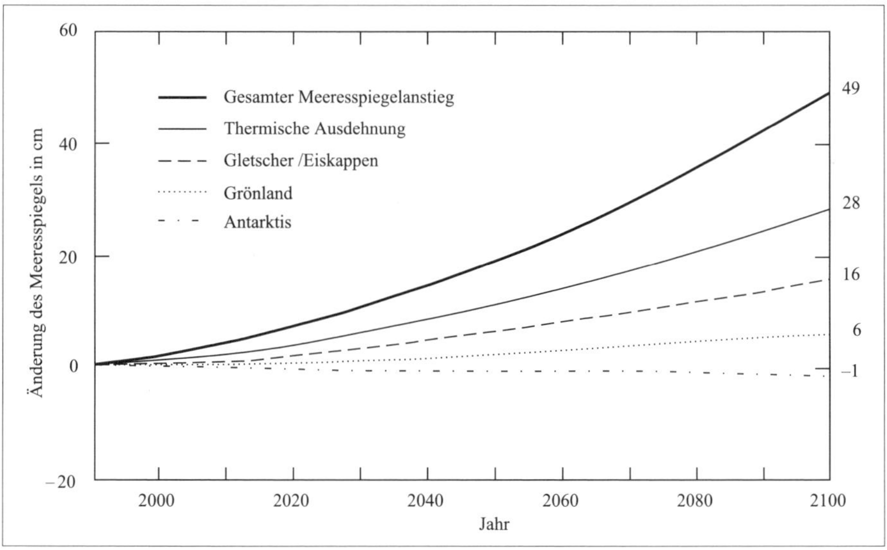

Anlage IV.3:
Entwicklung von 38 Gletschern der Schweizer Alpen im Zeitraum von 1900 bis 2000

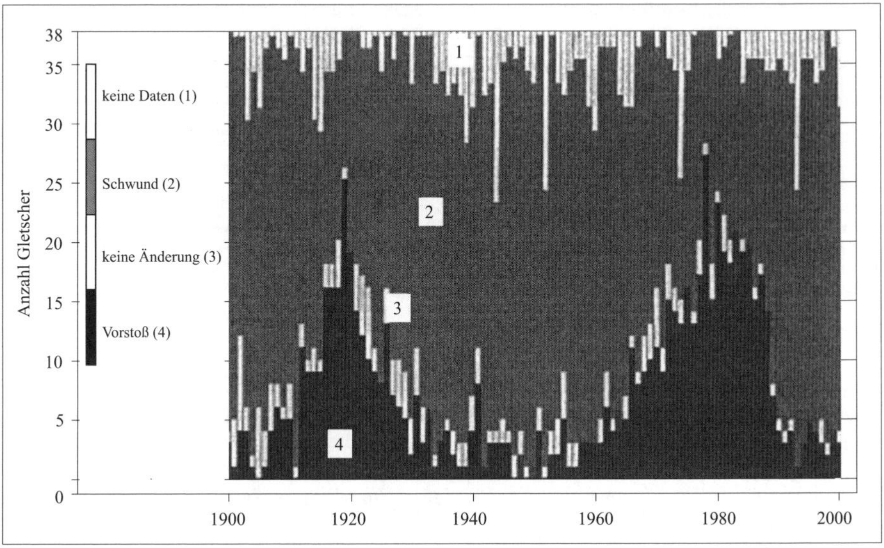

Anlage IV.4:
Die globale Verteilung der Phytoplanktonproduktion im Meer, gemessen durch organisch gebundenen Kohlenstoff (in g/m² und Jahr)

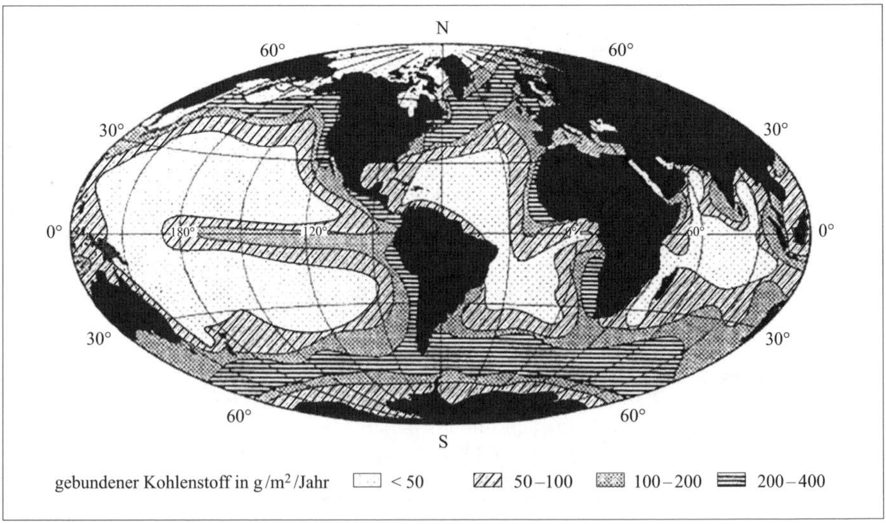

Quellenverzeichnis

Gierloff-Emden, H.-G.: Geographie des Meeres. Berlin 1980, S. 719.

Wüthrich, Ch./Thannheiser, D.: Die Polargebiete. Braunschweig 2002, S. 38.

Maisch, M./Haeberli, W.: Die rezente Erwärmung der Atmosphäre – Folgen für die Schweizer Gletscher. In: Geographische Rundschau, Heft 2, 2003, S. 7.

Schneider, Ch./Goßmann, H.: Klima und Klimawandel am Rand der Antarktis. In: Geographische Rundschau, Heft 9, 1999, S. 471.

Lösungsvorschlag

1.1 Dargestellt sind die Sommer- und Wintertemperaturen von zwei antarktischen und vier arktischen Gebieten.
Für die antarktischen Beispiele ist auffallend, dass die zentral gelegene Station die weitaus tiefsten Sommer- (–38°) wie auch Wintertemperaturen (–62°) aller sechs Stationen hat. Die antarktische Küstenregion hat demgegenüber mit –5° Sommertemperatur und –22° Wintertemperatur durchaus vergleichbare Werte mit einigen arktischen Stationen. Zwischen Küste und Zentrum bestehen also im Südpolarbereich extrem hohe Temperaturunterschiede. Das hat mit dem kontinentalen Ausmaß des antarktischen Festlandes und der Höhenlage des Zentrums zu tun.
Durch das ausgeprägte polare Hoch strömen kalte Luftmassen bis in den Küstenbereich und verhindern den Zustrom warmer Luft. Aufgrund der antarktischen Konvergenz mit der umlaufenden Westwind-Drift gelangen kaum wärmere Luftmassen in den Bereich der Antarktis. Während des Polartages ist die Einstrahlung sehr gering, in der Polarnacht kühlt sich die Luft extrem ab.
Die arktischen Beispiele haben insgesamt ein höheres Niveau der Mittelwerte als die zentrale Antarktis, da sie weitgehend maritim geprägt sind. Dies gilt insbesondere für Spitzbergen mit den relativ höchsten Sommer- und Wintertemperaturen aufgrund der Insellage unter dem Einfluss des warmen Golfstroms. Auch in der zentralen Arktis ist das Temperaturniveau wegen der fehlenden Landmassen und der großen Wasserfläche noch vergleichsweise hoch. Die Temperaturunterschiede zwischen der zentralen Arktis und den randlich zur Arktis gelegenen Stationen sind daher weitaus geringer als in der Antarktis. Für die gegenüber den drei anderen arktischen Stationen niedrigeren Daten Grönlands ist ausschlaggebend, dass sie in der Höhenlage des grönländischen Zentralbereiches und damit relativ weit entfernt vom Meer ermittelt wurden. Sibirien hat bei Sommertemperaturen über 0° die höchste Temperaturamplitude mit ca. 38°. Hier wirkt sich der Festlandseinfluss deutlich aus. Dennoch sind dort die Wintertemperaturen sogar noch höher als die Sommertemperaturen in der zentralen Antarktis. (BE 12)

1.2 Die Prognose geht davon aus, dass zwischen 2000 und 2100 der Meeresspiegel aufgrund der Erhöhung der globalen Durchschnittstemperaturen um insgesamt 49 cm ansteigt. Den weitaus größten Anteil mit 28 cm hat dabei die thermische Ausdehnung des Meerwassers. Dessen Volumen nimmt bei steigender Wassertemperatur zu. Die Gletscher und Eiskappen (ohne Grönland!) sollen durch ihr Abschmelzen weitere 16 cm zum Meeresspiegelanstieg beitragen. Da der prognostizierte Temperaturanstieg aufgrund der größeren Landmasse auf der Nordhalbkugel stärker ist, sind hier neben den

Gebirgsgletschern vor allem die Gletscher Alaskas und die Eiskappen der arktischen Inseln gemeint.
Das grönländische Inlandeis wird erhebliche Massenverluste erleiden und für sich alleine für einen Meeresspiegelanstieg von 6 cm sorgen.
Die Antarktis nimmt dagegen eine Sonderstellung ein. Das insgesamt gegenüber der Arktis tiefere Temperaturniveau bewirkt auch bei einem leichten Temperaturanstieg nur ein geringes Abschmelzen der randlichen Eismassen. Da sich gleichzeitig aber bei steigenden Temperaturen die Wasserdampfaufnahmefähigkeit der südpolaren Luftmassen erhöht, kommt es zu verstärktem Schneefall. Dadurch werden die durch das Abschmelzen erlittenen Verluste mehr als kompensiert, sodass der Beitrag des Südpolargebietes insgesamt in einem minimalen Absenken des Meeresspiegels um 1 cm besteht. (BE 10)

2.1 Eine wichtige wissenschaftliche Methode, das Klima vergangener Erdzeitalter zu erforschen, ist die Auswertung von Eisbohrkernen des Inlandeises. Da dieses seit seiner Entstehung, heute in großer Tiefe liegend, veränderungsfrei abgelagert ist, eignet es sich hervorragend zur genauen zeitlichen Bestimmung von Kalt- und Warmphasen. Man analysiert eingeschlossene Spurengase oder z. B. auch Staubpartikel. Das erlaubt die genaue Erfassung der jeweiligen Temperaturverhältnisse. Sogar kurzfristige Temperatursprünge können damit nachgewiesen werden. Durch zeitliche Korrelation der ermittelten Klimaphasen mit Variationen der Erdbahnparameter kann man den Ursachen der Klimaveränderungen näher kommen.
Eine zweite Methode befasst sich mit der Auswertung morphologischer Phänomene. Gletscher haben bei ihren Vorstößen oder Rückzügen z. B. Moränenstaffeln oder Flussterrassen geschaffen. Diese Relikte werden gedeutet und erlauben eine Gliederung des Eiszeitalters in Warm- und Kaltzeiten. Damit sind Rückschlüsse auf die jeweiligen Temperatur- und Niederschlagsverhältnisse möglich.
Alternativ können auch Methoden wie Pollenanalyse oder Auswertung von Meeressedimenten angeführt werden. (BE 10)

2.2 Die Aussagekraft der Grafik auf globale Klimaänderungen in dem dargestellten Zeitraum ist ziemlich eingeschränkt.
Man kann für jedes Jahr zwischen 1900 und 2000 die Zahl der Gletscher feststellen, die innerhalb der 38 untersuchten Gletscher vorgerückt sind, keine Änderung aufweisen oder Schwund zeigten. Um 1920 und 1980 ist mit bis zu 25 die Anzahl der vorstoßenden Gletscher besonders hoch. Das deutet auf niedrigere Temperaturen in diesen Zeitabschnitten hin. In den übrigen Zeiträumen, besonders ausgeprägt etwa 1950, überwog die Anzahl der Gletscher mit Schwund, d. h. die Durchschnittstemperaturen dürften damals angestiegen sein.
Mehr Aussagen sind eigentlich nicht möglich, da keine Daten über die Höhe der Temperaturänderungen bzw. das Ausmaß des jeweiligen Gletschervorstoßes oder -schwundes enthalten sind. Auch sind keine Rückschlüsse über die jeweiligen Niederschlagsverhältnisse möglich, die ja entscheidenden Einfluss auf die Entwicklung der Gletscher hatten. Ein weiterer Unsicherheitsfaktor liegt in dem in einzelnen Jahren beträchtlichen Anteil an Gletschern, für die keine Daten vorhanden sind. Vielleicht hängen sogar die Jahre mit besonders auffallendem Vorstoß vieler Gletscher – 1920 und 1980 – damit zusammen, dass ausgerechnet in diesen Jahren keine Gletscher ohne Daten zu verzeichnen sind. Oder vielleicht besteht auch ein Zusammenhang zwischen der besonders dünnen Datendecke um 1950 und der Aussage des starken Gletscherschwundes in dieser Zeit.
Insgesamt erscheint der Informationsgehalt dieser Grafik doch sehr unzuverlässig und unsicher zu sein und keinesfalls geeignet, um darauf aufbauend Aussagen zu globalen Klimaänderungen zu machen. (BE 12)

3.1 Die Phytoplanktonproduktion verteilt sich in den Meeren der Südhalbkugel recht ungleichmäßig. Im Bereich der antarktischen Konvergenzzone, an den Westküsten von Afrika und Südamerika sowie in einem schmalen Band um den Äquator im Ostpazifik sind die Werte sehr hoch. Hier sind entweder kalte, sauerstoffreiche Meeresströmungen vorhanden oder es kommt zu einer intensiven vertikalen Durchmischung des Wassers, durch die nährstoffreiches Tiefenwasser nach oben dringt. Damit gibt es hier günstige Voraussetzungen für die Produktion von Phytoplankton.
Weitaus ungünstiger sind die zentralen Bereiche von Pazifik, Atlantik und Indik. Hier sind die Wassertemperaturen relativ hoch und damit der Sauerstoffgehalt des Oberflächenwassers niedrig. Bei relativ stabiler Schichtung des Meerwassers ist der Vertikalaustausch gering, sodass auch der Nährstoffgehalt niedrig bleibt. Daher erreicht auch die Phytoplanktonproduktion hier nur mittlere bis niedrige Werte. (BE 8)

3.2 Eine Steigerung der Phytoplanktonproduktion könnte Auswirkungen auf eine lange Nahrungskette haben. Mehr Phytoplankton bedeutet auch mehr Zooplankton, das wiederum eine Vermehrung der Krillbestände nach sich ziehen würde. Dadurch könnten die antarktischen Gewässer fischreicher werden, was wiederum für die Meeressäugetiere und darauf folgend auch Landsäugetiere und Seevögel günstig wäre. Das Gebiet könnte damit eine zunehmende Bedeutung als Nahrungsquelle für die Menschheit bekommen.
Eine weitere Erwartung an das Projekt bezieht sich auf ein klimawirksames Element. Phytoplankton könnte als Bindeglied im CO_2-Kreislauf der Erde wirken. Dadurch könnte man durch Vermehrung des Phytoplanktons die CO_2-Aufnahmefähigkeit der Meere steigern. Das hätte, da die Weltmeere verstärkt CO_2 als Speicher absorbieren würden, eine dämpfende Wirkung auf Temperaturanstieg und Treibhauseffekt. (BE 8)

Leistungskurs Erdkunde (Bayern): Abiturprüfung 2006 – Aufgabe I
Ostmittel- und Südosteuropa

1 Klima und Hydrographie

1.1 Setzen Sie die Daten der Anlage I.1 in ein maßstabsgetreues West-Ost-Klimaprofil um und begründen Sie den aus diesem Profil ersichtlichen Wandel der klimatischen Verhältnisse!

1.2 Erläutern Sie das in Anlage I.2 dargestellte natürliche Abflussverhalten der Flüsse Drau (Drava) und Save (Sava) im Jahresverlauf! (22 BE)

2 Landwirtschaft in der Staatengemeinschaft Serbien und Montenegro

2.1 Arbeiten Sie Unterschiede bezüglich der ackerbaulichen Nutzung zwischen dem Norden und dem Süden der Staatengemeinschaft Serbien und Montenegro heraus und begründen Sie diese unter den Gesichtspunkten Relief, Boden und Klima!

2.2 Diskutieren sie mögliche Auswirkungen des EU-Beitritts von Rumänien und Bulgarien auf die Landwirtschaft in der Staatengemeinschaft Serbien und Montenegro! (18 BE)

3 Umweltprobleme in Transformationsstaaten am Beispiel der Republik Polen

3.1 Erläutern Sie die in Anlage I.3 dargestellten Veränderungen der Gasemissionen Polens, indem Sie Ihre Aussagen auf gezielt ausgewählte Daten aus Anlage I.4 stützen!

3.2 Entwickeln Sie anschließend eine begründete Prognose der zukünftigen SO_x- und CO_2-Emissionen für Polen! (20 BE)

(60 BE)

Anlage I.1: Klimadaten ausgewählter Stationen

Station	mittlerer Niederschlag Winterhalbjahr (Oktober – März) (in mm)	mittlerer Niederschlag Sommerhalbjahr (April – September) (in mm)	mittlere Temperatur Januar (in °C)	mittlere Temperatur Juli (in °C)
Split	515	310	7,6	25,4
Belgrad	311	390	–0,2	22,5
Bukarest	242	337	–2,7	23,3
Konstanza/Constanta	201	212	–0,8	22,2

Anlage I.2: Wasserführung Drau (Drava) und Save (Sava) im Jahresgang

Darstellung der monatlichen Abflusskoeffizienten (Jahresgesamtabfluss entspricht 12, der monatliche Koeffizient 1,0 entspricht genau einem Zwölftel des Jahresgesamtabflusses, also dem Durchschnittswert).
Den Kurven liegen die Mittelwerte aus dem Zeitraum 1931 bis 1990 zugrunde, die Pegel wurden jeweils knapp vor der Mündung in die Donau gemessen.

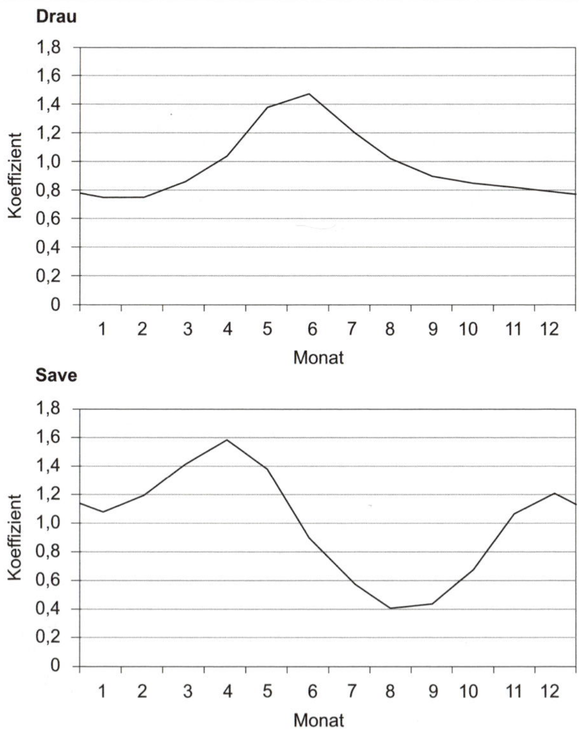

Anlage I.3: Nationale Gasemissionen Polens (alle Angaben in 1 000 t)

Jahr	**1995**	**1999**	**2003**
nationale CO_2-Gesamtemissionen	348 172	329 697	321 304
davon CO_2-Emissionen verarbeitender Industrien	68 122	53 271	45 435
davon CO_2-Emissionen der Energiewirtschaft	187 346	180 001	183 069
nationale SO_x-Gesamtemissionen	2 376	1 719	1 564
davon SO_x-Emissionen verarbeitender Industrien	420	278	328
davon SO_x-Emissionen der Energiewirtschaft	1 327	981	823

Anlage I.4: Entwicklung ausgewählter Indikatoren Polens

Material 1: Demographische und ökonomische Kennzahlen, Verkehrsaufkommen

Jahr	**1995**	**1999**	**2003**
Gesamtbevölkerung in 1 000 Einwohner	38 595	38 660	38 205
Bruttoinlandsprodukt in Millionen Euro	106 363	157 616	191 408
Bruttoinlandsprodukt pro Einwohner in Euro	2 756	4 077	5 010
Personenkraftwagen je 1 000 Einwohner	195	240	287
Anteil des LKW-Verkehrs am gesamten nationalen Gütertransport in %	42,6	55,7	63,0

Material 2: Energiewirtschaftliche Kennzahlen im Jahr 1999

gesamte nationale Primärenergieproduktion[1,2] Veränderung seit 1980	80 070 –34 %
Energieimporte[2]	29 990
Energieexporte[2]	21 824
Gesamtenergieverbrauch[2]	88 236
Energieeffizienz der Volkswirtschaft[3] Veränderung seit 1990	279 –32 %

1 Gewinnung von Energieprodukten aus natürlichen Quellen, z. B. durch Ausbeutung von Kohlezechen, Rohölfeldern, Wasserkraft
2 Mengenangaben in 1 000 t Rohöleinheiten (1 t Rohöleinheit = Energiemenge pro 1 t Rohöl)
3 Verhältnis des gesamten nationalen Energieverbrauchs zum BIP

Material 3: Gesamtenergieverbrauch in Polen nach Energieträgern im Jahr 1999

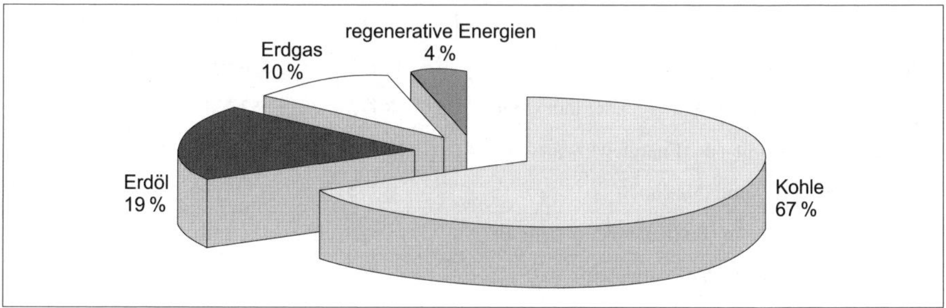

Material 4: Nationaler Kohleverbrauch, untergliedert nach Endverbrauchergruppen (in 1 000 t)

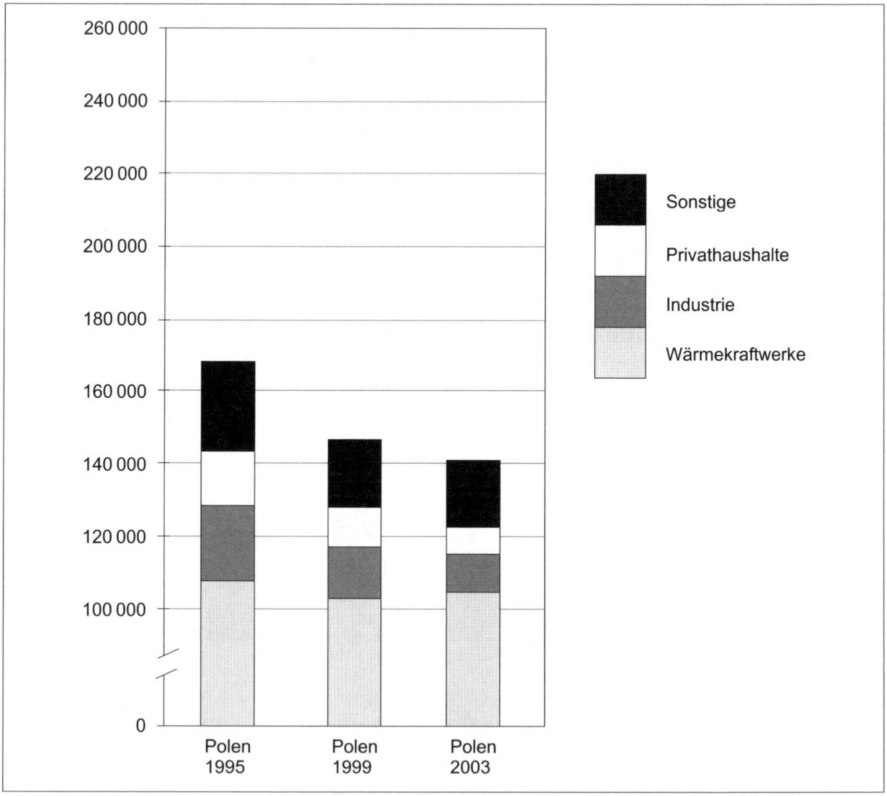

Material 5: Umweltpolitik und Umweltsituation in Polen

Das rasante polnische Wirtschaftswachstum seit der Wende 1989 hatte auch zu Folge, dass Umweltaspekte in größerem Maße politisch berücksichtigt werden. Die Gesamtaufwendungen Polens für den Umweltschutz sind daher innerhalb der letzten zehn Jahre um das Sechsfache gestiegen. Des Weiteren stellt die Europäische Union Finanzmittel bereit.
Dennoch gehört Polen nach wie vor zu den Ländern Mitteleuropas mit den größten Umweltbelastungen. Defizite bestehen gegenwärtig noch bei den Vorschriften für die Überwachung der Luft- und Wasserqualität, beim Lärmschutz und beim Chemikalienrecht. In Bezug auf die Luftverschmutzung stellen neben Kohlenstoffdioxid (CO_2) vor allem auch Schwefeloxide (SO_x) ein Problem dar, da bei der Verfeuerung der einheimischen schwefelhaltigen Steinkohle wegen ungenügender Rauchgasentschwefelung sehr hohe SO_x-Emissionen freigesetzt werden.

Quellenverzeichnis

Belz, J. und Goda, L.: Das Abflussregime der Donau und ihres Einzugsgebiets. In: Die Donau und ihr Einzugsgebiet – eine hydrologische Monographie. Folgeband VIII/2, Koblenz und Baja, 2004, S. 32 und 34

http://www.klimadiagramme.de (Zugriff am 31.08.05)

http://europa.eu.int/comm/eurostat

http://earthtrends.wri.org/text/energy-resources/country-profiles.html

http://www.umweltexport.de/export/003_001_004.html: Export Umwelttechnik (Zugriff am 08.06.06)

Lösungsvorschlag

1.1 *Diese Teilaufgabe verlangt zunächst von Ihnen, aus vorgegebenen Daten der Anlage I.1 eine Profilzeichnung anzufertigen, wobei Sie die Entfernungen dem Atlas entnehmen müssen (z. B. Diercke Weltatlas S. 110/111), um maßstabsgetreu zeichnen zu können. Dann sollen Sie die aus der Zeichnung erkennbaren klimatischen Veränderungen benennen und erklären.*

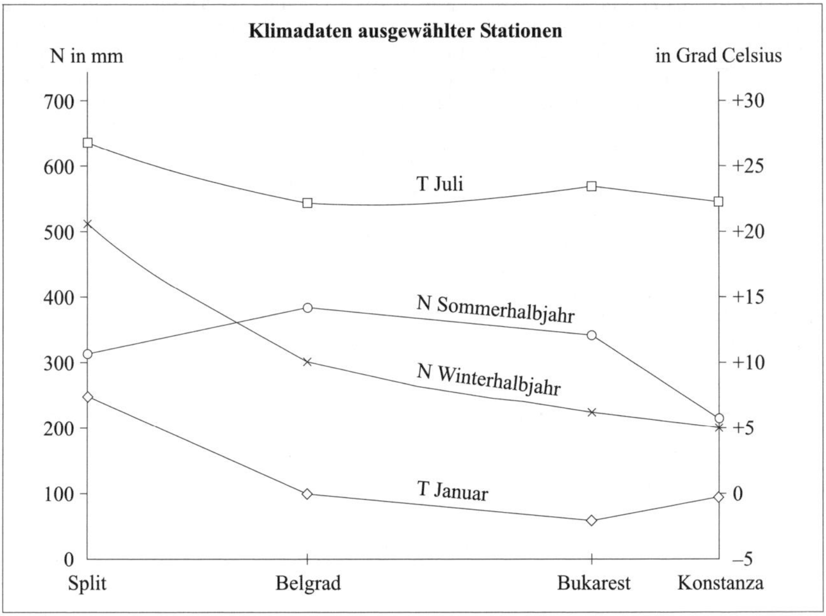

Im Winterhalbjahr verringern sich die Niederschläge von West nach Ost von 515 mm auf 201 mm. Die Temperatur nimmt in der gleichen Richtung im Januar von 7,6 °C (Split) bis –2,7 °C (Bukarest) ab, um dann bis Konstanza wieder auf –0,8 °C anzusteigen.
Im Sommerhalbjahr nimmt der mittlere Niederschlag zunächst von Split bis Belgrad zu und fällt dann über Bukarest bis Konstanza deutlich ab. Die Julitemperatur zeigt relativ geringe Differenzen. Sie fällt von Split bis Belgrad um etwa 3°, steigt dann bis Bukarest um 1°, um dann schließlich bis Konstanza wieder um 1° abzunehmen.
Die Daten von Split lassen sich damit begründen, dass an dieser Station mediterranes Klima herrscht. Die hohen winterlichen Niederschläge resultieren aus dem Einfluss regenbringender Westwinde und der Lage im Luv des Dinarischen Gebirges.
Im Sommer dagegen sorgt der Einfluss des nach Norden verschobenen subtropischen Hochdruckgebietes für eine deutliche Reduzierung der Niederschläge. Die südliche Lage am Meer bedingt die hohen Sommer- und milden Wintertemperaturen mit nur relativ geringer Temperaturamplitude.
Bei Belgrad und Bukarest verlagern sich die Niederschlagsmaxima in das Sommerhalbjahr, da hier im Landesinnern der winterliche Westwind weniger Feuchtigkeit mit sich bringen kann und so die erhöhte, regenbringende Konvektion im Sommerhalbjahr entscheidender wird. Die Temperaturen im Winterhalbjahr liegen deutlich tiefer als in Split, da in Belgrad und Bukarest der ausgleichende Einfluss des Meeres wegfällt und

trocken-kalte Luftmassen stärker dominieren. Durch diese zunehmende Kontinentalität steigt auch die Temperaturamplitude.
Konstanza liegt von den angegebenen Stationen am weitesten im Osten und hat daher die höchste Kontinentalität mit den geringsten Niederschlägen sowohl im Winter als auch im Sommer. Aufgrund der Lage am Schwarzen Meer weist die Station jedoch mildere Wintertemperaturen als Bukarest und auch eine geringere Temperaturamplitude auf. (BE 12)

1.2 *Sie müssen das aus der Anlage I.2 ersichtliche Abflussverhalten der zwei Flüsse Drau und Save in seinen charakteristischen Merkmalen beschreiben und den Ursachen nach begründen.*

Die Wasserführung der Drau hat im Jahresgang nur ein einziges Abflussmaximum (einfaches Regime): Von einem unterdurchschnittlichen monatlichen Abflusskoeffizienten von 0,8 im Januar steigt die Wasserführung bis zum Juni auf überdurchschnittliche 1,4, um dann kontinuierlich bis zum Dezember wieder auf 0,8 abzufallen.
Erklären lässt sich dieser Jahresgang, der dem alpidischen Abflusstyp zugeordnet werden muss, mit der Zunahme der Wasserführung im Frühjahr/Frühsommer durch Frühjahrsniederschläge und die Schneeschmelze im alpinen Einzugsgebiet. Die ab Juli einsetzende Abnahme der Wasserführung ist auf die geringeren Sommerniederschläge und später auf die winterliche Schneedecke in den Hochlagen des Einzugsgebietes zurückzuführen, die den Abfluss z. T. zurückhält.
Die Wasserführung der Save entspricht dem mediterranen Abflusstyp. Kennzeichnend ist der von einem sehr niedrigen Koeffizienten von 0,4 im August/September ausgehende Anstieg der Wasserführung bis auf 1,6 im April, der lediglich im Januar einen leichten Rückgang erfährt. Ab April fällt der Wert dann wieder kontinuierlich bis August auf 0,4.
Die von September bis April mit nur einer kurzen Stagnation ansteigende Wasserführung beruht auf den hohen, für mediterranes Klima typischen winterlichen Niederschlägen, die auch kaum in Form einer Schneedecke zurückgehalten werden: Fast alle Nebenflüsse kommen nämlich aus dem Dinarischen Gebirge, das als südlicher liegendes Mittelgebirge weit weniger Schnee bindet als das Hochgebirge der Alpen. Daher ist auch der Anteil der Schneeschmelze im Frühjahr an der Erhöhung der Abflussmenge weitaus geringer als bei der Drau. Einzige erkennbare Konsequenz der winterlichen Schneedecke dürfte die kurzzeitige Reduzierung der Wassermenge im Januar sein. Ab April bis August dominiert dann wie im gesamten Mittelmeerraum die sommerliche Trockenheit, die im Einzugsgebiet des Dinarischen Gebirges sogar zum Versiegen vieler Karstquellen führt. Dadurch fällt der monatliche Abflusskoeffizient der Save im August auf den Tiefstwert von 0,4. (BE 10)

2.1 *Die Gliederung Ihrer Antwort ist durch die zwei Operatoren „herausarbeiten" und „begründen" schon vorstrukturiert. Sie müssen zunächst die geforderten Informationen entsprechenden Atlaskarten (z. B. Diercke Weltatlas S. 108/109) entnehmen. Natürlich sollen Sie dabei auch eigene Kenntnisse ergänzend einbringen. Anschließend müssen Sie Ihre Ergebnisse unter vorgegebenen Gesichtspunkten nach ihren Ursachen interpretieren.*

Der Norden der Staatengemeinschaft Serbien/Montenegro unterscheidet sich in seiner ackerbaulichen Nutzung sehr deutlich vom Süden. Im Norden gibt es ausgedehnte Ackerbauflächen, vor allem mit großflächigem Anbau von Mais, Weizen, Zuckerrüben, Tabak und Gemüse. Im Süden dagegen werden nur kleine begünstigte Gebiete in Tal- oder Beckenlagen ackerbaulich mit kleinflächigem Anbau von Tabak, Gemüse und Wein genutzt.

Diese Unterschiede lassen sich durch die ungleichmäßige Verteilung von günstigen oder ungünstigen Voraussetzungen im Bereich von Relief, Klima und Böden erklären. Der Norden verfügt über ausgedehnte, weite Beckenlagen, während im Süden verkarstetes Gebirge mit nur wenigen Gunstlagen in Tälern dominiert. Auch die Böden sind entsprechend verteilt: Im Norden kommen vor allem Parabraunerden vor, in Gunstlagen sogar Schwarzerde. Im Süden dagegen herrschen in den Hochlagen steinige Rohböden vor, die nur in wenigen Flusstälern durch Schwemmböden überdeckt werden.
Der entscheidende Unterschied dürfte jedoch klimatisch bedingt sein. Im Norden herrscht relativ gemäßigtes, kontinental geprägtes Klima mit geringen Jahresniederschlägen, die vor allem während der Vegetationsperiode im Sommer fallen. Die Temperaturen sind mild. Entlang den Flüssen bestehen günstige Möglichkeiten zur Bewässerung. Der Süden dagegen wird vom mediterranen Klima geprägt. Ausgesprochen trockenen Sommern stehen niederschlagsreiche Winter gegenüber. Durch den Karst wird der Wassermangel in der Wachstumszeit der Pflanzen noch verstärkt. Die Temperaturen liegen deutlich höher als im Norden, was sich vor allem in den trockenen Sommern für die Landwirtschaft nachteilig bemerkbar macht. (BE 9)

2.2 *Mit dem Operator „diskutieren" wird von Ihnen verlangt, zu dem angeführten Sachverhalt verschiedene Argumente zu entwickeln und in ihren Konsequenzen einander gegenüberzustellen.*

Die Nachbarländer Rumänien und Bulgarien sind für Serbien/Montenegro auf dem Gebiet der Landwirtschaft direkte Konkurrenten. Treten Rumänien und Bulgarien nun in die EU ein, so verändern sich die Absatzchancen für landwirtschaftliche Produkte aus Serbien/Montenegro. Auf dem rumänisch/bulgarischen Markt werden sie zunehmend weniger konkurrenzfähig, da durch die EU Importbeschränkungen bestehen und Zölle erhoben werden. Auch auf dem eigenen Markt verschärft sich die Konkurrenzsituation, falls sich Serbien/Montenegro gegenüber der EU öffnet. Dann könnten nämlich verstärkt subventionierte Agrarprodukte auf den Markt drücken und die heimischen Produkte verdrängen. Allerdings hat Konkurrenz immer auch einen positiven Effekt: Um bestehen zu können, verstärkt sich der Druck zur Modernisierung. So könnte die serbisch/montenegrinische Landwirtschaft durch den EU-Beitritt von Rumänien und Bulgarien den dringend notwendigen Schub erhalten, rationeller und effektiver zu arbeiten. Veraltete Betriebsstrukturen müssten beseitigt und moderne Produktionsverfahren eingeführt werden.
Reagiert man in Serbien/Montenegro auf den EU-Beitritt Rumäniens und Bulgariens allerdings mit Abschottung der eigenen Märkte gegenüber der EU, dann würden sich ganz andere Effekte einstellen. Man könnte zwar die bestehenden landwirtschaftlichen Betriebe durch Beschränkung der Agrarimporte schützen, hätte dann selber aber noch weniger Chancen auf den EU-Märkten. Dies gilt umso mehr, als bei dieser Politik die bisherigen unwirtschaftlichen Strukturen und Verfahren beibehalten würden, sodass die landwirtschaftliche Produktion immer unrentabler würde. (BE 9)

3.1 *Sie sollen zunächst der Anlage I.3 die geforderten Informationen entnehmen und strukturiert verdeutlichen und anschließend aus Anlage I.4 diejenigen Aussagen auswählen, die geeignet sind, um die von Ihnen dargestellten Entwicklungen zu begründen. Bedenken Sie, dass u. U. das Datenmaterial der Anlage I.4 unterschiedlich gesehen werden kann und deshalb keine eindeutige „Musterlösung" möglich ist.*

Die nationalen Gasemissionen Polens werden für den Zeitraum 1995–2003 dargestellt. Bei den nationalen CO_2-Gesamtemissionen ist durchgehend ein leichter Rückgang von insgesamt ca. 8 % zu verzeichnen. Dieser beruht vorwiegend auf den verarbeitenden Industrien mit einer Reduktion von 33 %. Der zweite dargestellte CO_2-Emittent, die Energiewirtschaft, verzeichnet zwar bis 1999 einen Rückgang von ca. 4 %, nimmt dann aber bis 2003 wieder um knapp 2 % zu.
Im Bereich von SO_x nimmt die Gesamtemission um etwa ⅓ ab. Die verarbeitenden Industrien verzeichnen dabei zunächst einen deutlichen Rückgang, dann allerdings wieder einen Anstieg. Der Hauptanteil der Reduzierung entfällt auf die Energiewirtschaft, die ihre SO_x -Emission um insgesamt 38 % verringert hat.
Insgesamt wird sowohl bei CO_2 als auch bei SO_x die Entwicklung von etwa ⅓ des Emissionsvolumens, aufgeschlüsselt nach den Verursachern, überhaupt nicht dargestellt.

Die anschließende Teilfrage fordert, die oben dargestellten Veränderungen der Gasemissionen Polens durch gezielt ausgewählte Daten der Anlagen M 1–M 5 zu stützen. Daten, die geeignet sind, um die dargestellte Gasemissionsentwicklung zu begründen, finden sich im Material 4 und Material 5:
M 5 spiegelt den steigenden Einsatz moderner Umwelttechnologie wider und kann damit als Begründung für sinkende Emissionen angeführt werden.
M 4 enthält die verwertbare Aussage, dass sich der Kohleverbrauch von 1995–2003 reduziert hat. Damit kann eine Verringerung der Gesamtgasemissionen begründet werden. Die restlichen Daten aus M 4 zu den Endverbrauchergruppen können die Entwicklung der Gasemissionen jedoch nicht erklären. Zwar sinkt der Kohleverbrauch der Industrie von 1995–1999 bei gleichzeitig sinkenden Emissionen der verarbeitenden Industrie. Auch von 1999–2003 sinkt der Kohleverbrauch der Industrie weiter. Gleichzeitig steigen jedoch die SO_x-Emissionen der verarbeitenden Industrie, die weitgehend vom Kohleverbrauch abhängig sind, deutlich an. Ebenso sinken von 1995–1999 bei den Wärmekraftwerken sowohl der Kohleverbrauch als auch die Emissionen. Von 1999–2003 steigt jedoch der Kohleverbrauch wieder, die SO_X-Emissionen sinken jedoch weiter. Daher können M 4 über die Pauschalaussage „sinkender Gesamtkohleverbrauch = sinkende Gesamtemission" hinaus keine weiteren Aussagen entnommen werden.

Die Materialien M 1 bis M 3 können die in der Anlage I.3 dargestellten Veränderungen der Gasemissionen Polens nicht stützen:
M 1 enthält keine Angabe, die man direkt zur Begründung der Reduktion der Gasemissionen heranziehen könnte. Indirekt könnte man vermuten, dass mittlerweile in polnischen Fahrzeugen umweltfreundlichere Verkehrstechnik eingebaut wird: Schließlich nahm zwar die Zahl der PKWs pro 1 000 Einwohner von 1995 bis 2003 um fast 50 % zu, was sich aber nicht in steigenden nationalen CO_2-Emissionen niederschlägt. Dies könnte möglicherweise auf umweltfreundlichere Fahrzeuge hindeuten.
M 2 enthält zwei Prozentzahlen, die Entwicklungen von 1980–1999 bzw. 1990–1999 wiedergeben. Damit kann jedoch nicht, wie in der Aufgabenstellung gefordert, eine Entwicklung von 1995–2003 begründet werden. Die restlichen Zahlen von M 2 ergeben keine verwertbare Aussage, da sie sich nur auf das Jahr 1999 beziehen und keine Entwicklung zeigen.

Das Gleiche gilt für M 3, das sich ebenfalls nur auf das Jahr 1999 bezieht. Auch in einer Zusammenschau mit M 4 kann man aus M 3 nicht entnehmen, wie sich die Prozentsätze für Kohle und die anderen Energieträger von 1995–2003 am Gesamtenergieverbrauch geändert haben, da man den Gesamtenergieverbrauch von 1995 und 2003 nicht kennt. (BE 12)

3.2 *Mit dieser Fragestellung werden Sie aufgefordert, sinnvoll und mit realistischen Argumenten eine vermutete zukünftige Entwicklung abzuleiten. Dabei ist es völlig korrekt, wenn Sie unterschiedliche Szenarien durchspielen und auf die Unwägbarkeiten von Prognosen hinweisen.*

Eine begründete Prognose über die zukünftigen SO_x- und CO_2-Emissionen für Polen muss einerseits berücksichtigen, dass bei anhaltendem Strukturwandel der weitere wirtschaftliche Aufschwung und zunehmender Konsum vor allem die CO_2-Werte nach oben treiben werden. Vermutlich könnten aber vielfältige Maßnahmen zur Reduzierung der Emissionen diesen Anstieg neutralisieren. Bei den SO_x-Emissionen wird der weitere Rückgang über die Verringerung des Kohleverbrauchs insbesondere in den Wärmekraftwerken und den stärkeren Einsatz SO_x-armer und regenerativer Energieträger wahrscheinlich fortgesetzt. Auch der verstärkte Einsatz moderner Umwelttechnologie dürfte in gleicher Richtung wirken.
Solche Prognosen enthalten jedoch viele Unwägbarkeiten, da weder die zukünftige wirtschaftliche Entwicklung noch die in Zukunft entwickelten und eingesetzten Umwelttechnologien exakt vorausgesagt werden können. Es kann daher sowohl zu stagnierenden als auch abnehmenden Emissionen kommen. Steigende Emissionen kann man vermutlich wegen des gestiegenen Umweltbewusstseins und der modernen Technologien ausschließen.

(BE 8)

Leistungskurs Erdkunde (Bayern): Abiturprüfung 2006 – Aufgabe II: Raumstrukturen in China

1 Naturraum und Landwirtschaft

1.1 Erstellen Sie anhand der Anlage II.1 entlang der Strecke Hami – Kanton für die Monate Dezember und Juli in einem Diagramm jeweils ein maßstabsgetreues Profil der potenziellen Evapotranspiration (Definition siehe Anlage)!

1.2 Erklären Sie die jahreszeitlichen Unterschiede der potenziellen Evapotranspiration entlang dieser Profillinie!

1.3 Stellen Sie ausgehend von den Angaben für die Evapotranspiration das naturräumliche Potenzial für eine ackerbauliche Nutzung in der Region Hami dar! (18 BE)

2 Regionale Disparitäten und Maßnahmen zur Überwindung

2.1 Ordnen Sie anhand Anlage II.2 die Provinzen A, B und C den Küstenprovinzen Shanghai, Guangdong und Shandong begründet zu!

2.2 Erläutern Sie, welche Zielsetzungen mit dem Abbau regionaler Disparitäten zwischen Westchina und der Küstenregion durch die chinesische Regierungspolitik verfolgt werden! Diskutieren Sie, ob die in Anlage II.3 dargestellten Maßnahmen zum Abbau der regionalen Disparitäten beitragen können! (22 BE)

3 Entwicklungen im Energiesektor

3.1 Anlage II.4 gibt die Entwicklung der Stromproduktion in der Volksrepublik China im Vergleich zu Deutschland seit 1980 wieder.
Erläutern Sie die beiden Entwicklungen!

3.2 Anlage II.5 zeigt die Erdölproduktion und den Erdölverbrauch der Volksrepublik China zwischen 1980 und 2025.
Legen Sie die Ursachen der dargestellten Entwicklungen dar! Setzen Sie sich kritisch mit den daraus resultierenden wirtschaftlichen und ökologischen Folgen auseinander! (20 BE)

(60 BE)

Anlage II.1: Potenzielle Evapotranspiration in Ostasien (Angabe in mm)

Dezember

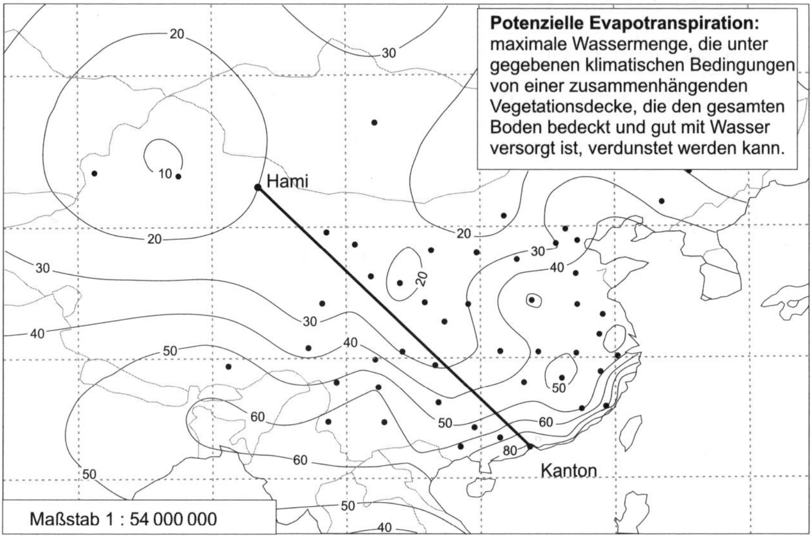

Juli

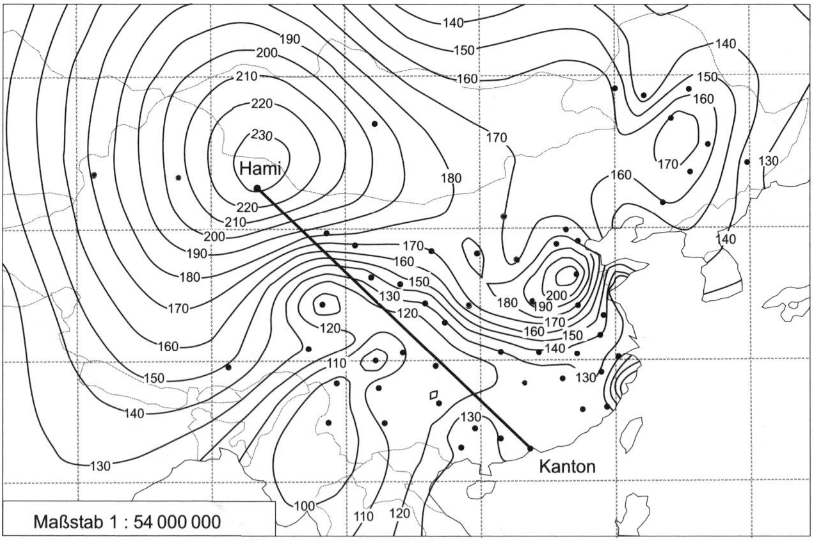

Anlage II.2: Ausgewählte sozioökonomische Daten (2002) dreier Provinzen der Volksrepublik China

	Anteil des I. Sektors am BIP (%) der jeweiligen Provinz	Anteil des III. Sektors am BIP (%) der jeweiligen Provinz	BIP pro Kopf (Yuan)	Beitrag zum Gesamtexport der VR China (%)
Provinz A	1,6	51,0	40 646	9,84
Provinz B	13,2	36,5	11 645	6,48
Provinz C	8,8	40,8	15 030	36,38

Administrative Gliederung der Volksrepublik China

Anlage II.3: Ungleichgewichte der Wirtschaftsentwicklung in der Volksrepublik China und Maßnahmen zu ihrer Überwindung

Der 10. Fünfjahresplan (2001–2005) widmet ein eigenes Kapitel der Entwicklung der Region Westchina. Diese Region besteht aus den Provinzen Sinkiang, Tibet, Gansu, Qinghai, Sichuan und Yunnan. Im Mittelpunkt der Strategie steht der Ausgleich der regionalen Disparitäten durch eine Beschleunigung der Entwicklung in Westchina, aber auch in der Zentralregion. Instrumente der Strategie sind vor allem der Bau von Schlüsselprojekten der Infrastruktur, insbesondere in den Bereichen Energie, Transport und Telekommunikation, daneben aber auch die Unterstützung von Umwelt- und Bildungsprojekten. Als Instrumente der Umsetzung dieser Ziele dienen höhere Investitionen und Transferzahlungen aus dem Haushalt der Zentralregierung an die Haushalte der Lokalregierungen. Allerdings wird im Bericht zum Fünfjahresplan von der Regierung betont, dass sich die Bevölkerung im Westen Chinas langfristig gesehen in erster Linie auf ihre eigenen Anstrengungen verlassen muss. Die Regierung will jedoch die Wirtschaftsreformen und die außenwirtschaftliche Öffnung in dieser Region beschleunigen.
Bei der Entwicklung der Region Westchina wird zunächst mit Projekten entlang der großen Verkehrswege begonnen. Die großen Städte entlang dieser Verkehrswege sollen als Wirtschaftszentren dienen und eine Führungsrolle bei der Entwicklung der umliegenden Regionen spielen. Besondere Förderung sollen zum Beispiel die Wirtschaftszonen entlang der Eisenbahnstrecke Lanzhou-Urumchi erhalten. Für den Ausbau der Eisenbahnstrecken in der Westregion rechnet das Eisenbahnministerium in den nächsten fünf Jahren mit Kosten von rund 24 Mrd. US-Dollar.

Anlage II.4: Stromproduktion nach Energieträgern in Deutschland (D) und der Volksrepublik China (VC) in Mrd. kWh

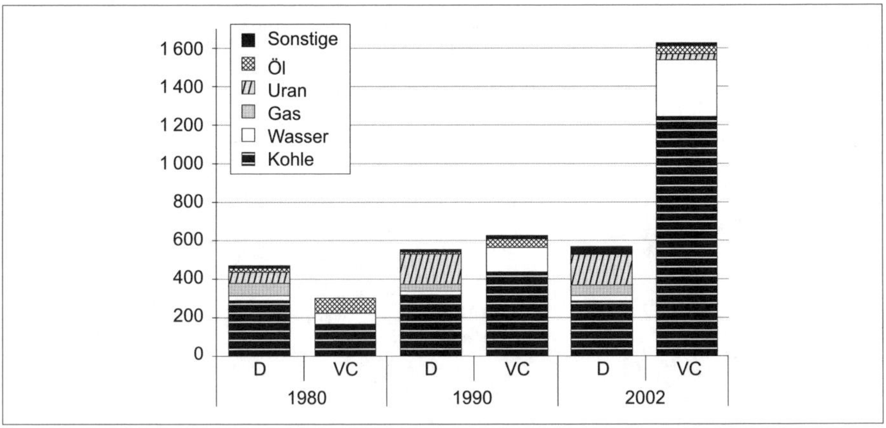

Anlage II.5: Erdölproduktion und Erdölverbrauch* der Volksrepublik China (in Millionen Barrel pro Tag)

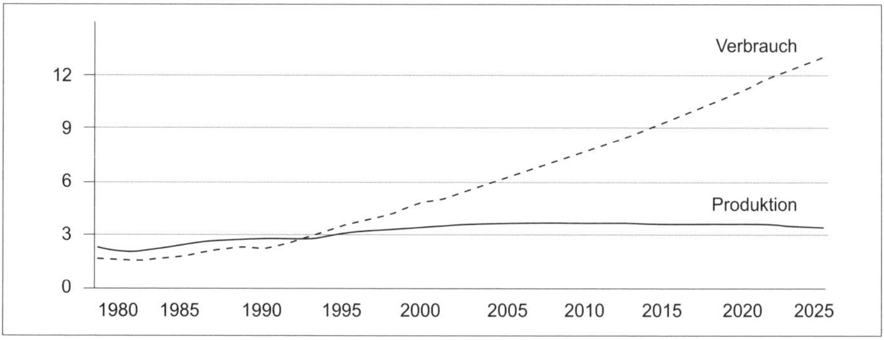

* ab 2005 Prognose

Quellenverzeichnis

Thomas, A.: Räumliche Aspekte der potentiellen Evapotranspiration in China. In: Petermanns Geographische Mitteilungen, Heft 5/6, 1999, S. 349 ff.
N.N.: Kraft der zwei Herzen. In: Wirtschaftswoche, Sonderheft China vom 27.10.2005, S. 23
www.bpb.de
http://www.cig.ensmp.fr/~hubert/glu/indexde.htm
www.worldbank.org: World Development Indicators 2005

Lösungsvorschlag

1.1 *Aus zwei vorgegebenen Karten sollen Sie zwei Profile in ein Diagramm übertragen. Den korrekten Maßstab können Sie entweder den Karten der Anlage II.1 oder einer Atlaskarte (z. B. Diercke Weltatlas S. 170/171) entnehmen.*
Die zeichnerische Darstellung ist im Grunde nur mit einem Kurvendiagramm möglich, auch wenn diese Diagrammart nicht direkt verlangt wird.

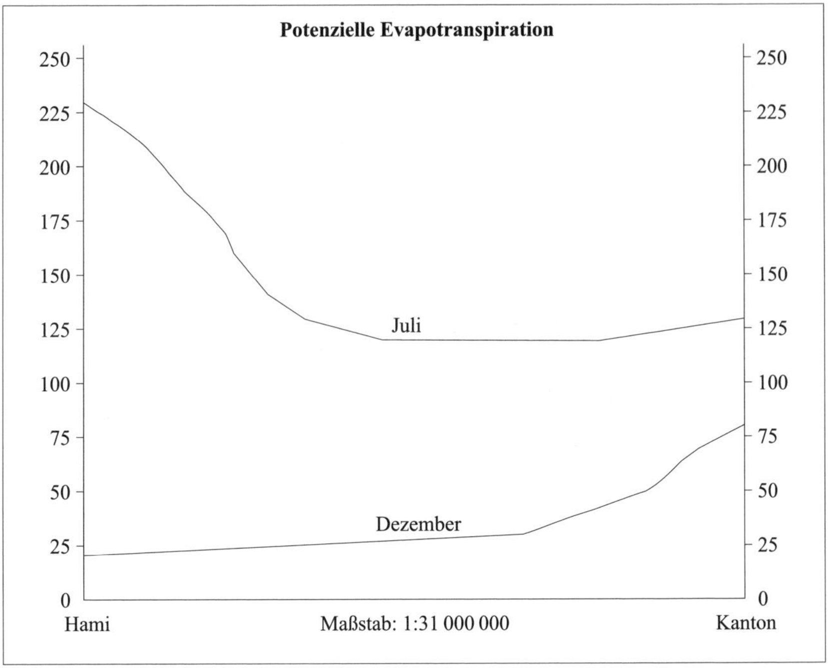

(BE 4)

1.2 *Aus Ihrer bei Teilaufgabe 1.1 erstellten Zeichnung ergeben sich deutliche jahreszeitliche Unterschiede der Evapotranspiration entlang der Profillinie. Sie werden aufgefordert, die Ursachen dieser Unterschiede zu klären, indem Sie sowohl jahreszeitliche als auch regionale Gründe anführen.*

Unter „potenzieller Evapotranspiration" versteht man die maximale Wassermenge, die von einer zusammenhängenden Vegetationsdecke in einer vorgegebenen Zeiteinheit verdunstet werden kann. Je höher die Werte der potenziellen Evapotranspiration sind, umso stärkere Verdunstung findet statt. Entscheidend sind dabei also die Sonneneinstrahlung und die tatsächliche Temperatur, nicht aber der Niederschlag.
Im Dezember sind die Werte entlang der Profillinie insgesamt sehr niedrig. Lediglich im Bereich von Kanton steigen sie etwas an. Das lässt sich mit der winterlich verringerten Sonneneinstrahlung und der Breitenkreislage erklären. Das am südlichsten liegende Kanton hat im Dezember eine etwas längere und intensivere Sonneneinstrahlung und damit eine leichte Zunahme der Evapotranspirationswerte.

Im Juli dagegen liegen die Werte insgesamt viel höher und nehmen von Hami bis Kanton ab. Der Einfallswinkel der Sonnenstrahlen ist im Sommer entlang der gesamten Profillinie steiler; die Sonnenscheindauer ist länger. Der Bereich von Hami ist hochkontinental und weist im Sommer kaum Wolkenbildung auf. So kommt es aufgrund der ungehinderten Sonneneinstrahlung zu einer starken Bodenaufheizung mit der Folge einer hohen Evapotranspiration. In Richtung auf Kanton zu nimmt der Einfluss des feuchten Sommermonsuns mit starker Bewölkung immer mehr zu. Das bewirkt eine Reduzierung der Sonneneinstrahlung und damit eine Abnahme der Evapotranspiration, obwohl der Einfallswinkel der Sonnenstrahlen noch steiler ist als bei Hami. (BE 8)

1.3 *Der Operator „darstellen“ verlangt von Ihnen, einen Sachverhalt ohne Bewertung in seinen wesentlichen Aspekten aufzuzeigen. Sie sollen dabei auf die Angaben über die Evapotranspiration Bezug nehmen und sich auf einen eng begrenzten Raum beschränken.*

Die in der Region Hami im Sommer vorherrschende sehr hohe potenzielle Verdunstung und Aridität erhöhen das Ernterisiko, falls Regenfeldbau überhaupt möglich ist. Über künstliche Bewässerung könnte man die Bedingungen verbessern, es gibt aber wenig Möglichkeiten dafür. Außerdem müsste man dann mit der Gefahr der Versalzung aufgrund der hohen Verdunstung fertig werden.
Dem hochkontinentalen Klima entsprechend sind die Winter sehr lang und kalt und reduzieren die für den Ackerbau zur Verfügung stehende Vegetationsperiode auf wenige Monate. Die Böden sind zumeist unfruchtbare Rohböden und haben aufgrund der starken Deflation nur eine geringe Humusauflage. Da das Gebiet stark reliefiert ist, beschränkt sich die landwirtschaftliche Nutzung weitgehend auf extensive Viehzucht ohne nennenswerten Ackerbau. (BE 6)

2.1 *In dieser Teilaufgabe geht es darum, der Anlage II.2 Informationen zu entnehmen, diese zu bewerten und in einen sinnvollen Zusammenhang mit vorgegebenen Regionen zu bringen.*

Die Provinz A zeichnet sich durch eine sehr geringe Bedeutung der Landwirtschaft und einen sehr hohen Anteil des Dienstleistungssektors am BIP aus. Das BIP pro Kopf überragt die Werte der beiden anderen angeführten Provinzen bei weitem und weist die Provinz A als wohlhabende Gegend innerhalb Chinas aus. Da der Exportanteil nur mittlere Werte erreicht, kann es sich hier nicht um Guangdong handeln. Station A muss Shanghai sein. Diese Provinz hat sich zum hochrangigen Finanzplatz und bevorzugten Standort ausländischer Konzerne entwickelt. Die vielen Verwaltungssitze und die damit verbundene Konzentration vielfältiger Dienstleistungsfunktionen erklären die überragende Bedeutung des 3. Sektors und das hohe Pro-Kopf-Einkommen.
Das hervorstechende Kennzeichen der Provinz B ist der relativ hohe Anteil des 1. Sektors am BIP sowie ihre niedrigen Werte beim Pro-Kopf-Einkommen und beim Beitrag zum Export. Die Provinz muss also landwirtschaftlich geprägt sein, mit einer Binnenorientierung ihrer Produktion und einer geringen wirtschaftlichen Entwicklung. Daher kann es sich hier nur um die Provinz Shandong handeln.
Bei den Daten der Provinz C fällt vor allem der sehr hohe Beitrag zum Gesamtexport ins Auge. Die anderen Werte liegen im mittleren Bereich. Das deutet auf Guangdong hin, das durch die Schaffung von Sonderwirtschaftszonen schon lange intensive Exportbeziehungen aufgebaut hat. Mit Hilfe von ausländischem Kapital wurden hier umfangreiche Investitionen getätigt, die sich heute in einem Entwicklungsvorsprung gegenüber anderen Provinzen und einem hohen Exportvolumen niederschlagen. Seit der Rückkehr Hongkongs zu China wurde in großem Umfang lohnkostenintensive Produktion hierher verlagert. Allerdings blieb das Lohnniveau niedrig, was sich an dem relativ geringen BIP pro Kopf ablesen lässt. (BE 11)

2.2 *Die komplexe Fragestellung setzt sich aus zwei voneinander getrennten Teilfragen zusammen. Im ersten Teil sollen Sie einen Sachverhalt mithilfe eigener Kenntnisse verdeutlichen. Im zweiten, materialgebundenen Teil werden Sie aufgefordert, eine Textinterpretation unter einem bestimmten Gesichtspunkt durchzuführen und mit verschiedenen Argumenten Stellung dazu zu nehmen.*

Die bisher in China bestehende regionale Disparität zwischen Westchina und der ostchinesischen Küstenregion gründet sich darauf, dass Westchina durch seine Lage, Naturausstattung und Infrastruktur gegenüber dem Osten benachteiligt ist und daher immer weiter in seiner wirtschaftlichen Entwicklung zurückbleibt. Zielsetzung der chinesischen Regierungspolitik muss also sein, diese Nachteile auszugleichen, um ein etwa vergleichbares Lebensniveau in ganz China zu schaffen und damit sowohl eine Destabilisierung der östlichen Küstenstädte durch hohe Zuwanderung als auch eine Entleerung des Westens durch Abwanderung zu verhindern. Die peripheren Gebiete im Westen müssen durch intensive Verknüpfung mit den Exportzentren im Osten gefördert werden. Nur durch Schaffung eines einheitlichen gesamtchinesischen Marktes kann man die bestehenden Unterschiede abbauen. Damit könnte man dann auch erreichen, dass durch die Attraktivitätssteigerung des Westens separatistische Bewegungen unterbleiben, die bisher durch den dortigen hohen Anteil nationaler Minderheiten eine große Gefahr darstellen.
Die im 10. Fünfjahresplan angestrebten Maßnahmen beziehen sich vor allem auf eine Verbesserung der Infrastruktur im Westen. Dazu sollen höhere Investitionen und Transferzahlungen an die Lokalregierungen dienen. Die in der Anfangsphase geplanten Projekte liegen entlang den großen Verkehrswegen. Das lässt befürchten, dass die angestoßene Entwicklung sich auf diese linienhafte Erschließung beschränken wird, da in das Umland hinein aufgrund der Wüsten und Gebirge keine Verbindungen bestehen. Auch die geplante Investitionstätigkeit von in- und ausländischen Unternehmen wird hier im Westen enge Grenzen haben, da jedes Unternehmen nach Renditegesichtspunkten investiert. Diese sind jedoch in einem peripheren Gebiet mit Infrastrukturdefizit und ohne qualifizierte Arbeitskräfte sehr fraglich. Auch die großräumigeren Verbindungen vom Westen Chinas aus in das Ausland sind nicht allzu verlockend, da es nur wirtschaftlich schwache Nachbarn mit ähnlichen Defiziten gibt.
Man muss daher, auch aus Erfahrungen z. B. in der UdSSR mit Sibirien, sehr skeptisch bleiben, ob die geplanten Maßnahmen wirklich ausreichen werden, um die regionale Disparität abzubauen. Es gibt jedoch, auch falls der Erfolg nur gering sein sollte, keine echten Alternativen dazu. (BE 11)

3.1 *Sie sollen dem vorgegebenen Material der Anlage II.4 die wesentlichen Informationen entnehmen, komprimieren und zu begründeten Aussagen zusammenfassen. Dabei können Sie auch darüber hinausgehende eigene Kenntnisse einfließen lassen.*

In Deutschland ist die Stromproduktion von 1980–1990 von ca. 450 Mrd. KWh um etwa 100 Mrd. KWh gestiegen, hat sich dann aber bis 2002 fast auf dem gleichen Niveau gehalten. Die bereits hohe Stromproduktion im Jahr 1980 ist auf den damals schon hohen wirtschaftlichen Entwicklungsstand zurückzuführen. Danach ist zwar die Nachfrage weiter gestiegen, aber gleichzeitig wurden verstärkt stromsparende Technologien eingesetzt und sehr energieintensive Industriezweige zurückgefahren. Daher stieg die Stromproduktion von 1980–2002 nur noch um ein Fünftel.
Die Anteile der einzelnen Energieträger haben sich im Laufe der Zeit deutlich verschoben. Der meiste Strom wird nach wie vor auf Kohlebasis produziert, jedoch hat sich dieser Anteil wegen der hohen Förderkosten und der Umweltproblematik prozentual reduziert. Der Wasserkraftanteil ist etwa gleich geblieben. Der Gasanteil ist nach Rückgang von 1980–1990 bis 2002 wieder etwa auf das Ausgangsniveau zurück-

gekehrt. Deutlich zugelegt hat die Stromproduktion auf Uranbasis. Sie ist zur zweitwichtigsten Produktionsart geworden. Öl spielt keine Rolle. Dafür haben sich „sonstige Energieträger“ – das dürften vor allem regenerative Träger sein – bis 2002 recht stark entwickelt, liegen aber dennoch erst an vierter Stelle.
China hat 1980, gemessen an der hohen Bevölkerungszahl, aufgrund des geringen wirtschaftlichen Entwicklungsstandes und des niedrigen Pro-Kopf-Stromverbrauchs nur eine sehr geringe Stromproduktion. Diese hat die Volksrepublik dann von 1980–1990 auf über 600 Mrd. KWh mehr als verdoppelt. Zwischen 1990 und 2002 ist ein weiterer starker Anstieg auf über 1 600 Mrd. KWh verzeichnet. Grund für diesen rasanten Anstieg ist die rasche wirtschaftliche Entwicklung.
Die überragende Rolle als Energielieferant spielt dabei durchgehend die Kohle, die kostengünstig durch niedrige Löhne und unter Vernachlässigung der Sicherheit gefördert wird. Ab 1990 hat sich als zweitwichtigster Energieträger mit steigendem Anteil durch den Ausbau diverser Staudammprojekte die Wasserkraft etabliert. Öl ist in seiner Bedeutung zurückgegangen. Dafür spielen Uran und sonstige Energieträger allmählich eine etwas größere, wenn auch insgesamt noch geringe Rolle. (BE 10)

3.2 *Die Fragestellung erfordert – auch wenn dies nicht direkt angeführt ist – zunächst eine Interpretation des Diagramms der Anlage II.5. Dann werden Sie aufgefordert, die gefundenen Ergebnisse zu begründen. Schließlich sollen Sie die Folgen von verschiedenen Positionen aus betrachten und Stellung dazu nehmen.*

Die Erdölproduktion in China zeigt zwischen 1980 und 2025 keine nennenswerte Steigerung. Das kann mit fehlenden Lagerstätten oder dem Verzicht auf steigende Ausbeutung der eigenen Ölfelder zur Schonung der nationalen Reserven erklärt werden. Der Verbrauch an Öl steigt dagegen kontinuierlich an, ein Zeichen für starke wirtschaftliche Entwicklung mit steigender Industrieproduktion und wachsendem Wohlstand.
Die meisten wirtschaftlichen und ökologischen Folgen beschränken sich nicht auf China, sondern sind weltweit zu beobachten. Da eine immer stärkere Differenz zwischen Eigenproduktion und Ölverbrauch in China entsteht, muss das Land in großem Umfang Öl auf dem Weltmarkt kaufen. Das treibt den Preis in die Höhe und hemmt das Wirtschaftswachstum in den Industriestaaten. Allerdings hat diese Entwicklung auch langfristig eine steigende Wettbewerbsfähigkeit der regenerativen Energieträger zur Folge. Zunächst jedoch werden die Industriestaaten mit verstärkter Nutzung von Kohle und Kernenergie auf die erhöhten Ölpreise reagieren. Damit vergrößern sich die Probleme erhöhter Schadstoffbelastungen bzw. der Entsorgung radioaktiver Rückstände. Eine Zunahme der CO_2-Emissionen beschleunigt den Treibhauseffekt mit vielen negativen Folgen. Optimistisch interpretiert kann man darin allerdings auch die Chance sehen, dass die Bemühungen um die Entwicklung und die Bereitschaft zum Einsatz energiesparender Technologien steigen werden. (BE 10)

Leistungskurs Erdkunde (Bayern): Abiturprüfung 2006 – Aufgabe III: Indien

1 Naturraum und Landnutzung

1.1 Ordnen Sie die Klimastationen der Anlage III.1 den Stationen Dwarka (22,4° N / 69,1° O), Indore/Indur (22,7° N / 75,9° O) und Kalkutta/Kolkata (22,5° N / 88,3° O) zu, indem Sie die jeweiligen Niederschlagsverhältnisse begründen!

1.2 Stellen Sie wesentliche Ursachen für den in Anlage III.2 aufgezeigten Wasserverbrauch in Indien bis zum Jahr 2025 dar! Gehen Sie auf drei Probleme ein, die auf Grund dieser Prognosen für die indische Landwirtschaft entstehen können! (20 BE)

2 Bevölkerung

2.1 Arbeiten Sie Ursachen für die in Anlage III.3 dargestellten regionalen Unterschiede bei der Bevölkerungsdichte Indiens heraus!

2.2 Anlage III.4 zeigt für unterschiedliche Jahre den Anteil der ländlichen und der städtischen Bevölkerung an der Gesamteinwohnerzahl Indiens. Erläutern Sie die erkennbaren Veränderungen hinsichtlich der Bevölkerungsentwicklung in Indien und bewerten Sie die Aussagekraft des Diagramms! (20 BE)

3 Städte in Indien

3.1 Erörtern Sie, inwieweit sich durch die Metropolisierung Entwicklungsmöglichkeiten für ein Land wie Indien ergeben können!

3.2 Zeigen Sie auf, warum indische Großstädte wie z. B. Bangalore zu international bedeutenden Technologiezentren geworden sind und legen Sie die grundlegenden Auswirkungen solcher Technologiezentren auf den Standort Deutschland dar! (20 BE)

(60 BE)

Anlage III.1: Niederschlagsverhältnisse ausgewählter indischer Klimastationen (mittlere Monatsniederschläge; Angaben in mm)

	Jan	Feb	Mär	Apr	Mai	Jun	Jul	Aug	Sep	Okt	Nov	Dez
Station A	3	5	3	2	2	51	175	66	38	8	3	3
Station B	10	30	36	43	140	297	325	328	251	114	20	5
Station C	5	3	2	3	13	147	282	206	165	30	15	8

Anlage III.2: Wasserverbrauch in Indien (in Mrd. m³)

Sektor	1990	2007*	2025*
Landwirtschaft	460	820	1 090
Industrie	15	30	120
Haushalte	25	48	65
Summe	500	898	1 275

* Prognose

Anlage III.3: Bevölkerungsdichte der Bundesstaaten und Bundesterritorien Indiens (2001)

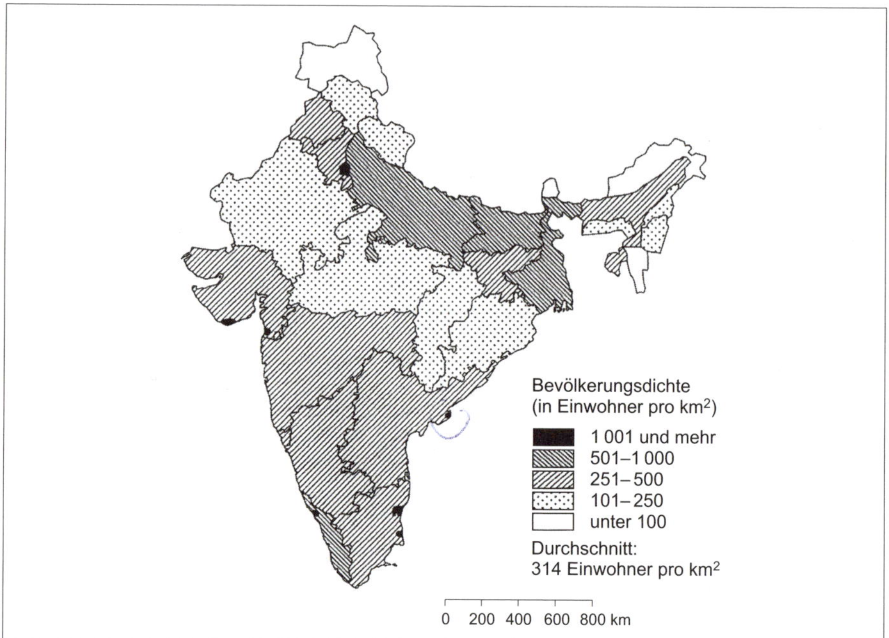

Anlage III.4: Entwicklung der Bevölkerung Indiens (in Mio. Einwohner)

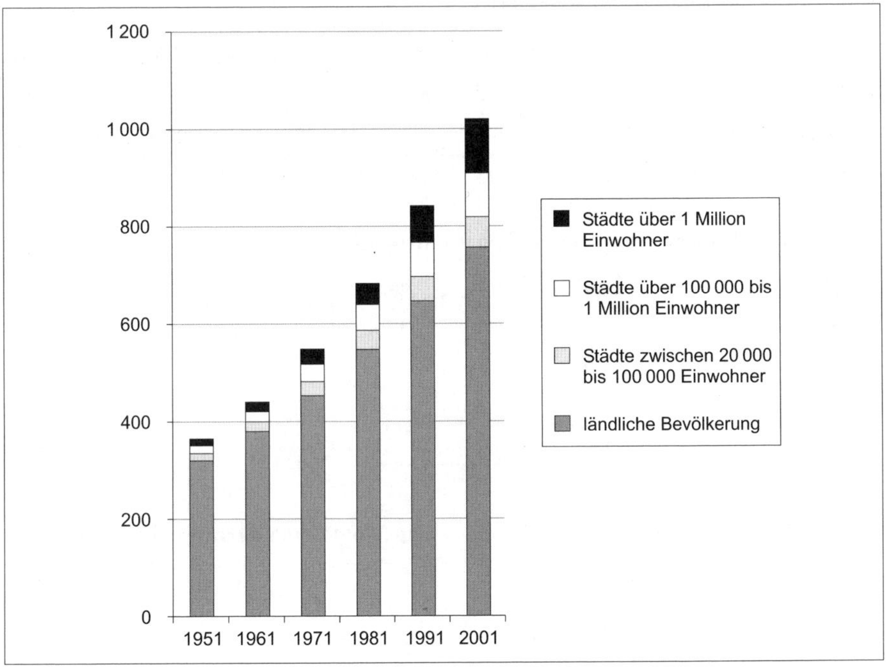

Quellenverzeichnis:

Müller, M.: Handbuch ausgewählter Klimastationen der Erde. 3. Auflage, Trier 1983, S. 158

Bohle, H.-G.: Grenzen der Grünen Revolution in Indien. Wasser als kritischer Faktor in der Agrarentwicklung. In: Geographische Rundschau, Heft 3, 1999, S. 113 ff. (verändert)

Fischer Weltalmanach 2004, Spalte 391. © Fischer Taschenbuch Verlag GmbH, Frankfurt/Main 2003

Mistelbacher, J.: Urbanisierungsdynamik in Indien: Das Beispiel Delhi. In: Geographische Rundschau, Heft 10, 2005, S. 22 (verändert)

Fladerer, W. u. a. (Hrsg.): Mensch und Raum (Geographie Gymnasium Bayern). Band 8, Berlin, 1997, S. 37

TERRA Indien, Klett-Perthes Verlag GmbH, Gotha 2003, S. 5 (verändert)

Lösungsvorschlag

1.1 *Die Fragestellung fordert Sie auf, dem vorgegebenen Material der Anlage III.1 charakteristische Informationen zu entnehmen, die es Ihnen ermöglichen, eine sinnvolle regionale Zuordnung zu treffen. Dabei sollen Sie die entnommenen Informationen ihren Ursachen nach klären. Da die Informationen und die Ursachen für die drei Stationen tendenziell sehr ähnlich sind, ist die Zuordnung nicht ganz einfach. Hilfreich sind der Atlas (z. B. Diercke Weltatlas S. 144 und S. 157) und die Beachtung lokaler Besonderheiten.*

Die Station A hat mit insgesamt 359 mm Jahresniederschlag den weitaus geringsten Wert der drei angeführten Stationen. Die jahreszeitliche Verteilung zeigt ein deutliches Maximum im Juli, während die Wintermonate fast niederschlagsfrei sind. Mit diesen Daten wird Dwarka an der Nordwestküste Indiens charakterisiert. Hier wirken im Juli kurzzeitig die Zenitalregen, während die restlichen Sommermonate durch den Südwestmonsun nur wenig Regen abbekommen. Der Südwestwind kann nämlich auf seinem Weg über Ostafrika, die arabische Halbinsel und den Nordteil des arabischen Meeres nur wenig Feuchtigkeit aufnehmen. Im Winter verschieben sich die Windgürtel nach Süden, sodass in Dwarka der trockene Nordostpassat dominiert.
Mit 1599 mm Jahresniederschlag, Werten von über 300 mm in den Sommermonaten und um 20 mm in den Wintermonaten ist die Station B insgesamt sehr regenreich. Damit kann die Station nur Kalkutta repräsentieren. Die hohen Werte beginnen im Mai und reichen bis zum Oktober. Sie werden ausgelöst durch das frühe Einsetzen des Südwestmonsuns, der sich über dem Golf von Bengalen mit Feuchtigkeit auflädt. Durch Zenitalregen im Juli und Steigungsregen im Luv von Khasigebirge und Himalaja wachsen die Sommerwerte extrem an. Im Winter herrschen die trockenen Monsunwinde aus Nordost vor.
Die Station C nimmt mit 879 mm Jahresniederschlag eine Mittelstellung ein. Auch hier ist die jahreszeitliche Verteilung ähnlich: Regenzeit im Sommer, Trockenheit im Winter. Die insgesamt gemäßigten Niederschläge legen nahe, dass es sich hier um Indore handelt. Diese Station liegt im Landesinnern im Lee mehrerer Gebirgszüge, sodass der sommerliche Südwestmonsun nur noch abgeschwächten Einfluss hat. Dennoch entsteht von Juni bis September aufgrund der Zenitalregen eine ausgeprägte Regenzeit. Auch hier sind die winterlich ariden Monate geprägt durch den trockenen Nordostpassat.
Im Prinzip sind bei allen drei Stationen im Laufe des Jahres dieselben Windsysteme zur gleichen Zeit vorherrschend, sodass nur die genaue Beobachtung der lokalen Lage der Stationen mit ihren Auswirkungen auf die Niederschlagshöhe und die entsprechenden Informationen aus dem Atlas die korrekte und im Falle von Dwarka nicht ganz einfache Zuordnung ermöglichen. (BE 10)

1.2 *Die beiden Operatoren „darstellen“ und „eingehen“ stellen unterschiedliche Anforderungen an Sie. Im ersten Teil der Aufgabe müssen Sie eine Statistik auswerten und die wesentlichen Gründe für die dort enthaltenen Aussagen anführen. Im zweiten Teil Ihrer Antwort sollen Sie drei Problemfelder angeben und verdeutlichen, die möglicherweise aus der dargestellten Entwicklung entstehen können.*

Der Wasserverbrauch Indiens steigt von 1990–2025 von 500 Mrd. m^3 auf 1275 Mrd. m^3. Dabei benötigt die Landwirtschaft mit 460 Mrd. m^3 (1990) bzw. 1090 Mrd. m^3 (2025) jeweils die weitaus größte Menge. Erklärbar ist dies durch Ausweitung der Bewässerungsflächen infolge des steigenden Nahrungsmittelbedarfs bei wachsender Bevölkerungszahl. Zwischen 2007 und 2025 verlangsamt sich die Zunahme des Wasserverbrauchs in der Landwirtschaft etwas, weil nicht mehr genügend neu zu bewässernde Flächen zur Verfügung stehen und die Bevölkerungszahl langsamer ansteigt.

Im Bereich der Industrie ist die prozentuale Zunahme des Wasserverbrauchs zwar größer als in der Landwirtschaft, die absoluten Werte sind jedoch mit 15 Mrd. m^3 (1990) und 120 Mrd. m^3 (2025) bedeutend geringer. Die Steigerung des Wasserverbrauchs beschleunigt sich im Laufe der Zeit, was darauf hindeutet, dass die industrielle Entwicklung von zunächst kleinen Steigerungsraten allmählich immer schneller und umfangreicher zunimmt.
Die Haushalte zeigen wie die Industrie von 1990–2007 eine Verdoppelung des Wasserverbrauchs, dann allerdings eine deutliche Verlangsamung der weiteren Steigerung. Das weist darauf hin, dass die Bevölkerungszahl zunächst stark zunimmt, dann aber unter dem Einfluss steigenden Lebensstandards geringer wächst.
Die indische Landwirtschaft muss sich im Zusammenhang mit dem steigenden Wasserverbrauch auf neue Probleme einstellen. Es wird sehr schwierig werden, die gewaltigen zusätzlichen Wassermengen für die Bewässerungslandwirtschaft bereitzustellen, zumal nicht nur die vorhandene, nutzbare Wassermenge beschränkt ist, sondern zusätzlich noch Nutzungskonflikte mit anderen Wasserverbrauchern wie z. B. Industrie entstehen dürften. Wasser wird dadurch teuer werden und die Produktionskosten für die Landwirtschaft nach oben treiben. In gleicher Richtung wirkt der Bau großer Stauprojekte und Kanalsysteme, die für das zusätzliche Wasser benötigt werden. (BE 10)

2.1 *Bevor Sie nach Ursachen suchen, sollten Sie aus der Anlage III.3 die unterschiedlichen Bevölkerungsdichten regional zuordnen. Dann erst können Sie sinnvoll Gründe anführen und erläutern, die dieses Muster erklären.*

Die Gebiete mit der höchsten Bevölkerungsdichte von über 1000 Einwohnern/km^2 sind relativ kleine Flächen mit hoher Verstädterung an der Küste sowie die Metropolregion Neu-Delhi. Ursachen sind die Ballung von Funktionen und Arbeitsplätzen sowie besondere Verkehrsgunst.
Hohe Bevölkerungsdichten von 500–1000 Einwohnern/km^2 haben das Gangestiefland mit Hindustan und Bengalen sowie die Malabarküste. Beide Gebiete weisen günstige Voraussetzungen für die Landwirtschaft auf. Schwemmlandebenen am Ganges sowie hohe Niederschläge und hohe Temperaturen im Südwesten Indiens machen jeweils intensive Landwirtschaft möglich.
Im Bereich einer durchschnittlichen Bevölkerungsdichte von 250–500 Einwohnern/km^2 liegt der gesamte restliche Dekkan, große Teile von Assam, Bihar sowie das Gebiet nordwestlich von Neu-Delhi. Trotz lokal unterschiedlicher Voraussetzungen ist all diesen Gebieten gemeinsam, dass sie geringe und stark schwankende Niederschläge sowie nährstoffarme Böden haben. Sie sind also für Landwirtschaft nur sehr eingeschränkt brauchbar.
Die übrigen Bereiche haben eine unterdurchschnittliche Bevölkerungsdichte von unter 250 Einwohnern/km^2. Es handelt sich hier um ein breites, fast west-östlich verlaufendes Band von Rajasthan bis Orissa sowie um periphere gebirgige Gebiete südlich von Kaschmir und ganz im Osten im Khasi- und Patkaigebirge. Die Hochgebirgsregionen in Kaschmir und im nördlichen Assam weisen sogar Bevölkerungsdichten von unter 100 Einwohnern/km^2 auf. Grund ist in allen Fällen die geringe Verfügbarkeit von Ackerflächen, z. T. wegen des gebirgigen Reliefs, wegen der sehr nährstoffarmen Böden und der teilweise extremen Trockenheit. Dazu kommt in vielen Fällen noch die periphere Lage mit ungenügender Infrastruktur. (BE 10)

2.2 *Mit dem Operator „erläutern“ werden Sie aufgefordert, die charakteristischen Merkmale der in der Anlage III.4 dargestellten Entwicklung herauszuarbeiten und zu verdeutlichen. Dabei sollen Sie sich auch kritisch damit auseinandersetzen, inwieweit das vorgegebene Diagramm der Anlage sinnvolle Aussagen erlaubt.*

Die Darstellung zeigt die Bevölkerungsentwicklung Indiens von 1951 bis 2001. In dieser Zeit ist die Bevölkerungszahl insgesamt von ca. 360 Mio. recht gleichmäßig auf 1050 Mio. angewachsen.
Untergliedert man die Gesamtbevölkerung in städtische und ländliche Bevölkerung, so zeigt sich, dass der Anteil der ländlichen Bevölkerung zurückgeht, auch wenn er absolut gesehen weiterhin überragend ist, während der städtische Anteil steigt. Dies ist mit der weit verbreiteten Landflucht zu erklären, die die Landbevölkerung wegen vermeintlich besserer Lebens- und Arbeitsbedingungen in die Städte treibt. Unzureichende Infrastruktur, hohe Arbeitslosigkeit und weitgehende Perspektivlosigkeit für die Zukunft führen zur Abwanderung der Bevölkerung aus den ländlichen Regionen. Die Hoffnungen auf ein besseres Leben in der Stadt erfüllen sich zwar häufig nicht, sodass die ausufernden Slums meist zur Endstation der Zuwanderer werden. Aber eine Rückkehr auf das Land kommt aus Finanz- und Selbstachtungsgründen zumeist nicht in Frage.
Diese Verstädterungsentwicklung konzentriert sich immer stärker auf die Groß- und Mittelstädte, die die größte wirtschaftliche Dynamik aufweisen und damit die höchste Anziehungskraft ausüben.
Das Diagramm liefert deutlich erkennbar die notwendigen Informationen über die steigende Gesamtbevölkerung Indiens sowie deren Aufteilung auf drei Städte-Größenklassen sowie den ländlichen Bereich im vorgegebenen Zeitrahmen. Natürlich müssen hier Größenklassen zusammengefasst werden, sodass keine Aussagen über einzelne Städte und Bereiche möglich sind. Auch die Aufteilung auf nur drei Städte-Größenklassen ist recht grob und erlaubt keine Detailaussagen. Das ist aber zugunsten einer übersichtlichen Darstellung nachvollziehbar. Auch eine Untergliederung in Wanderungsbewegungen und natürliche Bevölkerungsbewegung kann dieses Diagramm selbstverständlich nicht liefern. Wenn man so etwas darstellen will, kommt man mit einem solchen Diagramm nicht aus. (BE 10)

3.1 *Sie sollen aufzeigen, ob und (wenn ja) in welcher Weise die vorgegebene Tendenz der Metropolisierung Indiens Entwicklung beeinflussen kann. Sie sollten dabei sowohl positive als auch negative Aspekte erwähnen und klarstellen, dass Prognosen mit einer großen Unsicherheit behaftet sind.*

Unter „Metropolisierung“ versteht man das explosive Wachstum der Millionenstädte, vor allem der Metropolen bzw. Hauptstädte. Diese Konzentration der Bevölkerung hat eine entsprechende Konzentration der Wirtschaft zur Folge bzw. als Voraussetzung. Beides zusammen bietet den Vorteil erhöhter Konkurrenzfähigkeit durch ein großes Arbeitskraftpotenzial, Fühlungsvorteile, Rationalisierungseffekte, kurze Transportwege u. ä. Allerdings wird auf der anderen Seite die Wirtschaftsentwicklung außerhalb der Metropolen gebremst, sodass die regionale Disparität innerhalb des Landes zunimmt. Ob nun als Folge davon die Wanderungsströme in die Metropolen weiter wachsen und dominieren oder ob dort der Rückgang des natürlichen Bevölkerungswachstums aufgrund der besseren Lebensbedingungen überwiegt, lässt sich für die Zukunft kaum vorhersagen. Auf jeden Fall sind bis 2001 in Indien die Millionenstädte beschleunigt angewachsen und haben die ländlichen Gebiete zu Passivräumen abgewertet.

Die Metropolisierung könnte einen Beitrag zur Modernisierung der indischen Gesellschaft leisten. Zunehmende Mobilität und Verstädterung werden sich in einem Bedeutungsrückgang entwicklungshemmender Sozialstrukturen, insbesondere des Kastenwesens, niederschlagen. Das kann jedoch begleitet werden durch innenpolitische Unruhen, die sich durch Auflösung der bisherigen Hierarchien und die Entstehung neuer ökonomischer Ungleichgewichte entwickeln können. (BE 10)

3.2 *Diese Teilaufgabe basiert auf keiner Materialgrundlage und kann nur mithilfe eigener Kenntnisse gelöst werden. Sie sollen eine zahlenmäßig nicht vorgegebene Anzahl von Gründen finden, die die angeführte Entwicklung erklären können. Anschließend sind Sie aufgefordert, die Auswirkungen dieser Entwicklung auf ein anderes Land ohne eigene Beurteilung zu beschreiben.*

Der Ausbau indischer Großstädte zu bedeutenden Technologiezentren ist in erster Linie auf die staatliche Förderung zurückzuführen. Indien nutzt im Rahmen einer wachstumsorientierten Modernisierungsstrategie seine Gunstfaktoren wie niedriges Lohnniveau und hervorragend ausgebildete Fachkräfte, insbesondere der Informationstechnologie. Der Staat bietet darüber hinaus ausländischen Hightech-Unternehmen günstige Bedingungen bei Steuern, Grunderwerb und Subventionen und erreicht damit, dass die indischen Standorte für die weltweit operierenden Unternehmen sehr attraktiv geworden sind. Die Lage abseits der wirtschaftlichen Weltzentren spielt heutzutage keine große Rolle mehr, da man über Datenleitungen und Satellit global vernetzt ist und die in Indien erarbeiteten Resultate fast ohne Zeitverzögerung überall einsetzen kann.
Die Entstehung dieser Technologiezentren in Indien bedeutet für Deutschland, dass Teile der eigenen Hightech-Industrie aus Kostengründen nach Indien verlagert werden und damit Arbeitsplätze in Deutschland verloren gehen. Die kostengünstigere Produktion in Indien hilft aber andererseits auch, die Wettbewerbsfähigkeit deutscher Unternehmen zu stärken und vielleicht sogar deutsche Arbeitsplätze zu sichern oder zu schaffen. Im Rahmen einer vernetzten Verbundproduktion können auch indische Fachkräfte für Unternehmen in Deutschland angeworben werden. Das wiederum kann das Qualifikationsstreben deutscher Arbeitnehmer positiv beeinflussen, sodass im besten Fall beide Länder von dieser Entwicklung profitieren können. (BE 10)

Leistungskurs Erdkunde (Bayern): Abiturprüfung 2006 – Aufgabe IV: Trockengebiete der Erde

1 Luftfeuchtigkeit und Niederschlagsverhältnisse

1.1 Anlage IV.1 zeigt den Jahresgang der Luftfeuchtigkeit in ausgewählten Trockengebieten der Erde.
Ordnen Sie die Kurven A, B und C den Klimastationen Lima/Peru (12° 00' S / 77° 07' W), Tessalit/Mali (20° 12' N / 0° 59' O) und Kashi (auch Kaschgar) / VR China (39° 24' N / 76° 07' O) begründet zu, indem Sie den jeweiligen Jahresgang hinsichtlich seiner Ursachen erläutern!

1.2 Charakterisieren und erklären Sie mithilfe der Anlage IV.2 die Niederschlagsverhältnisse in der Region um Adrar/Algerien! Bewerten Sie die Aussagekraft der beiden Darstellungen! (20 BE)

2 Bodenbildung und Bodennutzbarkeit in den Tropen

2.1 Anlage IV.3 zeigt modellhaft die Bodenbildung in den Tropen.
Begründen Sie die wesentlichen Veränderungen des Bodenaufbaus vom Regenwald bis zur Wüste!

2.2 Stellen Sie ausgehend von Anlage IV.3 die Anpassung der ackerbaulichen Landnutzung an die natürlichen Bedingungen im Bereich der immerfeuchten Tropen und der verschiedenen Savannentypen dar! (20 BE)

3 Probleme der wirtschaftlichen Nutzung der Trockengebiete

3.1 Die traditionelle Nutzung der Randgebiete der Sahara durch Nomaden hat erheblich an Bedeutung verloren.
Zeigen Sie wesentliche Ursachen hierfür auf!

3.2 Mit der Erklärung des Jahres 2006 zum „Internationalen Jahr der Wüsten und der Wüstenbildung" macht die UNO auf die Gefährdung arider Ökosysteme aufmerksam.
Stellen Sie in Form eines Ablaufschemas den Prozess der Desertifikation als Ergebnis des Zusammenwirkens von natürlichen und anthropogenen Faktoren dar! (20 BE)

(60 BE)

Anlage IV.1: Jahresgang der relativen Luftfeuchtigkeit in Lima/Peru, Tessalit/Mali und Kashi/Volksrepublik China

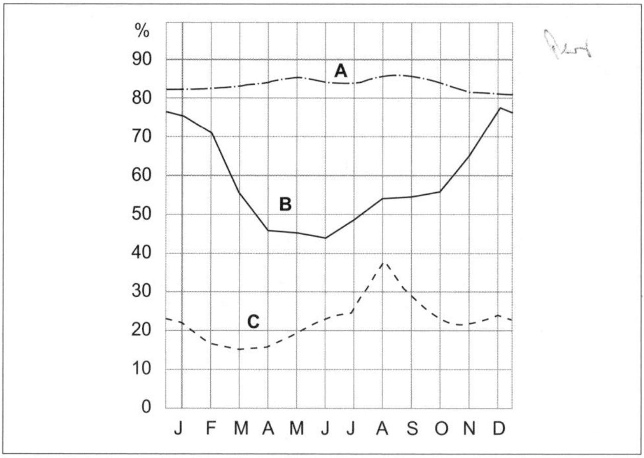

Anlage IV.2: Häufigkeitsdiagramm der Jahresniederschläge (A) und Monatsdurchschnitte der Niederschläge (B) für die Station Adrar/Algerien (0° 25' W / 27° 58' N) im Zeitraum von 1912 bis 1968

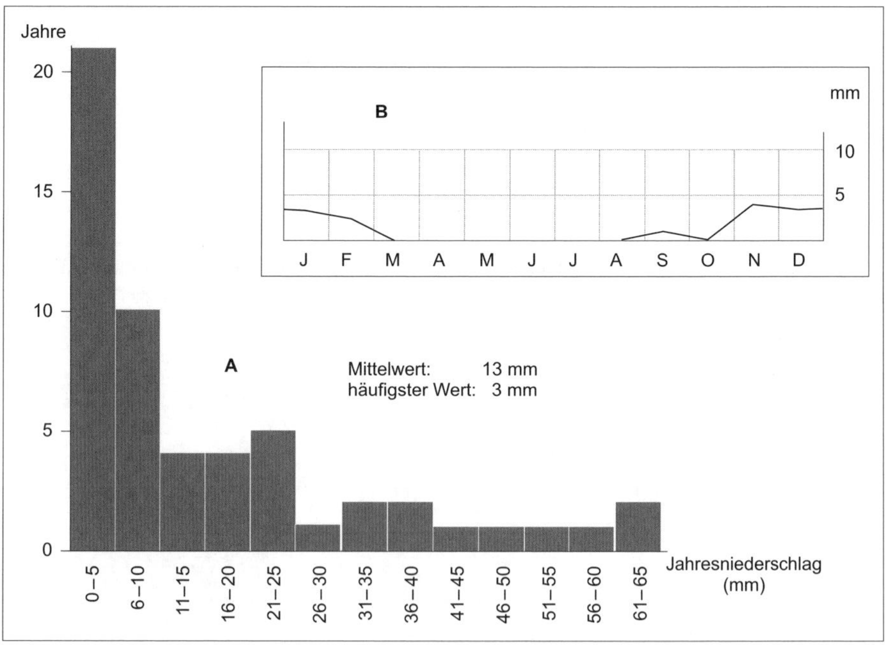

Anlage IV.3: Modell der Bodenbildung in den Tropen (ohne Berücksichtigung der Humusauflage)

Vegetation	Tropischer Regenwald	Feucht-savanne	Trocken-savanne	Dornsavanne	Wüste
Verwitterung	c >> p	c > p	c = p	c < p	c << p
Böden	Trop. Roterden	Rote bis rotbraune Böden		Braune Böden	Graue Wüstenböden

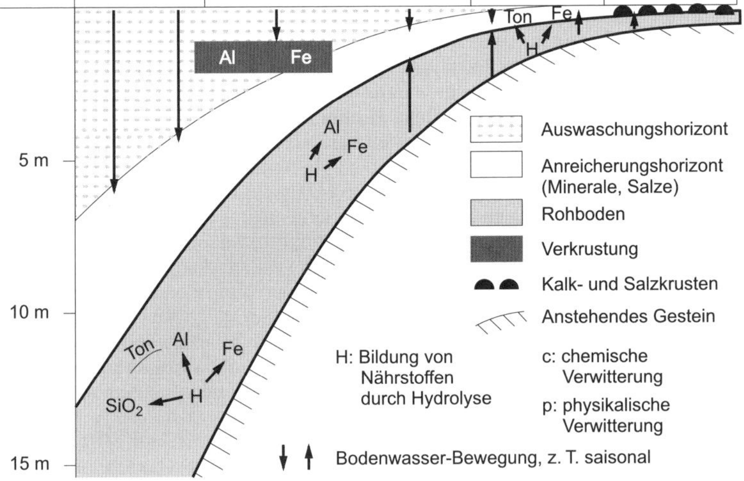

Quellenverzeichnis

Borsdorf, A., u. a.: Entwicklungsprobleme in der Dritten Welt. Arbeitshefte Geographie, Stuttgart 1982, S. 14

Lösungsvorschlag

1.1 *Sie sollen das Diagramm der Anlage IV.1 in seinen wesentlichen Aussagen verdeutlichen, diese Aussagen begründen und einen sinnvollen regionalen Zusammenhang mit den drei angeführten Klimastationen herstellen.*

Die Kurve A zeichnet sich dadurch aus, dass sie während des gesamten Jahres auf etwa der gleichen Höhe verläuft und durchgehend mit ca. 82 % relativer Luftfeuchte höhere Werte als die Kurven B und C hat. Dies kann nur auf Lima zutreffen, das dank seiner Küstenlage und der relativen Nähe des Äquators eine ziemlich konstante Einstrahlungsintensität aufweist. Lima liegt ganzjährig im Einflussbereich des Südostpassats und hat daher einen ausgeglichenen Jahresgang der Luftfeuchtigkeit. Die für ein Trockengebiet auffallende Höhe der Luftfeuchtigkeit von 82 % erklärt sich durch die Küstenwüste und die konstante Garua-Nebelbildung. Diese Garua-Nebel, die durch die Inversionslagen über dem kalten Humboldtstrom und die absinkenden Luftmassen entstehen, bewirken eine hohe Anzahl von Nebeltagen und große Luftfeuchtigkeit, ohne dass es jedoch zu direkten Niederschlägen kommt.
Die Kurve B hat ihr Maximum mit knapp 80 % im Dezember/Januar und ihr Minimum mit ca. 45 % im Mai/Juni. Diese starken Schwankungen der Luftfeuchtigkeit deuten auf eine große Jahresamplitude der Temperaturen und damit eine Binnenwüste mit hochkontinentalem Klima hin. Die Station Kashi westlich des Tarimbeckens in Zentralasien erfüllt diese Bedingungen. Im Sommer herrschen hier hohe Temperaturen, die die Luftfeuchtigkeit entsprechend reduzieren. Im Winter dagegen liegen die Temperaturen unter dem Einfluss des zentralasiatischen Kältehochs sehr niedrig. Dadurch erhöht sich die Luftfeuchtigkeit. Trotz der großen Differenz im Jahresverlauf bleibt der Zustrom feuchter Luft ganzjährig sehr gering, da Kashi ringsum von hohen Gebirgen abgeschirmt wird und sehr meeresfern liegt.
Kennzeichen der Station C ist der nur im Monat August auf 40 % ansteigende Luftfeuchtigkeitswert. Die Luftfeuchte der übrigen Monate schwankt um etwa 20 %. Die Gesamtkurve weist die niedrigsten Werte aller drei Kurven auf. Das alles deutet auf eine randtropische Wüste in der Nähe des nördlichen Wendekreises und damit auf die Station Tessalit hin. Der relativ höchste Wert im August wird durch den Zustrom feuchterer Luftmassen verursacht, die durch die Lage der ITC am Südrand der Sahara entstehen. Die restliche Zeit des Jahres dominiert der trockene Nordostpassat. Da ganzjährig die Temperaturen sehr hoch sind, erreicht die Luftfeuchtigkeit nur sehr niedrige Werte. (BE 10)

1.2 *Bei dieser Teilaufgabe handelt es sich eigentlich um zwei Teilfragen und zwei Anlagen: Die erste Teilfrage fordert Sie auf, unter Zuhilfenahme der beiden Diagramme aus Anlage IV.2 die besonderen Merkmale der Niederschlagsverhältnisse von Adrar zu erkennen, zu beschreiben und ihren Ursachen nach zu begründen. Die zweite Teilfrage verlangt eine Beurteilung, welche Erkenntnisse man aus den beiden Diagrammen ableiten kann bzw. welche Aussagen damit nicht möglich sind.*

Die Station Adrar liegt am Nordrand der Sahara in Algerien. In dem beobachteten Zeitraum von 56 Jahren erreichten die Jahresniederschläge in 31 Jahren höchstens 10 mm pro Jahr. Nur 6 Jahre erhielten zwischen 40 und 65 mm Niederschlag. Höhere Niederschläge gab es überhaupt nicht. In den restlichen 19 Jahren fielen zwischen 10–40 mm pro Jahr.
Adrar liegt im Hochdruckbereich des Passatkreislaufes und kann höchstens gelegentlich durch zyklonale Luftmassen vom Atlantik oder durch Ausläufer der im Winter nach Süden verlagerten außertropische Westwindzone erreicht werden. Daraus resultiert auch die hohe Niederschlagsvariabilität von 0–65 mm. Die Dominanz der winterlichen

Niederschläge beweist das Diagramm B, das für die Zeit von Mitte März bis Mitte August überhaupt keine Niederschläge ausweist, während für die Zeit von Mitte August bis Mitte März im langjährigen Mittel immerhin bis zu 4 mm pro Monat verzeichnet sind.
Das Diagramm A gibt lediglich Auskunft über die Häufigkeit einer bestimmten Jahresniederschlagsmenge innerhalb eines vorgegebenen Zeitraumes, ohne dass einzelne Jahre zugeordnet werden zu können. Die Intervallgrenzen der einzelnen Niederschlagsgruppen sind offensichtlich schematisch und willkürlich festgelegt. Weitergehende Aussagen, z. B. über den Jahresgang der Niederschläge, sind nicht möglich.
Das Diagramm B dagegen zeigt ausschließlich die Monatsdurchschnitte der Niederschläge, wie sie sich innerhalb von 56 Jahren langfristig von 1912–1968 ergeben haben. Es sind weder die Verhältnisse einzelner Jahre innerhalb des Beobachtungszeitraums dargestellt noch ist es durch die Mittelwertbildung möglich, Veränderungen innerhalb eines Monats zu erkennen. (BE 10)

2.1 *Um den Operator „begründen“ umsetzen zu können, müssen Sie bei dieser Teilaufgabe zunächst den Inhalt der Anlage IV.3 differenziert darstellen. Auf dieser Grundlage ist es dann möglich, die Ursachen für den unterschiedlichen Bodenaufbau vom Regenwald bis zur Wüste zu erläutern.*

Im Bereich des tropischen Regenwalds wird bei intensiver chemischer Verwitterung, die durch die hohen Niederschläge und Temperaturen verursacht wird, und vergleichsweise geringer physikalischer Verwitterung ein tiefgründiger Boden gebildet.
Diese tropischen Roterden haben einen über 5 m mächtigen Auswaschungshorizont mit abwärts gerichteter Bodenwasser-Bewegung. Darunter liegt ein etwa ebenso mächtiger Anreicherungshorizont, der ab etwa 13 m Tiefe in den Rohboden übergeht. Hier werden durch Hydrolyse Nährstoffe gebildet. Darunter befindet sich das anstehende Gestein.
Je weiter man sich vom tropischen Regenwald in Richtung Wüste entfernt, umso geringer wird aufgrund der nachlassenden Niederschläge die chemische Verwitterung und umso wichtiger wird die physikalische Verwitterung aufgrund der höheren Temperaturunterschiede. Entsprechend dünner werden der Auswaschungshorizont, der Anreicherungshorizont und der Rohboden. Der Bodenwasserstrom kehrt sich allmählich um und geht ab der Trockensavanne in einen kapillaren Aufstieg mit hoher Verdunstung über. Insgesamt nimmt die Bodenmächtigkeit stark ab. Im Bereich der Feuchtsavanne kommt es zu Verkrustungen und Bildung von Lateritkrusten durch Fe- und Al-Anreicherungen bei noch überwiegend abwärts gerichtetem Bodenwasserstrom. In den Wüsten können sich bei aufwärts gerichtetem Bodenwasserstrom Kalk- und Salzkrusten bilden.
Die Bodentypen ändern sich entsprechend ihres unterschiedlichen Aufbaus von tropischen Roterden über rotbraune bis braune Böden bis zu grauen Wüstenböden. (BE 10)

2.2 *Die Anlage IV.3 dient in dieser Teilaufgabe nur als erste Information. Wesentlicher ist es, die jeweils entscheidenden natürlichen Grundlagen zu erkennen und zu beschreiben. Auf dieser Basis sollen Sie dann die jeweils typischen Nutzungsformen in ihren wesentlichen Aspekten aufzeigen.*

Da im Bereich der immerfeuchten Tropen die Roterden innerhalb weniger Nutzungsjahre ihre Bodenfruchtbarkeit verlieren – sie sind sehr schlechte Nährstoffspeicher –, hat sich hier traditionell eine besondere Form der Wald-Feld-Wechselwirtschaft ausgebildet. Feldnutzung und Waldbrache wechseln einander ab. Dadurch kann der Nährstoffvorrat der Böden in der Zeit der Waldbrache durch die Biomasse des nachwachsenden tropischen Waldes wieder ergänzt werden. Man kann dann nach Brandrodung die Felder wieder für einige Jahre nutzen. Dennoch müssen die Felder nach einiger Zeit

verlegt werden, da die Böden nach mehrfachem Wald-Feld-Wechsel erschöpft sind. Darum spricht man hier von Wanderfeldbau.
Alle möglichen Formen zwischen Wechselwirtschaft und Wanderfeldbau – mit bzw. ohne Siedlungsverlegung, Mehrfachrotation, Intensivierungsmaßnahmen u. ä. – werden unter dem Begriff „Shifting Cultivation" zusammengefasst.
Angebaut werden z. B. Trockenreis, Maniok und Mais. Nur bei besonderen Gunstfaktoren wie z. B. vulkanischen Böden können Plantagen mit Intensivkulturen bestehen.
In den Feuchtsavannen wird bei abnehmenden Niederschlägen und zunehmender Bodenfruchtbarkeit in steigendem Maße Dauerfeldbau betrieben.
Je geringer die Niederschläge werden, man sich also der Trocken- und Dornsavanne nähert, umso extensiver wird der Anbau und umso stärker muss künstliche Bewässerung eingesetzt werden. In der Dornsavanne ist man schließlich ausschließlich auf Bewässerungsoasen angewiesen. (BE 10)

3.1 *Die Fragestellung dieser Teilaufgabe zielt darauf ab, unkommentiert die wichtigsten Gründe und Entwicklungen dafür zu nennen, dass Nomadismus für die Randgebiete der Sahara eine immer geringere Rolle spielt.*

Der Nomadismus ist die traditionelle Nutzungsform für die Randgebiete der Sahara. Nachdem sich diese Gebiete in den letzten Jahrzehnten stark verändert haben, zeigen sich auch Auswirkungen auf den Nomadismus.
Ein erster gravierender Einschnitt ereignete sich im Zeitraum um 1960, als viele ehemalige Kolonien selbstständig wurden und staatliche Grenzziehungen nomadische Wanderwege durchtrennten. Um obrigkeitliche Kontrollen zu erleichtern, versuchten die neuen Staaten z. B., die steuerlich schwer erfassbaren Nomaden sesshaft zu machen. Dafür boten sie ihnen Arbeitsplätze in landwirtschaftlichen Bewässerungsprojekten oder in der Erdölwirtschaft an, die hier in den Randgebieten der Sahara immer wichtiger wurde. Gleichzeitig verloren die Nomaden immer größere Teile ihrer Weidegebiete, da die Bevölkerungszahl in der Dornsavanne stieg und immer neue Flächen für den Ackerbau verwendet wurden. So blieb vielen Nomaden keine Wahl; sie gaben ihre traditionelle Weide-Wanderwirtschaft auf und versuchten sich an sesshafter Viehwirtschaft oder anderen landwirtschaftlichen Arbeiten. Da Wasser und Futter bei einer ortsfesten Viehhaltung in der Dornsavanne jedoch nicht ausreichen, kam es häufig zur Überweidung. Vor allem die Ausweitung des Ackerbaus und damit die Abdrängung der Viehwirte in immer trockenere Bereiche wirkte sich verhängnisvoll aus. Mehrmals kam es schon bei Trockenperioden zu Hungerkatastrophen, als ganze Viehherden umkamen und den Menschen ihre Existenzgrundlage verloren ging.
Während der traditionelle Nomadismus eine den natürlichen Bedingungen angepasste Wirtschaftsform ist, überfordert die Sesshaftigkeit und Konzentration von Menschen und Tieren die Tragfähigkeit der semiariden Bereiche. (BE 10)

3.2 *Bei dieser Teilaufgabe ist die Antwortform „Ablaufschema" vorgegeben. Daran müssen Sie sich unbedingt halten. Wie ausführlich die Darstellung werden soll, ist nicht festgelegt. Sie sollten jedoch unbedingt auf den logischen Ablauf und die Untergliederung in natürliche und anthropogene Faktoren achten.*

Es ist sinnvoll, zunächst einmal den Begriff „Desertifikation" zu definieren.
Unter dem Begriff Desertifikation versteht man die Ausbreitung wüstenähnlicher Phänomene im semiariden Bereich, verursacht durch den Einfluss natürlicher und anthropogener Faktoren.

Das Zusammenwirken dieser Faktoren kann man mit folgendem Ablaufschema darstellen:

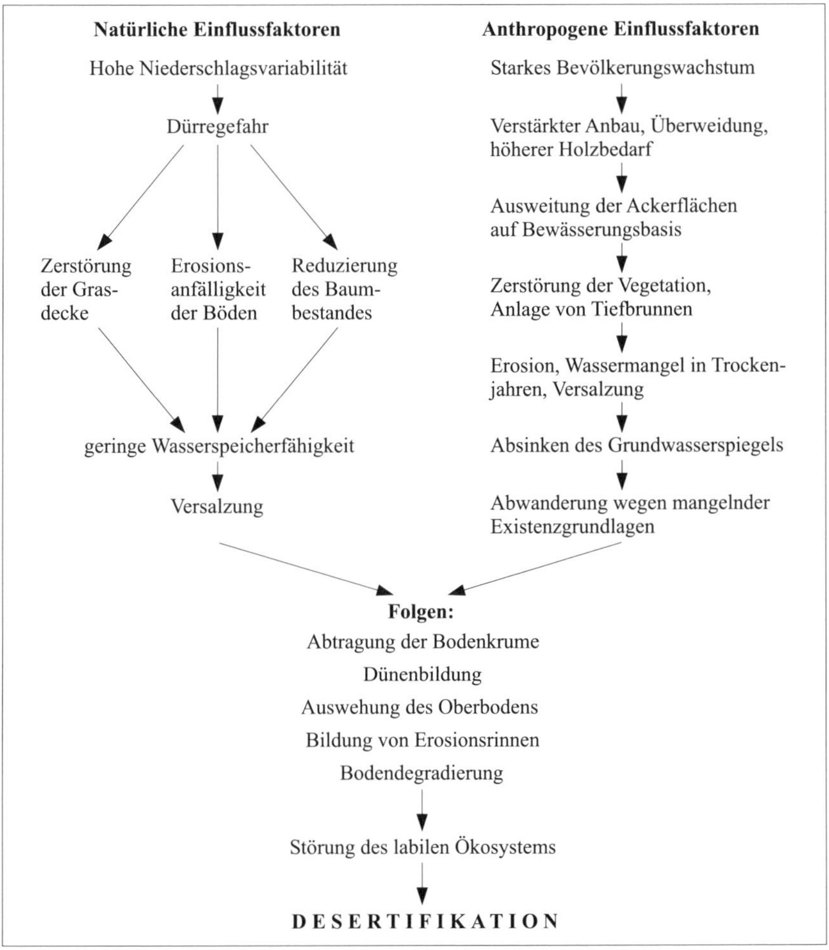

(BE 10)

Leistungskurs Erdkunde (Bayern): Abiturprüfung 2007 – Aufgabe I
Frankreich

1 Naturraum

1.1 Anlage I.1 zeigt die Abflussspenden von drei französischen Flüssen, die jeweils typisch für ihre Region sind.
Ordnen Sie die Abflussdiagramme dem Vorland der Alpen, der südlichen Cevennen und der westlichen Pyrenäen zu, und begründen Sie jeweils Ihre Entscheidung!

1.2 Bewerten Sie die sich aus der Wasserführung des Abflusstyps C aus Anlage I.1 ergebenden Nutzungsmöglichkeiten für die Anrainer! (20 BE)

2 Bevölkerung

2.1 Erläutern Sie mithilfe der Materialien in Anlage I.2 a–c die auf die Regionen Lorraine, Provence-Alpes-Côte d'Azur sowie Ile-de-France bezogenen Wanderungsbewegungen!

2.2 Anlage I.3 zeigt die räumliche Verteilung von sogenannten „ensembles résidentiels clos“, deren Vorbilder die „gated communities“ in den USA sind.
Beschreiben Sie die Besonderheiten dieses Siedlungstyps und begründen Sie dessen Verteilung in Frankreich! (22 BE)

3 Räumliche Entwicklungen in Südfrankreich

3.1 Anlage I.4 zeigt den Flächennutzungsplan des Technologiestandorts („technopôle“) Sophia Antipolis.
Fassen Sie die mit solchen Technologiestandorten verfolgten Zielsetzungen zusammen und arbeiten Sie die Standortfaktoren von Sophia Antipolis heraus.

3.2 Seit der Eröffnung der durchgehenden Hochgeschwindigkeitsstrecke dauert die Bahnfahrt zwischen Paris und dem 650 km entfernten Marseille nur noch etwa drei Stunden.
Erörtern Sie die sich aus dieser Infrastrukturmaßnahme ergebenden Entwicklungschancen für die Region Provence-Alpes-Côte d'Azur! (18 BE)

(60 BE)

Anlage I.1: Abflussspende von drei französischen Flüssen

Definition des Begriffs Abflussspende: Wassermenge gemessen in Litern pro Sekunde und pro Quadratkilometer eines Flusseinzugsgebiets

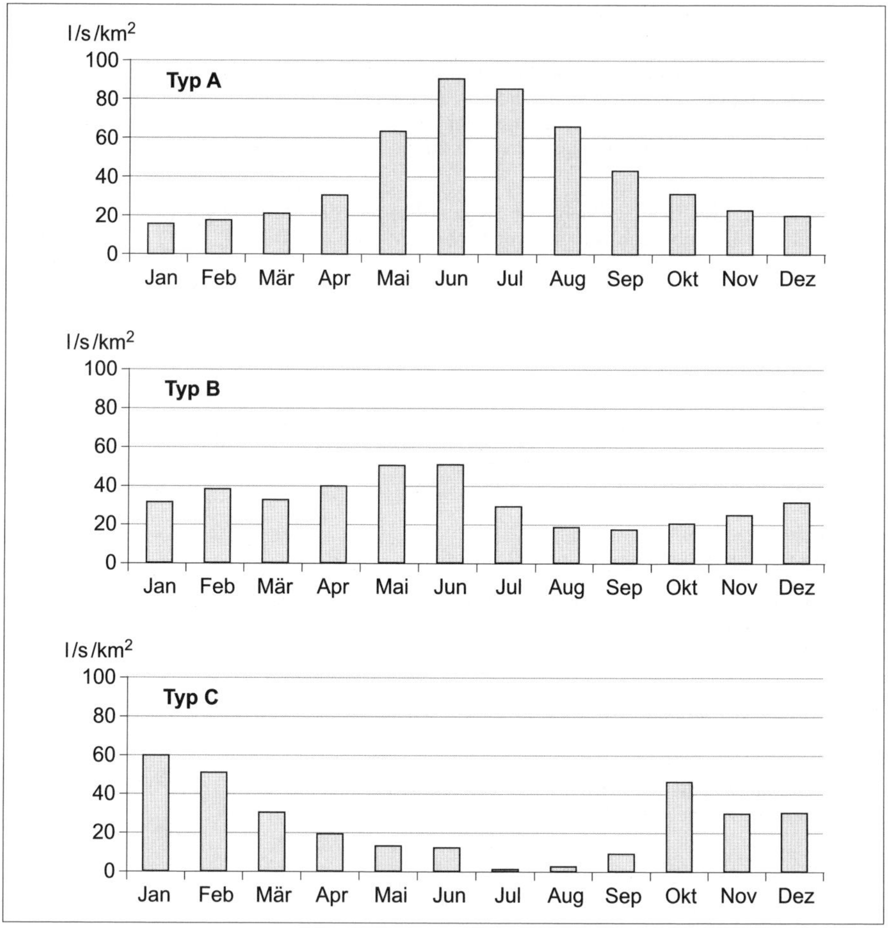

Anlage I.2: Wanderungsbewegungen in Frankreich

a) Wanderungen aus den und in die Regionen Frankreichs 1990–1999

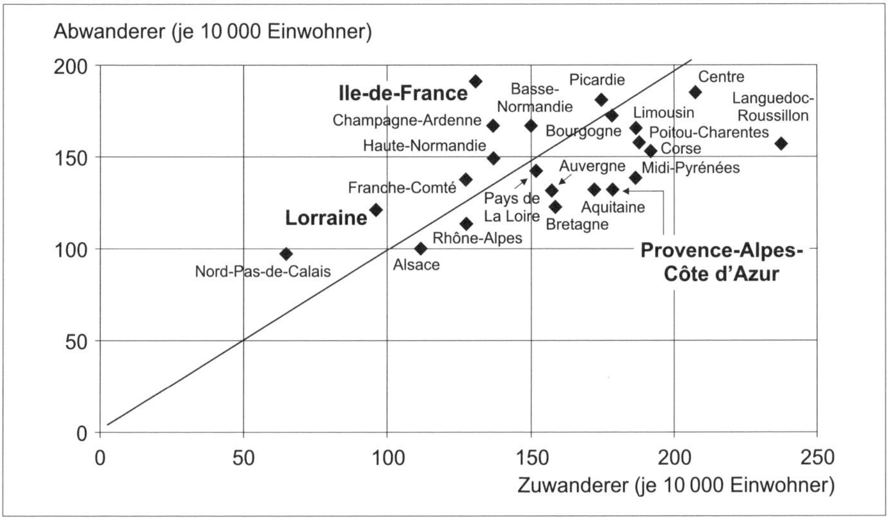

b) altersabhängige Wanderungen aus der und in die Region Ile-de-France 1990–1999

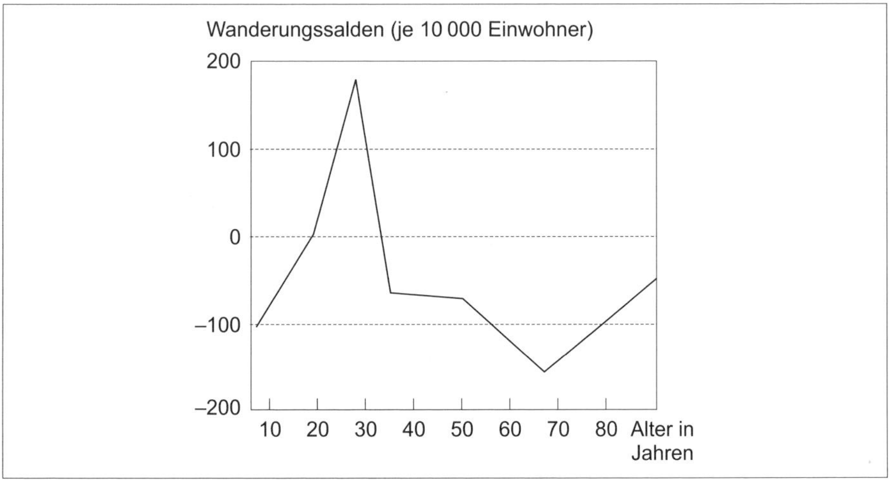

c) Die Regionen Frankreichs

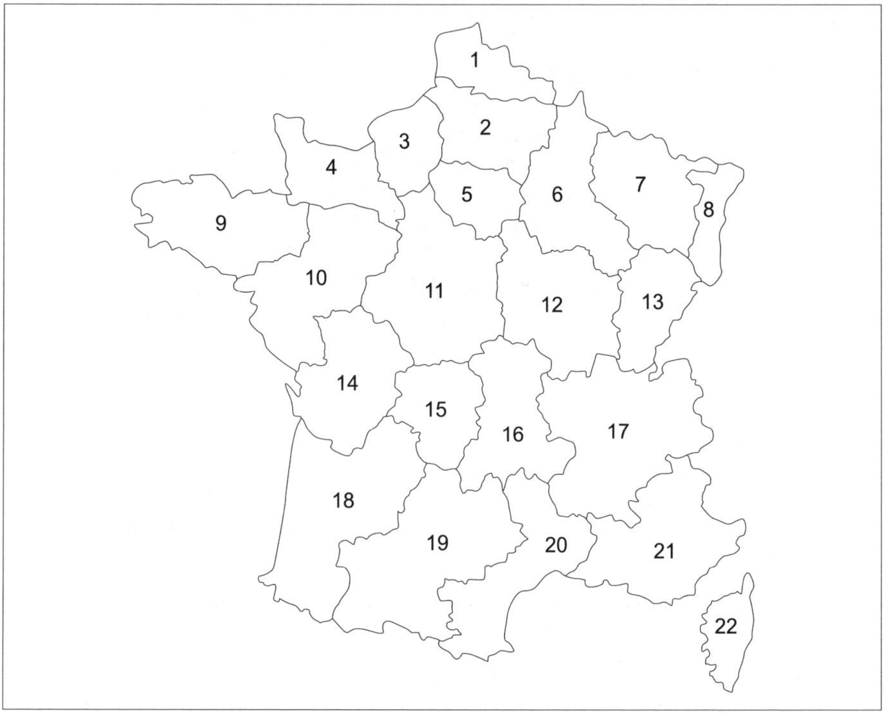

Die Regionen Frankreichs

1	Nord-Pas-de-Calais	12	Bourgogne
2	Picardie	13	Franche-Comté
3	Haute-Normandie	14	Poitou-Charentes
4	Basse-Normandie	15	Limousin
5	Ile-de-France	16	Auvergne
6	Champagne-Ardenne	17	Rhône-Alpes
7	Lorraine	18	Aquitaine
8	Alsace	19	Midi-Pyrénées
9	Bretagne	20	Languedoc-Roussillon
10	Pays de la Loire	21	Provence-Alpes-Côte d'Azur
11	Centre	22	Corse

Anlage I.3: „Ensembles résidentiels clos“ in Frankreich

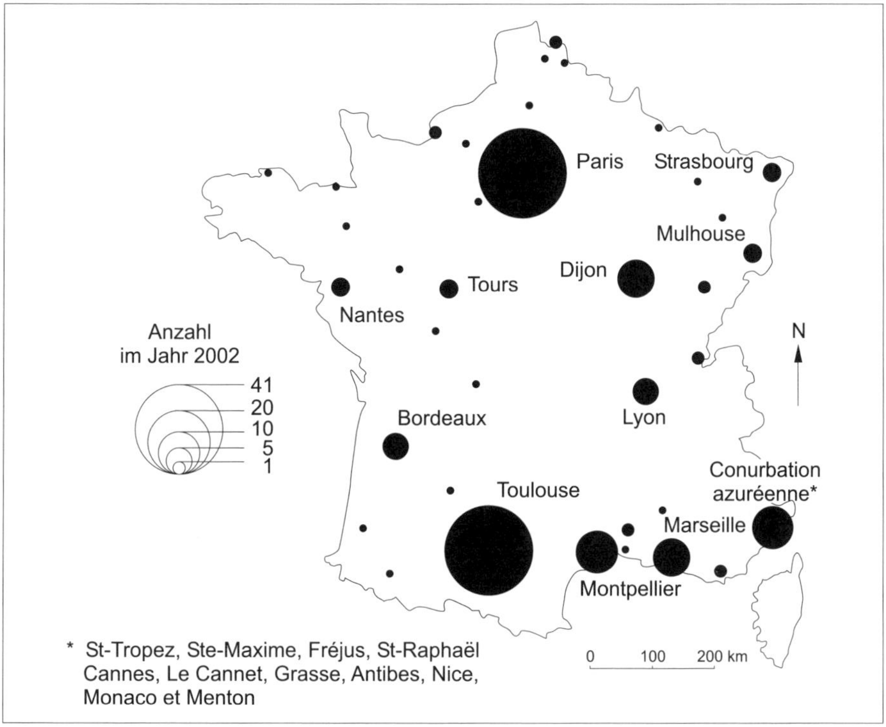

Anlage I.4: Flächennutzungsplan für den Technologiestandort („technopôle") Sophia-Antipolis

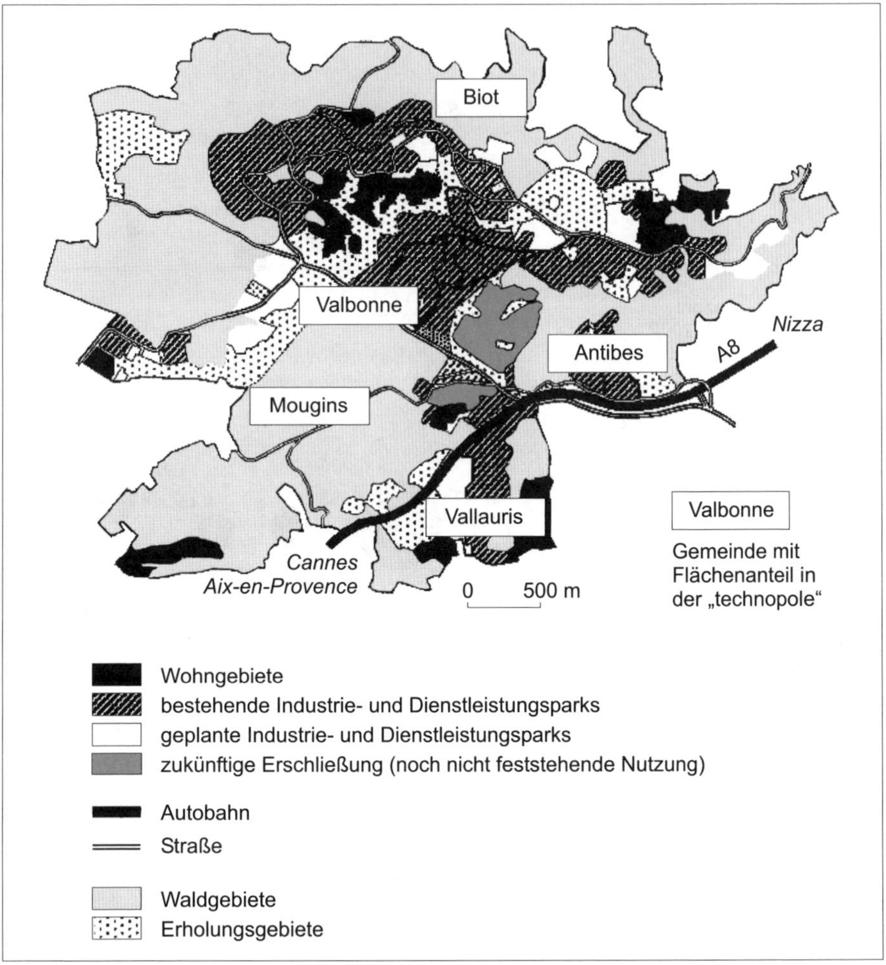

Verteilung der Arbeitsplätze (2004: 26 635) unter anderem auf folgende Bereiche:
- Informationstechnologie 43 %
- Biotechnologie 9 %
- Einrichtungen und Forschungsinstitute von Universitäten 12 %

Quellenverzeichnis

Brunet, R. u. Auriac, F.: Atlas de France – Band 6 : Milieux et Ressources. Paris 1995, S. 100

Les migrations en France entre 1990 et 1999. INSEE Première N 758, 2001, S. 2 (Anlage I.2 a und b)

Madoré, F. u. Glasze, G.: L'essor des ensembles résidentiels clos en France: un phénomène en expansion et aux ressorts multiples. In: Geographica Helvetica, 4/2003, S. 333 (Anlage I.3)

Pletsch, A.: Frankreich, Darmstadt 2003, S. 276

Raczkowsky, B.: Lexikon Erdkunde – Geografische Fachbegriffe. Freising 2001, S. 1

Vaudor-Juve, N.: Les espaces technopolitains en Provence-Alpes-Côte d'Azur. Méditerranée N 3.4/1997, S. 29 (Anlage I.4)

Lösungsvorschlag

1.1 *Sie sollen die Diagramme der Anlage I.1 in ihren wesentlichen Aussagen verdeutlichen, diese Aussagen begründen und dann einen sinnvollen regionalen Zusammenhang mit den drei angeführten Flussregionen herstellen.*

Der Typ A hat in der Jahressumme die höchste Abflussspende und im Juni/Juli auch mit jeweils über 80 l/s/km² die höchsten Monatswerte. Der Jahresgang verläuft vom mit 18 l/s/km² niedrigsten Wert im Januar bis auf 90 l/s/km² im Juni und wieder zurück auf etwa 20 l/s/km² im Dezember. Es muss sich beim Typ A also um einen Fluss mit hohen Wassermengen im Sommer handeln, die besonders im Frühsommer stark ansteigen und im Winter auf einem niedrigeren Niveau verharren. Das trifft auf das Vorland der Alpen zu, wo die Höhenlage des Einzugsgebietes hohe Wasserwerte liefert und eine verzögerte Schneeschmelze im Frühsommer bedingt. Das winterlich geringe Niveau ist auf die Bindung der Niederschläge als Schnee und Eis zurückzuführen.

Der Typ B zeichnet sich durch eine relativ gleichmäßige Verteilung der Abflussspenden über das ganze Jahr hinweg aus. Die Gesamtsumme ist geringer als bei Typ A, erreicht ihren relativen Höhepunkt mit etwa 50 l/s/km² im Mai/Juni und ihre niedrigsten Werte mit ca. 18 l/s/km² im August/September.
Ein Fluss dieses Abflussgangs muss ganzjährig dem Einfluss von regenbringenden Luftmassen ausgesetzt sein, die fast kontinuierlich mittlere Niederschlagsmengen liefern. Der Anstieg von März bis Mai muss mit der Schneeschmelze zu tun haben, die im Vergleich zu den Alpen aufgrund geringerer Höhenlage früher einsetzt. Das Minimum im Spätsommer lässt sich durch die Nordverschiebung der Klimagürtel und damit den steigenden Einfluss des sommerlich trockenen Mittelmeerklimas erklären.
Das alles charakterisiert das westliche Vorland der Pyrenäen, das ganzjährig dem Einfluss atlantischer Luftmassen ausgesetzt ist, durch die Schneeschmelze in den Pyrenäen im Frühjahr größere Abflussmengen erhält und im Sommer aufgrund seiner Breitenlage unter den Einfluss des Mittelmeerklimas gerät.

Der Typ C hat insgesamt die geringste Abflussspende. Der höchste Wert liegt mit 60 l/s/km² im Januar, der niedrigste mit 2 l/s/km² im Juli. Dieser Jahresverlauf entspricht einem Flusseinzugsgebiet, das nur relativ geringe Höhen aufweist und vollständig im Bereich des Mittelmeerklimas liegt. Die winterlich relativ hohen Werte werden bei Südverlagerung der Klimagürtel durch den Einfluss der regenbringenden Westwinde erreicht, während die sommerlichen Minima auf das Trockenheit bringende Subtropen-Hoch zurückzuführen sind. Nennenswerte Einflüsse einer Schneeschmelze sind nicht erkennbar. Damit muss es sich bei Typ C um das Vorland der südlichen Cevennen handeln. (BE 12)

1.2 *In dieser Teilaufgabe sind Sie aufgefordert, ein mit einer persönlichen Wertung verbundenes Urteil über die Nutzungsmöglichkeiten des Abflusstyps C abzugeben. Dafür müssen Sie zuerst die grundlegenden Merkmale der Wasserführung veranschaulichen.*

Die Wasserführung des Abflusstyps C zeichnet sich durch große jahreszeitliche Schwankungen aus. Die Sommermonate haben eine extrem niedrige Abflussspende, die Wintermonate dagegen weisen eine durchaus umfangreiche Wassermenge auf.

Durch diese Wasserführung wird das Nutzungspotenzial stark beeinträchtigt. In den trockenen Sommermonaten kann Bewässerungswasser kaum direkt entnommen werden. Möglichkeiten bestehen nur über eine Speicherung der winterlichen Abflussspitzen für die sommerlichen Monate mit geringen Abflusswerten. Das gleiche Problem besteht für die Entnahme von Trinkwasser.
Auch andere Nutzungsmöglichkeiten sind nur gegeben, wenn man durch künstliche Eingriffe wie z. B. den Bau von Staustufen die Wasserhöhe verstetigt. Die so entstehende regelmäßigere Wasserführung könnte man dann zur Energieerzeugung, zu einem kontinuierlichen Schifffahrtsbetrieb und zur touristischen Inwertsetzung ausnutzen. Bei einer natürlichen Wasserführung des Abflusstyps C wäre all das nicht möglich. (BE 8)

2.1 *Aus den Materialien lassen sich die wichtigsten Wanderungsbewegungen mit Bezug auf die drei vorgegebenen Regionen ableiten. Sie sollen diese jedoch nicht nur beschreiben, sondern auch ihre Ursachen erklären.*

Die Region Lorraine im Nordosten Frankreichs hat die geringste Wanderungsdynamik mit einem leicht negativen Wanderungssaldo. Einer Abwanderung von ca. 125 Abwanderern pro 10 000 Einwohner steht eine Zuwanderung von ca. 95 Zuwanderern pro 10 000 Einwohner gegenüber. Beide Zahlen stellen die jeweils geringsten Werte der drei angegebenen Regionen dar. Sie beziehen sich auf den Zeitraum 1990–1999.

Begründen kann man diese Zahlen damit, dass die Region Lorraine zu den altindustrialisierten Räumen mit vorherrschender Montanindustrie gehört, aus denen bereits vor 1990 eine große Abwanderung stattfand. Da die Umstrukturierung und Neuansiedlung zukunftsträchtiger Wirtschaftszweige nur zum Teil gelang, konnte die Attraktivität dieser Region für Zuwanderer kaum gesteigert werden, sodass nach 1990 die Wanderungsbewegungen in beiden Richtungen (sowohl Zu- als auch Abwanderung) niedrig blieben.

Die Region Provence-Alpes-Côte d'Azur weist als einzige der angeführten Regionen einen positiven Wanderungssaldo auf. Die Abwanderungszahl für den Zeitraum 1990–1999 beträgt ca. 130 Abwanderer je 10 000 Einwohner; dem stehen ca. 175 Zuwanderer pro 10 000 Einwohner gegenüber. Die beiden Zahlen ergeben insgesamt eine relativ große Wanderungsdynamik. Die große Anzahl der Zuwanderer lässt sich auf zwei Gründe zurückführen: Zum einen üben die neuen Standorte der High-Tech-Industrie eine starke Anziehungskraft auf die umgebenden strukturschwachen Regionen aus. Zum anderen profitiert die Region von ihrer klimatischen Gunstlage, die viele ältere Menschen im Ruhestand anlockt.

Die Region Ile-de-France hat einerseits mit 190 Abwanderern pro 10 000 Einwohner die höchste Abwanderung, andererseits mit ca. 130 Zuwanderern pro 10 000 Einwohner auch eine bemerkenswerte Zuwanderung. Die beiden Tendenzen lassen sich altersmäßig klar zuordnen: Die Zuwanderung beschränkt sich ausschließlich auf die 20- bis 30-Jährigen, d. h. auf die Studien- und Berufsanfänger. Grund ist die überragende Ausstattung der Hauptstadtregion mit Hochschulen und Arbeitsplätzen für Hochqualifizierte. Bei allen anderen Jahrgängen überwiegt die Abwanderung. Dies ist besonders ausgeprägt im Rentenalter, wenn die Menschen lieber in weniger stark urbanisierte Gebiete umziehen. (BE 12)

2.2 *Zunächst sollen Sie die wesentlichen Aspekte des erwähnten Siedlungstyps darstellen. Dann sollen Sie mithilfe von Anlage I.3 die räumliche Verteilung dieses Siedlungstyps herausarbeiten und die wesentlichen Gründe für diese Verteilung aufzeigen.*

Die „ensembles résidentiels clos" sind geschlossene Wohnkomplexe, die sich durch besonders hochwertige Infrastruktur und sozial homogene Bewohnerschaft auszeichnen. Entstanden sind sie aus dem Wunsch wohlhabender Bürger nach Schutz vor Kriminalität und nach großzügigen Freizeiteinrichtungen in der unmittelbaren Wohnumgebung. Dafür war man bereit, sich mit hohem finanziellem Aufwand an der Ausstattung mit Sportanlagen, Grünflächen, Ausbildungsstätten u. ä. zu beteiligen. Auch die eigenen Wohnverhältnisse wurden mit exklusiven Einfamilienhäusern und großen Grundstücken dieser Tendenz angepasst. Um sich vor ungewollten Einflüssen abzusichern, ist der Zuzug neuer Bewohner einer strengen Auswahl unterworfen. Auch baulich grenzt man sich deutlich, z. T. durch Sicherungseinrichtungen, von der Umgebung ab.

Dieser Siedlungstyp konzentriert sich in Frankreich auf die Ballungszentren, insbesondere die Region Paris und Südfrankreich. In diesen beiden Gebieten leben einerseits genügend Bürger mit entsprechender finanzieller Ausstattung, andererseits ist hier der Wunsch nach Abschottung gegenüber Gebieten mit hoher Kriminalitätsrate und einer sozial und ethnisch anders geprägten Einwohnerschaft sehr verbreitet. Im Süden kommt noch dazu, dass viele „ensembles résidentiels clos" in Form von Rentnerstädten für wohlhabende Ruheständler an der Mittelmeerküste entstanden sind.
Einen Sonderfall stellt der Raum Toulouse dar, in dem die geschlossenen Siedlungen meist für hoch qualifizierte ausländische Arbeitskräfte der dort ansässigen multinationalen Unternehmen errichtet wurden. (BE 10)

3.1 *Unter Einbeziehung der Anlage I.4 sollen Sie die grundlegenden Zielsetzungen des Technologiestandortes formulieren und die wesentlichen Standortfaktoren knapp darstellen.*

Der Technologiestandort Sophia-Antipolis liegt verkehrsgünstig zu Flughafen und Autobahnen an der Côte d'Azur, die durch Klimagunst und Freizeitmöglichkeiten als ein attraktives Gebiet mit hoher Lebensqualität einzuordnen ist. Wohnungen und Arbeitsplätze befinden sich hier in geringer Entfernung zueinander und sind umgeben von Naherholungsflächen mit großzügiger Ausstattung.

Zielsetzung bei der Schaffung einer solchen „technopôle" ist, an einem Standort Forschungseinrichtungen der Hochtechnologie sowie Industrie- und Dienstleistungsparks zu konzentrieren, um Fühlungsvorteile nutzen zu können und eine Clusterbildung bei der Entwicklung neuer Produkte zu erreichen. Daneben benötigt man vor Ort Unternehmen, die die Ergebnisse schnell marktfähig umsetzen können und mit anderen Technologiezentren vernetzt sind.
Für all diese Aufgaben werden viele hochqualifizierte Arbeitskräfte benötigt. Um diese zu bekommen, versucht man, optimale Arbeits- und Wohnbedingungen in einer attraktiven Umgebung mit hohem Freizeitwert zu schaffen.

Eine Gewichtung der für Sophia-Antipolis entscheidenden Standortfaktoren ergibt ein eindeutiges Übergewicht der sogenannten qualitativen Standortfaktoren wie Image, Infrastruktur, Fühlungsvorteile, Freizeitwert, qualifizierte Arbeitskräfte. (BE 9)

3.2 *Mit dem Operator „erörtern“ wird von Ihnen gefordert, dass Sie die Pro- und Kontra-Argumente für die Entwicklungschancen gegeneinander abwägen, um zu einem differenzierten Urteil zu gelangen.*

Die Verkürzung der Fahrtzeit zwischen Paris und Marseille bringt einige Chancen, aber auch Risiken mit sich. Die Region Provence-Alpes-Côte d'Azur wird intensiver an die Metropole Paris angebunden. Das kann neben einem Ausbau der wirtschaftlichen Verbindungen aber auch dazu führen, dass sich die Entscheidungsstellen noch stärker als bisher auf Paris konzentrieren und der Süden zu einer nachgelagerten, unwichtigeren Produktionsstätte absinkt. Die besseren Pendlermöglichkeiten können zu einer Zunahme von Fernpendlern in die Hauptstadt führen und zu einem gewissen „Ausbluten“ der südlichen Regionen beitragen. Der Ausbau der Beschäftigungsmöglichkeiten in der Region selbst geht dann zurück, da die Möglichkeiten des attraktiveren Arbeitsmarktes in der Region Paris leichter genutzt werden können.

Da Bahnlinien, anders als das Straßennetz, primär linienhafte Auswirkungen haben, wird außer dem Rhônetal-Korridor kaum ein weiteres Gebiet von dieser Hochgeschwindigkeitsstrecke profitieren. Im Gegenteil ist als Folge dieser Verkehrskonzentration zu befürchten, dass die Verkehrserschließung der übrigen Gebiete dieser Region vernachlässigt wird.
Im Bereich des Fremdenverkehrs, der für die Region Provence-Alpes-Côte d'Azur sehr bedeutsam ist, könnte die verbesserte Erreichbarkeit zu einer Zunahme von Tages- und Wochenendtouristen aus dem Raum Paris führen. Auf die Urlaubsplanungen mit längerer Aufenthaltsdauer dürfte die etwas verkürzte Reisezeit jedoch kaum Auswirkungen haben. (BE 9)

Leistungskurs Erdkunde (Bayern): Abiturprüfung 2007 – Aufgabe II: Russland

1 Naturraum und Landwirtschaft

1.1 Ordnen Sie die in Anlage II.1 dargestellten Anbaukalender den Regionen Omsk (54° N/73° O), Saransk (54° N/45° O) und Stawropol (45° N/42° O) zu, indem Sie den jeweiligen Anbaukalender vor dem Hintergrund der vorherrschenden Klima- und Bodenverhältnisse erklären!

1.2 Beschreiben und begründen Sie die in Anlage II.2 dargestellten Entwicklungen und Strukturen in der russischen Landwirtschaft! (20 BE)

2 Wirtschaftliche Entwicklung

2.1 Arbeiten Sie gemeinsame Standortfaktoren der in Anlage II.3 dargestellten Sonderwirtschaftszonen heraus, und legen Sie mögliche Ziele dar, die der russische Staat mit deren Einrichtung verfolgt!

2.2 Das im Jahr 1935 gegründete Norilsk ist heute die nördlichste und kälteste Großstadt der Welt.
Stellen Sie anhand geeigneter Atlaskarten die Motive dar, die für die Gründung und vergleichsweise günstige Entwicklung in sowjetischer Zeit ausschlaggebend waren, und diskutieren Sie die Zukunftschancen dieser Stadt! (18 BE)

3 Demografische Entwicklung
Erläutern Sie unter sinnvoller Einbeziehung der in Anlage II.4 aufgeführten Materialien M 1 – M 4 die demografischen Entwicklungen in Russland seit 1985, und zeigen Sie knapp die sich daraus ergebenden Konsequenzen für Russland auf! (22 BE)

(60 BE)

Anlage II.1: Ausgewählte regionale Anbaukalender

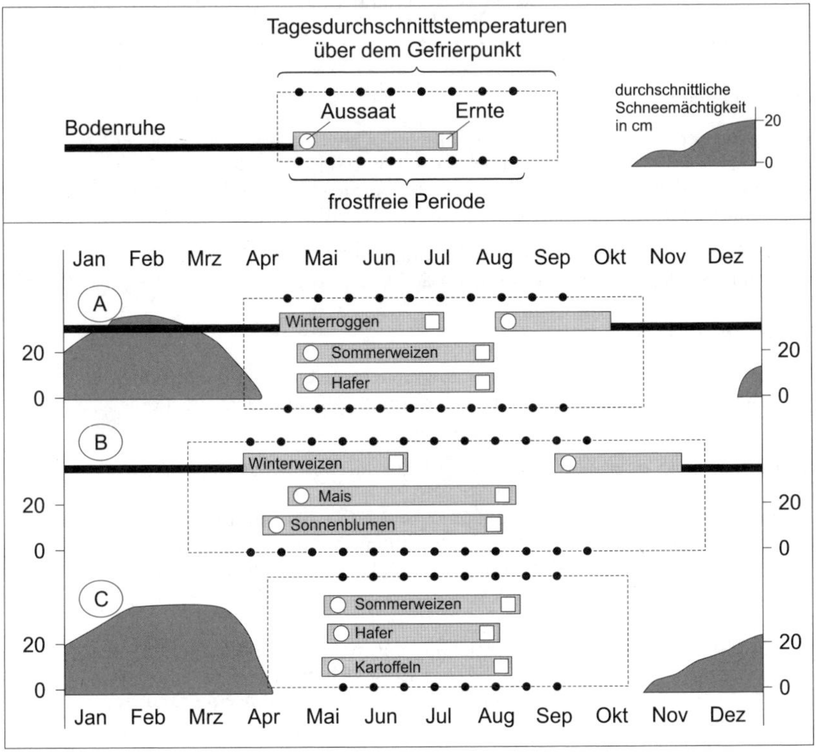

Anlage II.2: Beitrag einzelner Betriebsarten zur landwirtschaftlichen Gesamtproduktion 1991 bis 2005 (Index: 1991 = 100) und zur Produktion ausgewählter Produkte 2004 (Abbildung rechts)

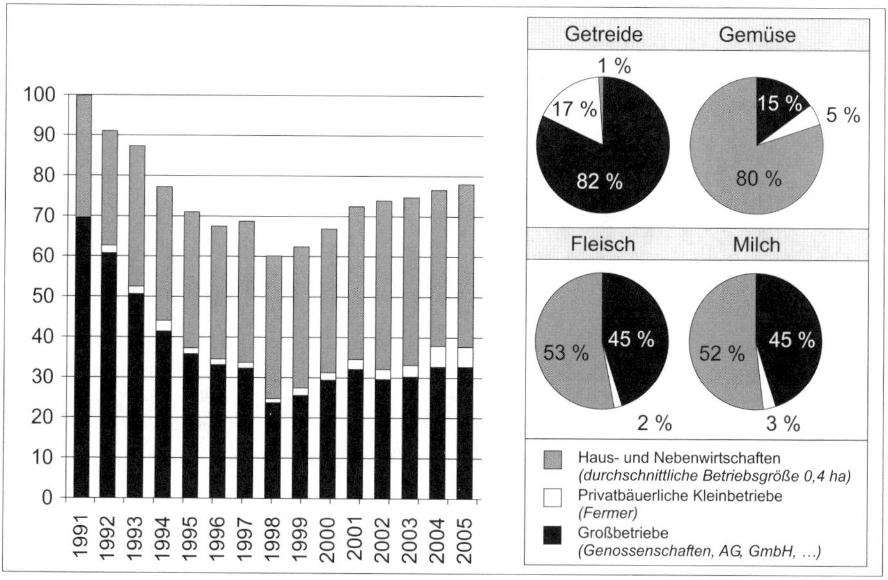

Anlage II.3: Sonderwirtschaftszonen in Russland

Am 27. 08. 2005 trat das föderale Gesetz über Sonderwirtschaftszonen in der Russischen Föderation in Kraft. Dieses Gesetz gewährt Investoren umfangreiche Zoll- und Steuervorteile und garantiert außerdem für einen Zeitraum von 20 Jahren, dass mögliche Verschlechterungen im Steuerrecht in den Sonderwirtschaftszonen nicht zur Anwendung kommen. Einige der seither eingerichteten Sonderwirtschaftszonen haben bereits die ersten Investoren angelockt: So werden seit März 2006 durch das Joint Venture der russischen Sitronics und Giesecke & Devrient Chipkarten in Zelenograd produziert, im Juli 2006 einigte sich der russische Automobilhersteller Sewerstal-Awto mit Fiat auf die Montage des Transporters „Ducato" im rund 210 km östlich von Kasan gelegenen Jelabuga ab 2007. Der finnische Konzern Technopolis investiert 200 Mio. € am Standort St. Petersburg und das italienische Unternehmen SEST-Luve plant den Bau eines Kühlschrankwerks in Lipezk.

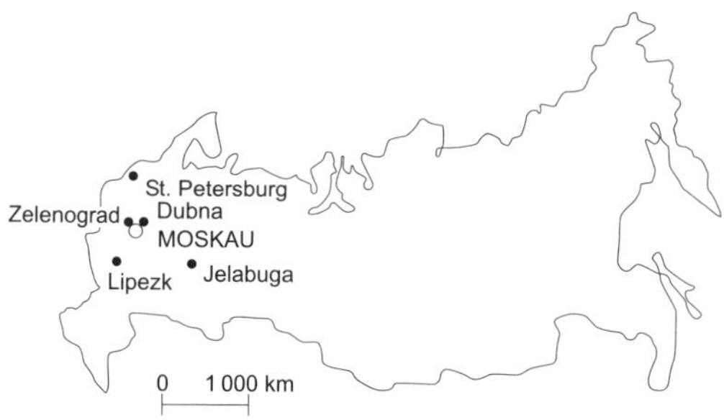

Ausgewählte Sonderwirtschaftszonen:

- Dubna *(Nukleartechnologie und Raketentechnik)*
- Jelabuga *(Fahrzeugbau, chemische Industrie)*
- Lipezk *(Haushaltstechnik, elektrotechnisches Zubehör)*
- St. Petersburg *(Informationstechnologie)*
- Zelenograd *(Mikroelektronik)*

Anlage II.4:

M 1: Bevölkerungsentwicklung im ländlichen und städtischen Raum

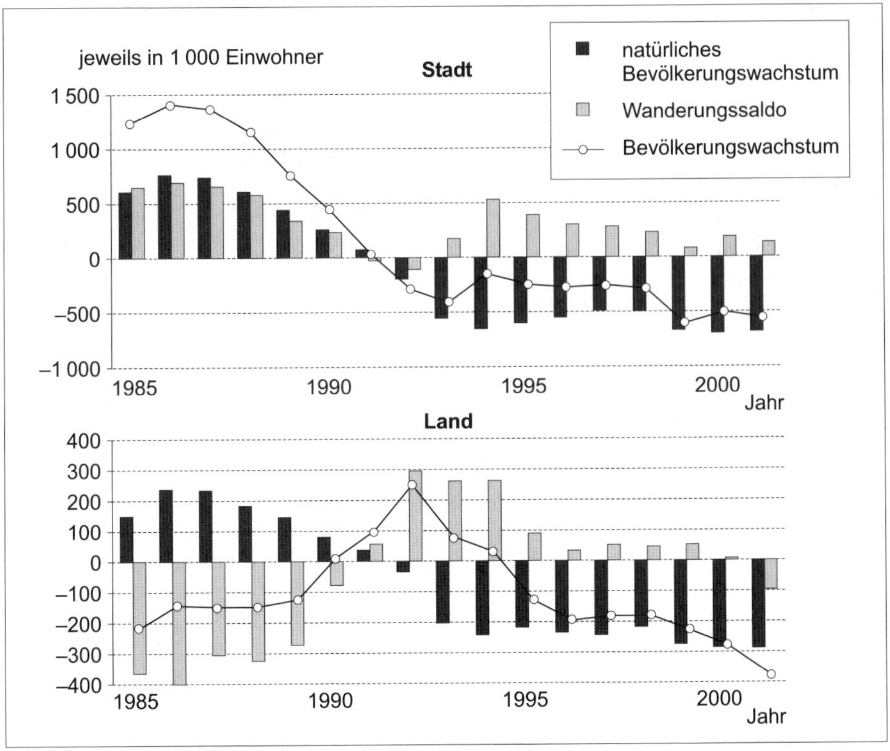

M 2: Altersstruktur 2004

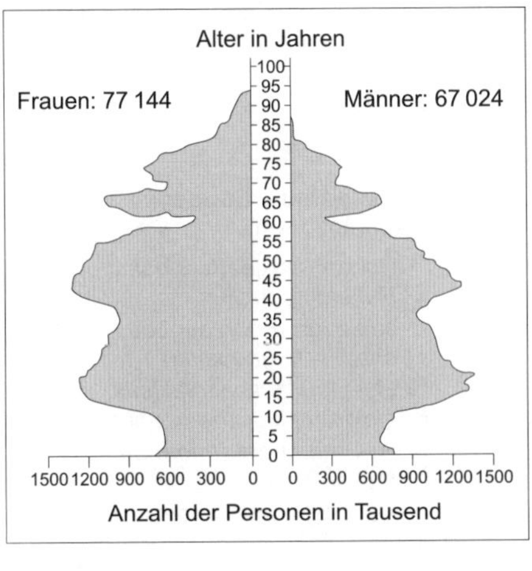

M 3: Lebenserwartung bei d. Geburt (Jahre)

	1990	1997	2004
Gesamtbevölkerung	69,2	66,8	65,3
Männer	63,7	60,9	58,9
Frauen	74,3	72,9	72,3

M 4: Hauptströme der Migration in den 1990er-Jahren

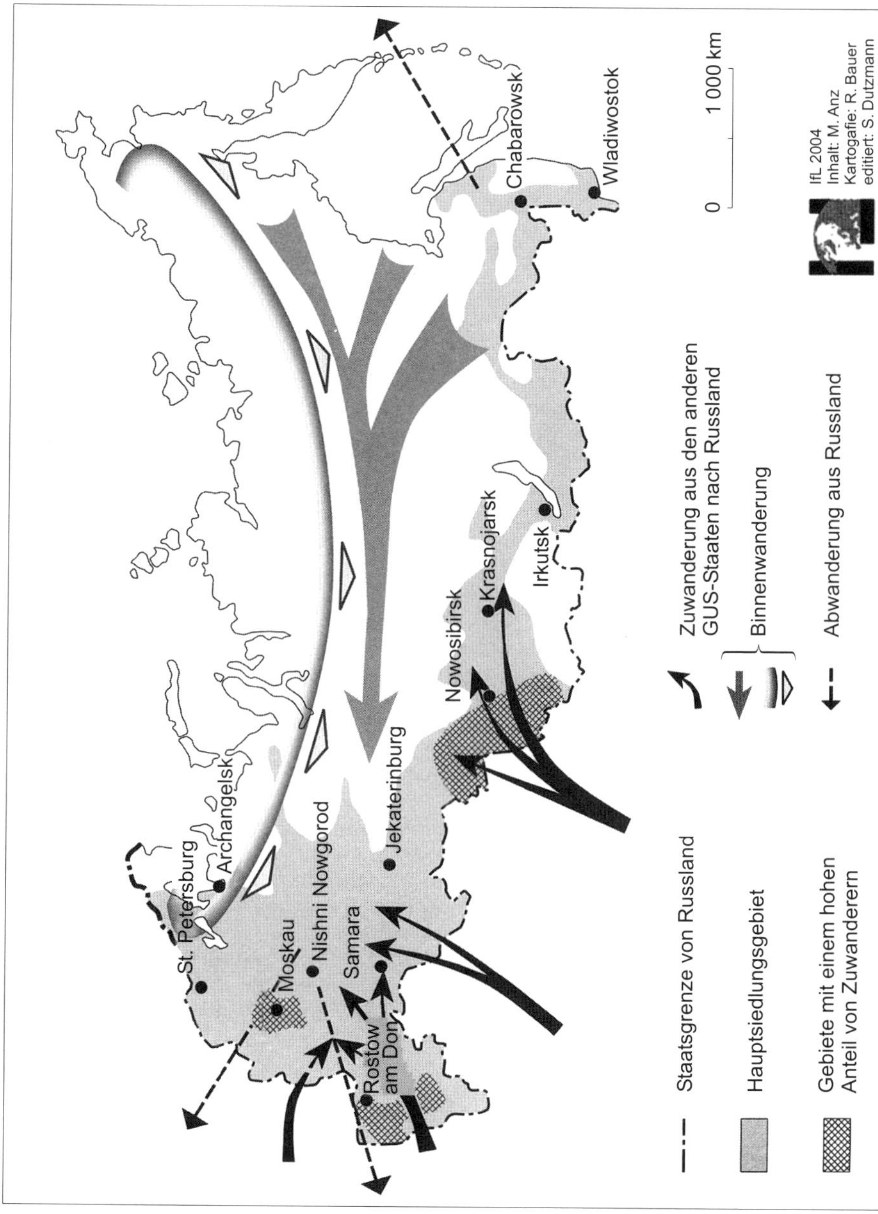

Quellenverzeichnis

Bender, H.-U. u. Stadelbauer, J.: Sowjetunion. Stuttgart 1987, S. 47, verändert (Anlage II.1)

Brade, I./Sünnemann, A./Anz, M. (2004): Russland – Aktuelle Probleme und Tendenzen. (= Daten, Fakten, Literatur zur Geographie Europas 8), Leibniz-Institut für Länderkunde, Leipzig (Anlage II.4, M 1 und M 4)

Pyritz, E.: Terra aktuell – Russland. Gotha u. Stuttgart, o. J., S. 18 (Anlage II.2)

www.gks.ru

www.bfai.de

www.cisstat.com/eng/rus.htm

www.digital-kameras.de/newsarchiv

www.russlandanalysen.de/content/media/Russlandanalysen100.pdf (Anlage II.4, M 2)

www.statrus.info

Lösungsvorschlag

1.1 *Sie sollen die drei Anbaukalender aus Anlage II.1 mit Bezug auf die Klima- und Bodenverhältnisse in ihren wesentlichen Aussagen charakterisieren. Erst auf dieser Grundlage ist es möglich, die geforderte regionale Zuordnung sinnvoll vorzunehmen.*

Der Anbaukalender A zeichnet sich durch eine lang andauernde Schneebedeckung von Dezember bis Anfang April aus. Die Zeiten mit Tagesdurchschnittstemperaturen über 0 °C reichen von März bis Mitte Oktober, wobei sich die frostfreie Periode von Mai bis September erstreckt. Da Sommerweizen von Mitte April bis September angebaut wird und sogar Winterroggen von August bis Juli gedeiht, muss der betreffende Ort wohl gemäßigt kontinentales Klima und relativ gute Böden, z. B. Braunerden haben. Das trifft auf die zentralen Bereiche des Agrardreiecks zu und damit auf Saransk.

Im Anbaukalender B ist besonders auffallend, dass keine Schneebedeckung vorhanden ist und der Zeitraum mit Tagesdurchschnittstemperaturen über dem Gefrierpunkt von Februar bis November sehr lang ist. Auch die frostfreie Periode von Mitte März bis Oktober ist sehr groß. Das deutet auf eine südliche Lage hin. Dem entspricht auch der Anbau von Wärme liebenden Nutzpflanzen wie Mais und Sonnenblumen. Der von September bis Juni reichende Anbau von Winterweizen legt nahe, dass der gesuchte Ort am Südrand des Agrardreiecks liegt mit sommerheißem Kontinentalklima und sehr guten Böden, z. B. Schwarzerden. Das alles trifft auf Stawropol zu.

Der dritte Anbaukalender C zeigt von Mitte Oktober bis April eine mächtige Schneedecke, einen sehr kurzen Zeitraum von April bis Oktober mit Tagesdurchschnittstemperaturen über dem Gefrierpunkt und einer entsprechend kurzen frostfreien Periode von Mai bis September. Der Anbau reduziert sich auf Sommerweizen, Hafer und Kartoffeln, die jeweils von Mai bis August gedeihen. Damit befindet sich der gesuchte Ort in einem Gebiet mit hochkontinentalen Klimabedingungen und mittleren Böden im Osten des Agrardreiecks. Das kann nur Omsk sein. (BE 9)

1.2 *In dieser Teilaufgabe können Sie sich bei Ihrer Antwort darauf beschränken, nur die in Anlage II.2 erkennbaren Entwicklungen und Strukturen darzustellen. Anschließend sollten Sie die wichtigsten Ursachen dafür anführen.*

Die landwirtschaftliche Gesamtproduktion Russlands wurde 1991 zu 70 % von Großbetrieben und zu 30 % von Haus- und Nebenwirtschaften erbracht. Privatbäuerliche Kleinbetriebe spielten damals noch keine Rolle.
Bis 1998 verringerte sich die landwirtschaftliche Gesamtproduktion aufgrund des Zerfalls der Sowjetunion auf etwa 60 %, wobei der Anteil der Großbetriebe auf weniger als die Hälfte absank. Die alten Vermarktungsstrukturen fielen in sich zusammen und der Staat zog sich weitgehend aus der Agrarproduktion zurück. Sowchosen und Kolchosen wurden aufgelöst, nachfolgende Großbetriebe waren noch nicht wettbewerbsfähig.
Ab 1998 stieg die Produktion bis 2005 wieder auf ca. 78 % des Ausgangswertes von 1991 an. Erste Erfolge der Marktwirtschaft stellten sich ein und es wurde wieder in die Landwirtschaft investiert. Haus- und Nebenwirtschaften lieferten etwas mehr als die Hälfte der Gesamtproduktion, Großbetriebe etwa 40 % und privatbäuerliche Kleinbetriebe den Rest von ca. 7 %. Der Bedeutungsgewinn der Haus- und Nebenwirtschaften hängt mit den sinkenden Realeinkommen in den 1990er-Jahren zusammen und dem Versuch, die eigene Versorgung über Subsistenzwirtschaft zu sichern. Noch heute kommt diesem Produktionsbeitrag eine entscheidende Bedeutung zu.

Die Zahlen zu ausgewählten Produkten zeigen, dass im Jahr 2004 die Großbetriebe vor allem an der Produktion von Getreide (82 %) und knapp zur Hälfte an der von Fleisch und Milch beteiligt waren. Hier haben sich mittlerweile hochmechanisierte, spezialisierte Betriebe in Form kapitalstarker Agrarholdings gebildet. Die Domäne der kleinen Haus- und Nebenwirtschaften war dagegen die Gemüseherstellung (80 %) und die Fleisch- und Milchproduktion, die jeweils etwas mehr als die Hälfte des Gesamtwerts ausmachte. Die privatbäuerlichen Kleinbetriebe erreichten lediglich bei der Getreideproduktion mit 17 % einen nennenswerten Beitrag. Der Rest ist nahezu zu vernachlässigen, da die nötigen Voraussetzungen an Kapital, Know-how und Flächen für eine umfangreichere Produktion fehlten. (BE 11)

2.1 *Die erste Teilfrage fordert Sie auf, der Anlage II.3 die wichtigsten gemeinsamen Standortfaktoren der Sonderwirtschaftszonen zu entnehmen. In der zweiten Teilfrage wird die Aufgabe gestellt, die Ziele zu erkennen und zu beschreiben, die zur Errichtung der Sonderwirtschaftsszonen geführt haben.*

Gemeinsam ist den Sonderwirtschaftszonen die Privilegierung der Investoren. Der Staat gewährt umfangreiche finanzielle Vorteile. Darüber hinaus werden die Standorte so ausgewählt, dass sie möglichst aufgrund ihrer Lage attraktiv für die Investoren sind.

Alle angeführten Sonderwirtschaftszonen liegen im westlichen Teil Russlands mit relativ kurzen Wegen zum europäischen Markt. Sie orientieren sich an Städten mit guter Infrastruktur und dem Angebot hochqualifizierter Arbeitskräfte. Außerdem ist dieser Teil Russlands auch klimatisch begünstigt.

Der Sinn dieses Konzepts liegt darin, zunächst ausländische Investoren zur Ansiedlung zu motivieren, dann westliche Techniken z. B. über Joint-Venture-Projekte zu übernehmen und damit die eigene Wettbewerbsfähigkeit zu steigern. Das kann man am besten in großen vernetzten Standorten erreichen, in denen durch Kompetenzbündelung und Rationalisierungsmöglichkeiten beträchtliche Agglomerationsvorteile entstehen. Natürlich hofft man dabei auch auf die Schaffung neuer Arbeitsplätze und den Abbau der bisherigen starken Abhängigkeit der russischen Wirtschaft von Rohstoffexporten. Denn bei eigener Veredelung erhöht sich die Wertschöpfung und verbessert sich die Stellung auf dem Weltmarkt. (BE 9)

2.2 *Hier ist zunächst einmal Atlasarbeit gefordert. Mithilfe des Atlas (z. B. Diercke Weltatlas S. 146/147 und S. 150/151) sollen Sie die für die Gründung und Entwicklung von Norilsk ausschlaggebenden Motive beschreiben. Im nächsten Schritt sollen Sie sich Gedanken darüber machen, wie die zukünftige Entwicklung dieser Stadt verlaufen könnte. Dabei müssen Sie über die Atlasarbeit hinausgehen und verschiedene Möglichkeiten aufzeigen.*

Norilsk wurde 1935 gegründet, weil man in der Nähe sehr umfangreiche, strategisch wichtige Platin- und Nickelvorkommen gefunden hatte und man auf dieser Basis sowie weiterer vorhandener Ressourcen einen weitgehend autarken Industriestandort aufbauen wollte. Zusätzlich bot sich die Möglichkeit, die erzeugten Produkte über den Jenissej und den nördlichen Seeweg zu verschiffen. Wichtig für diesen peripheren Standort war auch, dass er sich weitgehend selbst versorgen konnte (Energie: Potenzial des Jenissej, Bauholz: Taiga, Fischfang: Karasee). So wurde Norilsk ein wichtiges Beispiel für eine politisch motivierte Erschließungsmaßnahme in einem klimatisch sehr unwirtlichen Gebiet Sibiriens. Die Region war gleichzeitig auch geeignet, ein größeres Arbeitskräftepotenzial aus dem Kernraum aufzunehmen.

Norilsk entwickelte sich sehr schnell zu einer bergbaulich geprägten Großstadt, die als Lieferant wichtiger Rohstoffe und Produkte militärisch und politisch stark an Bedeutung gewann.

Nach dem Zweiten Weltkrieg und vor allem nach dem Zerfall der Sowjetunion haben sich die Zukunftschancen dieser Stadt verändert. Zwar können auf dem Weltmarkt weiterhin durch den Verkauf der Rohstoffe hohe Einnahmen erzielt werden. Der Gewinn ist dabei jedoch stark von den schwankenden Preisen abhängig und Norilsk muss selbst hohe Förder- und Transportkosten bei sinkender staatlicher Unterstützung aufbringen.
Aufgrund vorhandener unterschiedlicher Ressourcen besteht durchaus die Möglichkeit, auf wirtschaftliche Veränderungen zu reagieren. Jedoch kann man wegen der extremen Lage, des kalten Klimas, der geringen Attraktivität des Standortes und der hohen Umweltbelastung kaum auf die Ansiedlung von Zukunftsindustrien und den Zuzug hoch qualifizierter Arbeitskräfte hoffen. Eventuell verbessern sich aufgrund des Klimawandels längerfristig die Voraussetzungen für die Produktion von Lebensmitteln und die ganzjährige Erreichbarkeit auf dem Seeweg, andererseits könnte dadurch aber auch die Infrastruktur gefährdet werden, da der länger und tiefer auftauende Permafrostboden große Probleme mit sich bringen wird. (BE 9)

3. *Diese mit viel Material gestützte Aufgabe gliedert sich in zwei Teilfragen. Zuerst müssen Sie unter Berücksichtigung der Materialien M 1 – M 4, aber auch darüber hinausgehend, die demografische Entwicklung in Russland beschreiben. Anschließend sollen Sie kurz und präzise die Konsequenzen dieser Entwicklung darstellen.*

Die Bevölkerungsentwicklung im ländlichen und städtischen Raum lässt sich vereinfacht in zwei Phasen gliedern (vgl. M 1).
Von 1985–1990 haben die Städte mit abnehmender Tendenz ein Bevölkerungswachstum erlebt, das etwa gleichmäßig auf Geburtenüberschüsse und Wanderungsgewinne zurückzuführen war. Entsprechend entstand im selben Zeitraum im ländlichen Raum ein Bevölkerungsverlust, der bis 1990 immer geringer wurde. Dieser Verlust ist ausschließlich auf negative Wanderungssalden zurückzuführen. Der Geburtenüberschuss konnte die hohen Abwanderungszahlen nicht ausgleichen. Es herrschte also ab 1985 eine ausgeprägte Land-Stadt-Wanderung vor, die erst gegen 1990 von einer stärker auf das Land gerichteten Bewegung abgelöst wurde. Zwischen 1990–1994 verzeichneten die ländlichen Gebiete ein durch große Zuwanderung ausgelöstes Bevölkerungswachstum, das durch die wirtschaftlichen Probleme nach Auflösung der Sowjetunion verur-

sacht wurde. Man erhoffte sich auf dem Land bessere Lebensbedingungen, z. B. durch die Möglichkeit zur Selbstversorgung mit Nahrungsmitteln, als in den zeitweise völlig unterversorgten Städten.
Die Städte erlebten ab 1990 einen Bevölkerungsrückgang, der ausschließlich auf die drastisch gesunkenen Geburtenraten und die höheren Sterberaten zurückzuführen ist. Auch der weiterhin positive Wanderungssaldo der Städte konnte diese Entwicklung nicht beeinflussen. Die Zuwanderung in die Städte kann in dieser Zeit jedoch nicht aus dem ländlichen Bereich stammen, da dort im gleichen Zeitraum ebenfalls Wanderungsgewinne erzielt wurden. Die Zuwanderung in beide Bereiche wird daher vermutlich aus benachbarten ehemaligen Sowjetrepubliken stammen, die nach dem Zerfall der Sowjetunion wirtschaftlich sehr geschwächt waren.
Ab 1994 weisen auch die ländlichen Bereiche wieder einen zunehmenden Bevölkerungsverlust auf, der bei geringer Zuwanderung ebenfalls auf die stark gesunkene Geburtenrate und die erhöhten Sterberaten zurückführbar ist.
Aus regionaler Sicht ist in den 1990er-Jahren besonders die Abwanderung aus den peripheren Regionen im Norden und Osten in die Zielgebiete Süden und Westen auffallend (vgl. M 4). Die Herkunftsgebiete waren unter den neuen marktwirtschaftlichen Bedingungen nicht mehr wettbewerbsfähig. Die Zielgebiete dagegen waren klimatisch begünstigt, lagen näher an den wirtschaftlichen Kernräumen und boten auch infrastrukturell große Standortvorteile. Aus den ehemaligen Sowjetrepubliken wanderten vor allem russische Staatsbürger in die grenznahen Gebiete Russlands und in die Region Moskau aus, da sie in den neu entstandenen, wirtschaftlich meist schwachen Staaten keine Privilegien mehr genossen. In den Zielgebieten erhofften sie sich bessere Möglichkeiten auf dem Arbeitsmarkt.
Schließlich kann man im äußersten Westen und Osten noch eine Abwanderung aus Russland heraus nach Westeuropa und Nordamerika beobachten, die durch die Aufhebung der Reisebeschränkungen und die Aussicht auf bessere Verdienstmöglichkeiten zustande kam (vgl. M 4).

Für Russland ergibt sich als regionale Konsequenz eine Verstärkung der Disparität zwischen Aktiv- und Passivräumen. Während in den Zuwanderungszentren steigende Kosten durch wachsende Bevölkerungszahlen entstehen, verfällt in der Peripherie die Infrastruktur.
Bei stark fallenden Geburtenzahlen wird es zu einer Überalterung der Gesellschaft kommen (vgl. M 2). Die wirtschaftliche Dynamik vermindert sich und die Steuereinnahmen sinken. Andererseits werden z. B. die Ausgaben für Altenpflege und Altenwohnheime stark ansteigen.
Zum Bevölkerungsschwund trägt auch die seit 1990 sinkende Lebenserwartung vor allem der männlichen Bevölkerung bei (vgl. M 3). Der starke Rückgang um durchschnittlich knapp vier Jahre seit 1990 ist zum einen auf mangelhafte Gesundheitsvorsorge zurückzuführen (weite Verbreitung von Herzkrankheiten sowie AIDS, Tuberkulose etc.). Zum anderen führt der soziale Wandel seit dem Zusammenbruch der Sowjetunion und die damit verbundene sozial angespannte Lage in manchen Bevölkerungsschichten zu verstärktem Alkoholmissbrauch, Gewalt und ansteigenden Selbstmordraten. (BE 22)

Leistungskurs Erdkunde (Bayern): Abiturprüfung 2007 – Aufgabe III: Anrainer des Indischen Ozeans

1 Klima und Plattentektonik

1.1 Ordnen Sie die Klimadaten in Anlage III.1 begründet den Klimastationen Durban (29° S/31° O), Chittagong (22° N/91° O) und Perth (31° S/115° O) zu, indem Sie charakteristische Unterschiede des Temperatur- und Niederschlagsverlaufs erklären!

1.2 Stellen Sie die in Indonesien auftretenden plattentektonischen Phänomene sowie die zugrunde liegende Ursache dar und erläutern Sie deren Auswirkungen auf Bevölkerung und Wirtschaft! (18 BE)

2 Landwirtschaftliche Inwertsetzung

2.1 Die weltweite Produktion von Palmöl ist seit den 1960er-Jahren sehr stark angestiegen.
Zeigen Sie unter Einbeziehung der Materialien a)–c) in Anlage III.2 Chancen und Risiken auf, die sich aus dem Ölpalmenanbau für ein Land wie Indonesien ergeben!

2.2 Vergleichen Sie die in Anlage III.3 (Karte und Text) dargestellte Ophir-Ölpalmenplantage mit klassischen Plantagen! (20 BE)

3 Entwicklungsstrategien

3.1 Der Friedensnobelpreis 2006 wurde an Mohammad Junus und die von ihm gegründete Grameen-Bank verliehen, die mit der Vergabe von Mikrokrediten einen eigenen Weg der Armutsbekämpfung verfolgt.
Arbeiten Sie aus Anlage III.4 die in dieser Entwicklungsstrategie enthaltenen traditionellen und neuen Elemente heraus und erläutern Sie die positiven Effekte dieses Konzepts!

3.2 Im Juni 2005 einigten sich die G 8-Staaten darauf, den 18 ärmsten Ländern der Welt die Schulden zu erlassen.
Zeigen Sie mögliche Ursachen für die hohe Auslandsverschuldung vieler Entwicklungsländer auf und beurteilen Sie die Auswirkungen dieses Schuldenerlasses! (22 BE)

(60 BE)

Anlage III.1: Ausgewählte Klimastationen

Station A

	J	F	M	A	M	J	J	A	S	O	N	D	Jahr
MT	24,1	24,3	23,7	21,6	19,1	16,6	16,6	17,7	19,1	20,1	21,4	23,1	20,6
MN	132	112	127	72	57	28	40	61	72	98	108	101	1 008

Station B

	J	F	M	A	M	J	J	A	S	O	N	D	Jahr
MT	24,2	24,8	23,1	19,2	16,1	14,1	13,1	13,2	14,4	16,5	19,1	22,1	18,3
MN	10	15	16	46	102	166	155	111	72	43	24	9	769

Station C

	J	F	M	A	M	J	J	A	S	O	N	D	Jahr
MT	19,4	21,4	25,0	27,2	27,8	27,8	27,5	27,2	27,5	26,7	23,6	20,0	25,1
MN	5	28	64	150	264	533	597	518	320	180	56	15	2730

MT: mittlere Temperatur in °C; MN: mittlerer Niederschlag in mm

Anlage III.2: Informationen zu Palmöl

a) Hintergrundinformationen zur Produktion

Die Produktion von Palmöl hat sich seit 1962 verzwanzigfacht. Palmöl ist nicht nur ein wichtiges Nahrungsmittel, sondern spielt auch eine bedeutende Rolle in der oleochemischen Industrie. Das Öl der tropischen Ölpalme, die während des ganzen Jahres fruchtet, ist auf dem Weltmarkt derzeit günstiger positioniert als die Hauptkonkurrenten Soja-, Raps- und Sonnenblumenöl. Die Ölpalme trägt erst nach drei Jahren, mit sieben bis zehn Jahren erreicht sie ihre volle Produktivität, den Boden der Plantagen bedeckt eine geschlossene Schicht von Leguminosen (Hülsenfrüchtlern). In Malaysia experimentiert man seit einigen Jahren mit der Verwertung der Biomasse für den holzverarbeitenden Sektor. In einer normalen Ölplantage fallen pro ha und Jahr zwischen 40 und 50 t Biomasse in Form von Palmwedeln und geleerten Fruchtständen an. Dazu kommen alle 25 Jahre die Palmstämme. Einige malayische Gesellschaften versprechen sich davon langfristig sogar einen größeren Gewinn als vom Öl.

b) Weltproduktion und Weltverbrauch

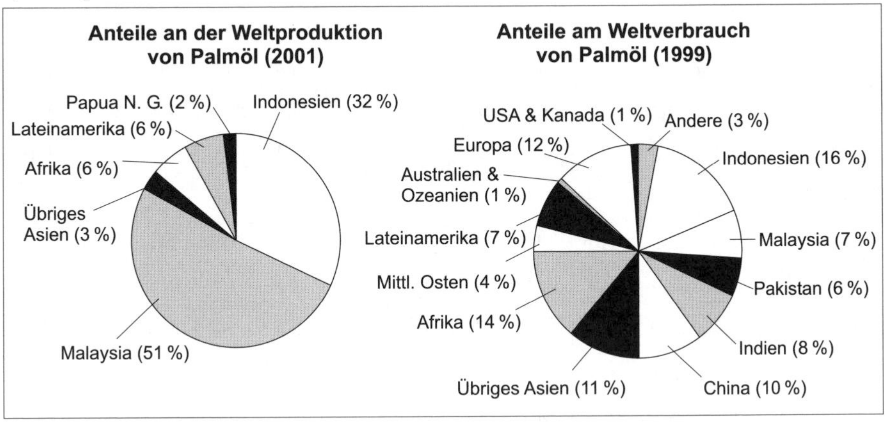

c) Anteile an der Gesamtanbaufläche und Produktion der vier weltweit wichtigsten Ölpflanzen im Jahr 2001

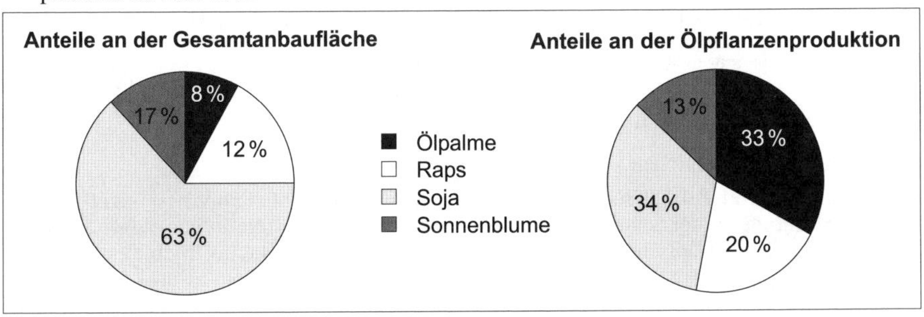

Anlage III.3: Die Ophir-Ölpalmenplantage auf West-Sumatra

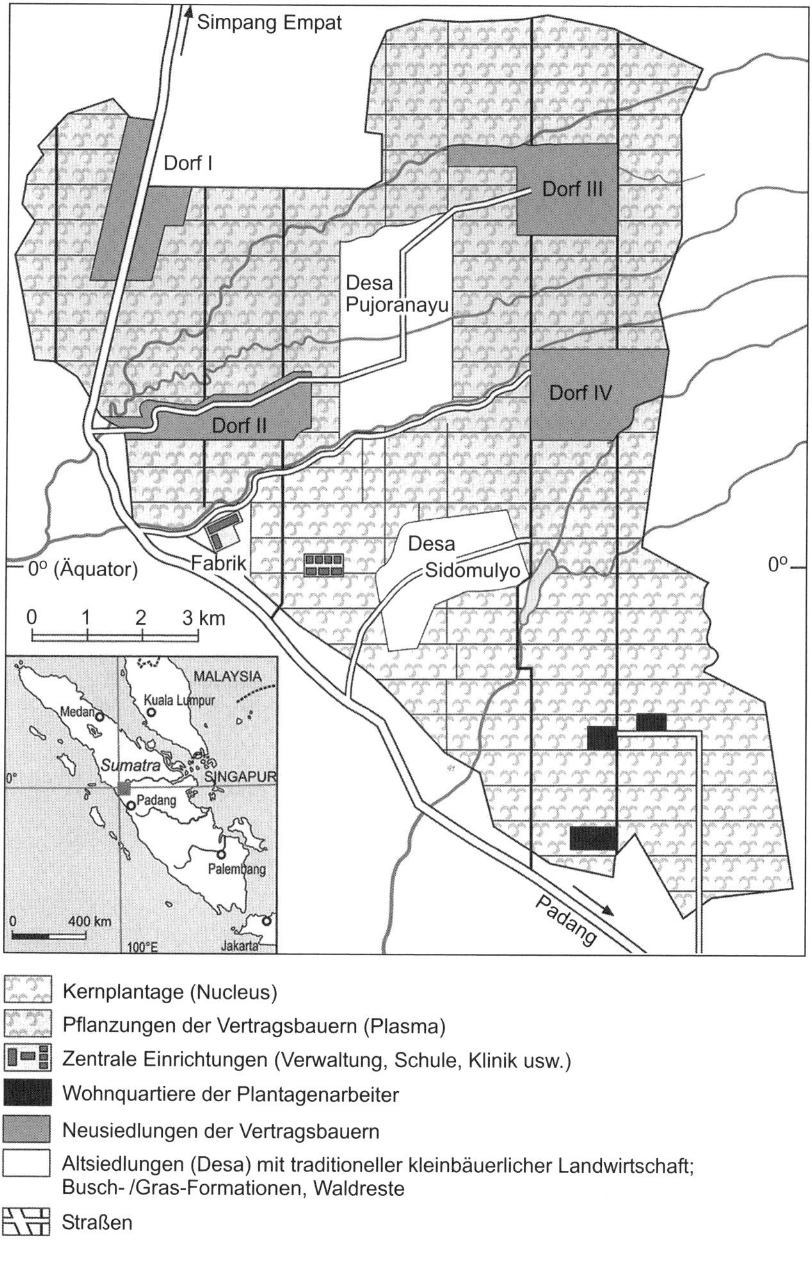

Das Ophir-Ölpalmenprojekt

gilt als eines der erfolgreichsten Projekte der deutschen Entwicklungszusammenarbeit mit Indonesien. Ziel des Projektes war es, eine nachhaltige Bewirtschaftung von Ölpalmen durch eine Kombination von Plantage und Kleinbauern nach dem Prinzip der sogenannten „Nucleus-Plantagen“ sicherzustellen. Die Bewirtschaftung des Nucleus (des Kerns) von 3 200 ha übernahm die staatliche indonesische Plantagengesellschaft P. T. Perkebunan IV. Die Bewohner der [...] lokalen Dorfgemeinschaft [...] Desa Pujorahayu waren nicht bereit, sich in das Projekt einzugliedern.

Knapp zehn Jahre nach Abschluss des Projekts fand im Auftrag des deutschen Ministeriums für wirtschaftliche Zusammenarbeit eine Bewertung statt, um die Nachhaltigkeit des Vorhabens zu überprüfen. Das Ergebnis der Evaluierung bestätigte, dass die wirtschaftlichen Projektziele nicht nur erreicht, sondern teilweise sogar deutlich übertroffen wurden. Die Kleinbauern ernteten in den vergangenen zehn Jahren durchschnittlich 25 Tonnen Ölpalmenfrüchte pro ha/Jahr, was nicht nur zu den höchsten Erträgen in Südostasien gehört, sondern auch fast 25 Prozent über den Erträgen des benachbarten Nukleus der staatlichen Plantagengesellschaft liegt. Das Durchschnittseinkommen der beteiligten Kleinbauern übertraf das der anderen ländlichen Haushalte in der Region um das Drei- bis Vierfache. Fast alle Kleinbauern konnten ihre Kredite erheblich früher zurückzahlen als ursprünglich vorgesehen und sich so den Eigentumstitel für ihre Parzellen sichern.

Als besonders erfolgreiche Projektkomponente erwiesen sich die Aus- und Fortbildungsmaßnahmen für die Neusiedler und deren eigenverantwortliche Einbindung in das Management des Plasmas. Es ist gelungen, leistungsfähige genossenschaftlich organisierte Bauerngruppen aufzubauen, die in der Lage sind, ihre Interessen selbstständig und nachdrücklich gerade auch gegenüber dem Projektmanagement des Nukleus durchzusetzen. Es ist aber auch zu einigen überraschenden und möglicherweise unerwünschten Auswirkungen im sozialen Bereich gekommen. Die relativ wohlhabenden Siedler in den Plasmadörfern heben sich deutlich von den weit schlechter verdienenden Arbeitern im Nukleus ab. Auch innerhalb der Plasmadörfer ist es zu einer vorher nicht erwarteten soziostrukturellen Differenzierung gekommen: Nur noch ein Teil der Siedler wohnt und wirtschaftet weiterhin ausschließlich in der Plantage. Andere haben inzwischen außerhalb der Plantage weiteres Land erworben oder einen Handel eröffnet, wohnen aber noch in der Plantagensiedlung. Eine dritte Gruppe lebt als Absentisten in den Städten der Provinz, geht dort einem anderen Beruf nach und lässt ihre Ölpalmenparzelle von schlecht bezahlten Lohnarbeitern bestellen.

Anlage III.4: Vergabe von Mikrokrediten durch die Grameen-Bank

Mohammed Junus und seine Grameen-Bank aus Bangladesch haben den Friedensnobelpreis 2006 erhalten. Ziel der Bank ist es, die Armut insbesondere der ländlichen Bevölkerung zu bekämpfen.

Die Grameen-Bank in Bangladesch wurde 1976 gegründet und vergibt Kredite an die Ärmsten der Armen. Das Wort „Grameen“ bedeutet ländlich oder dörflich. Das Geld wird ohne Sicherheiten vor allem Frauen gewährt. Zuvor hatten dort gerade die Frauen keinerlei Zugang zu Kapital. Bankkredite wurden nur an Menschen vergeben, die bereits Geld hatten.

Jeweils fünf Frauen tun sich für einen Kredit der Grameen-Bank zusammen und bürgen „moralisch“ füreinander. Eine von ihnen bekommt das Geld, kauft davon einen Webstuhl oder eine Nähmaschine und macht sich selbstständig. Vom Gewinn zahlt sie den Kredit samt den Zinsen zurück. Dabei werden 20 Prozent Zinsen für Darlehen berechnet, die Gewinne generieren. Wer sein Haus finanzieren will, muss acht Prozent Zinsen zahlen, für Studenten-Kredite werden fünf Prozent fällig. Besonders schwer getroffene Gruppen wie Bettler erhalten zinslose Kredite. Insgesamt dürfen die anfallenden Zinsen nicht den geliehenen Betrag übersteigen – unabhängig von der Laufzeit.

Derzeit gehören zum Netzwerk der Grameen-Bank, die in der Hauptstadt Dhaka ihren Sitz hat, mehr als 2 220 Filialen. Rund 6,6 Mill. Kunden werden betreut. 97 Prozent von ihnen sind Frauen aus über 71 000 Dörfern. Etwa 18 000 Menschen arbeiten für das Unternehmen. Insgesamt hat die Bank bisher mehr als 5,7 Mrd. US-Dollar (4,5 Mrd. Euro) an Krediten vergeben.

Die Idee hat enormen Erfolg. Weil sich Frauen als zuverlässige Geschäftspartnerinnen erwiesen haben, stellen sie den Großteil der Kunden und damit der Anteilseigner. Insgesamt ist die Bank zu 94 Prozent in Besitz der Kreditnehmer. Grameen arbeitet profitabel, erwirtschaftet sogar Gewinn, da rund 99 Prozent der Kredite zurückgezahlt werden.

1983 wurde das Institut auch formal in eine Bank umgewandelt. Mittlerweile ist Grameen eine Unternehmensfamilie mit mehr als 24 Organisationen. Die Tochter Grameen-Enterprise produziert Stoffe für den Export. Grameen-Energy soll Solarenergie in die Dörfer bringen. Und Grameen-Telecom soll das Handy zum Telefon der armen Leute in Bangladesch machen.

Quellenverzeichnis

Scholz, U.: Ölpest im Regenwald? In: Geographische Rundschau, 11/2004, S. 14, verändert (Anlage III.3)
Müller, M.: Handbuch ausgewählter Klimastationen der Erde. Trier 1983, S. 165 (Anlage III.1, Station C)
Oil World Annual 2001 (Anlage III.2 b und c)
www.handelsblatt.com/news; Hintergrund: Die Grameen-Bank, 13. 10. 06
www.klimadiagramme.de (Anlage III.1, Stationen A und B)

Lösungsvorschlag

1.1 *Zunächst müssen Sie die Klimadaten der Anlage III.1 in ihren wesentlichen Merkmalen bei Temperatur- und Niederschlagsverlauf begründen. Dann erst können Sie eine sinnvolle regionale Zuordnung zu den drei angeführten Klimastationen vornehmen.*

Station A hat ihre Jahreshöchsttemperaturen mit 24,1 °C im Januar und die tiefsten Temperaturen im Juni/Juli mit 16,6 °C. Die gesuchte Station muss also auf der Südhalbkugel liegen. Die Jahresamplitude ist mit 7,5 °C relativ gering, d. h. es handelt sich vermutlich um Seeklima. Das legt auch der hohe Jahresniederschlag von über 1 000 mm nahe, der vor allem in den Monaten Januar bis März, also im Südsommer, fällt. Der Südwinter ist dagegen mit monatlichen Werten unter 30 mm recht trocken.
Da Durban an der Ostküste Afrikas liegt, erhält es im Südsommer bei Südwanderung des Zenitstandes durch den Südostpassat hohe Niederschläge, die noch durch die Luvlage vor den Drakensbergen gesteigert werden. Im Südwinter liegt Durban dagegen bei Nordwanderung des Zenitstandes unter dem Einfluss der randtropischen Hochdruckzone bzw. der außertropischen Westwinde. Beide bringen Trockenheit mit sich. Die gesuchte Station A muss also Durban sein.

Bei Station B liegen die Temperaturverhältnisse ähnlich. Auch hier wird im Januar mit 24,2 °C die höchste Temperatur erreicht, die niedrigsten Werte liegen im Juli bei 13,1 °C. Also liegt auch die Station B auf der Südhalbkugel. Die Jahresamplitude ist mit 9,1 °C ebenfalls relativ gering.
Etwas anders verläuft jedoch der Jahresgang der Niederschläge. Bei 769 mm Gesamtjahresniederschlag fallen mit 166 mm die höchsten Niederschläge im Juni, also im Südwinter. Die Südsommer sind dagegen mit 9 mm bzw. 10 mm im Dezember und Januar ausgesprochen trocken. Das alles deutet auf Etesienklima hin, das nur an den Westseiten der Kontinente vorkommt.

Die Station B stellt also Perth dar, das im Südsommer durch die randtropische Hochdruckzone kaum Niederschläge erhält. Im Südwinter herrschen hier dagegen die außertropischen Westwinde mit hohen Niederschlägen vor.

Deutlich andere Werte als die Stationen A und B weist die Station C auf. Sie hat mit 25,1 °C die höchste Jahresdurchschnittstemperatur. Fast alle Monate liegen über 20 °C. Die Jahresamplitude beträgt nur 8,4 °C. Damit muss sich die Station noch in den Tropen befinden. Das Temperaturmaximum wird im Mai/Juni erreicht. Station C muss deshalb auf der Nordhalbkugel liegen.
Der Jahresniederschlag ist mit 2 730 mm sehr hoch. Er fällt weit überragend in den Monaten Juni/Juli/August. Die Wintermonate sind dagegen recht trocken.
Chittagong hat ein ausgeprägtes Monsunklima mit sommerlich hohen Niederschlägen durch den Südwestmonsun sowie Trockenheit im Winter unter dem Einfluss des Nordostpassats. Station C ist also Chittagong zuzuordnen. (BE 12)

1.2 *Im ersten Teil Ihrer Antwort müssen Sie die wichtigsten plattentektonischen Phänomene in Indonesien beschreiben. Darauf aufbauend sollen Sie dann auf die Auswirkungen auf Mensch und Wirtschaft eingehen, indem sie positive und negative Folgen schildern.*

Die in Indonesien auftretenden plattentektonischen Phänomene sind Erdbeben, Seebeben, Vulkanismus und die Entstehung von Tiefseegräben sowie Faltengebirgen. Alle Erscheinungen haben dieselbe Ursache: Indonesien liegt an der Plattengrenze zwischen der ozeanischen Indisch-Australischen Platte und der kontinentalen Chinesischen Platte. Da sich die ozeanische unter die kontinentale Platte schiebt, entstehen in dieser Subduktionszone die geschilderten plattentektonischen Phänomene.
Die angeführten Naturphänomene und -katastrophen stellen eine Gefahr für den Menschen dar. Küstennahe Gebiete können von Tsunamis bedroht werden, was ihre Nutzbarkeit als Siedlungsfläche und für Tourismuszwecke einschränkt. Erdbeben- und Vulkangebiete, aber auch stark reliefierte Lagen sind nur beschränkt nutzbar. Andererseits sind es gerade die Regionen mit den fruchtbaren vulkanischen Böden, die die Bevölkerung anziehen. (BE 6)

2.1 *Anlage III.2 und Ihre eigenen Kenntnisse liefern Ihnen die notwendigen Informationen, um – differenziert nach Chancen und Risiken – die Bedeutung des Ölpalmenanbaus für Indonesien sinnvoll darstellen und bewerten zu können.*

Indonesien hat einen Anteil von 32 % an der Weltproduktion von Palmöl bei nur 16 % Anteil am Weltverbrauch (vgl. Anlage III.2 b). Daraus ist zu folgern, dass Palmöl für den Export Indonesiens eine wichtige Rolle spielt.
Indonesien profitiert davon, dass Palmöl sowohl als Nahrungsmittel als auch für die chemische Industrie verwendet werden kann. Es wird daher auf dem Weltmarkt stärker nachgefragt als seine Konkurrenten Soja-, Raps- und Sonnenblumenöl (vgl. Anlage III.2 a).
Die Produktion von Palmöl hat sich seit 1962 verzwanzigfacht. Zusätzlich positiv wirkt sich dabei aus, dass Ölpalmen eine hohe Flächenproduktivität haben: Weltweit nehmen Ölpalmen unter den vier wichtigsten Ölpflanzen einen Anteil an der Anbaufläche von 8 % ein, an der Produktion jedoch 33 % (vgl. Anlage III.2 c).

All diese günstigen Daten verhelfen Indonesien zu einer Steigerung der Einnahmen, insbesondere der Devisen, und zur Schaffung von Arbeitsplätzen im landwirtschaftlichen Sektor. Dabei darf man allerdings nicht vergessen, dass die Einnahmen aus der Palmölproduktion nicht konstant hoch sind, sondern den schwankenden Weltmarktpreisen und damit auch der Konkurrenz durch andere Länder und andere Ölpflanzen unterliegen.

Ölpalmen eignen sich hervorragend für Plantagenwirtschaft, werfen aber auch bei kleineren Anbauflächen genügend Rendite ab. Aufgrund der ganzjährigen Ernte ist beim Ölpalmenanbau nicht nur eine saisonale, sondern eine dauerhafte Beschäftigung gesichert. Allerdings besteht bei Monokulturen, die in der Regel über einen langen Zeitraum von bis zu 25 Jahren angelegt sind, ein hohes Risiko, ob die Preisgestaltung über so viele Jahre hinweg immer günstig bleibt.

Durch den zusätzlichen Anbau von Leguminosen, die um die Palmen herum eine geschlossene Bodenbedeckung bilden, kann der Anbau in Plantagen die Bodenfruchtbarkeit erhöhen und die Erosionsanfälligkeit verringern. Nicht nur das Öl, sondern auch die anfallende Biomasse kann in einer arbeitsintensiven Veredelungswirtschaft wie z. B. Zellstoff- oder Baustoffindustrie genutzt werden. Das erhöht die Einnahmen der Plantagen, muss allerdings zunächst mit hohen Investitionen bei unsicheren Erfolgsaussichten angeschoben werden.

Als negative Auswirkung des Ölpalmenanbaus muss erwähnt werden, dass die erhöhte Nachfrage nach Palmöl zu einer starken Ausdehnung der Anbauflächen geführt hat, die in bislang unberührte Gebiete reichen, dort die natürlichen Voraussetzungen verändern und die Ökosysteme zerstören. (BE 12)

2.2 *Aus dem Unterricht müssen Ihnen die Merkmale einer „klassischen" Plantage bekannt sein. Die Charakteristika der Ophir-Ölpalmenplantage können Sie der Anlage III.3 entnehmen. Ihre Aufgabe ist nun, die wesentlichen Gemeinsamkeiten und Unterschiede zu erkennen und vergleichend zu beschreiben.*

„Klassische" Plantagen wie auch die Ophir-Ölpalmenplantage zeichnen sich durch den großflächigen Anbau einer Plantagenfrucht in Monokultur, durch ausgeprägte Exportorientierung und das Vorhandensein eigener zentraler Einrichtungen (Schule, Klinik, Wohnungen) einschließlich Verarbeitungs- und Vermarktungsinstitutionen aus.

Über diese Gemeinsamkeiten hinaus weist die Ophir-Plantage jedoch einige Besonderheiten auf. Sie besteht aus einer Kernplantage, die einer staatlichen Gesellschaft gehört und von Lohnarbeitern bewirtschaftet wird, sowie einer sogenannten „Plasmafläche", die von Vertragsbauern bearbeitet wird. Diese Vertragsbauern wohnen entweder in Neuansiedlungen oder Altsiedlungen mit traditioneller kleinbäuerlicher Landwirtschaft innerhalb der Plasmafläche. Sie sind an der Gesamtverwaltung der Plantage beteiligt, nehmen an Fortbildungsmaßnahmen teil und sind in leistungsfähige, genossenschaftlich organisierte Bauerngruppen integriert. Auch können sie die infrastrukturellen Einrichtungen der Plantage nutzen.

Im wirtschaftlichen Ergebnis nach zehn Jahren übertrafen die Kleinbauern die Kernplantage und die anderen ländlichen Haushalte der Region erheblich. Sie wurden wohlhabender als die Arbeiter im Nukleus, erwarben z. T. weitere Landflächen außerhalb der Plantage oder zogen sogar in die Städte um und ließen ihre Parzellen von Lohnarbeitern bestellen. (BE 8)

3.1 *Sie sollen dem Text der Anlage III.4 die geforderten Elemente der vorgestellten Entwicklungsstrategie – untergliedert nach traditionellen und neuen Bestandteilen – entnehmen, um anschließend die positiven Effekte dieses Konzepts herauszustellen.*

Wie auch in traditionellen Entwicklungskonzepten üblich, vergibt die Grameen-Bank Kredite, um den Erwerb von Investitionsgütern zu ermöglichen. Damit soll dann, ganz im Sinne der klassischen Grundbedürfnisstrategie, die Herstellung von Produkten des täglichen Bedarfs erleichtert werden. Auf diese Weise können Bevölkerungsteile in den Wirtschaftskreislauf integriert werden, die Unternehmen gründen und neue Arbeitsplätze sowie Einkommensquellen schaffen. Damit geht die Entwicklung dann in eine wachstumsorientierte Strategie über.

Neu am Konzept der Grameen-Bank ist, dass sie Kredite ohne Einforderung von Sicherheiten auch an Menschen vergibt, die bisher nicht kreditwürdig waren. Die Bank konzentriert sich auf die Vergabe von Mikrokrediten und die Förderung kleiner, regionaler Märkte. Ihre Hauptkunden sind Frauen, die gegenseitig für den Kredit bürgen. Je nach Kreditnehmer und Zielsetzung werden die Zinsen unterschiedlich hoch berechnet, jedoch insgesamt nie über den Kreditbetrag hinausgehend.

Als positiven Effekt dieses Konzepts muss man vor allem die Förderung eines bisher nicht kreditwürdigen Personenkreises herausstellen. Dadurch ergeben sich neue Chancen, aus traditionellen Abhängigkeiten zu entkommen. Da die Kredite vor allem an die Landbevölkerung vergeben werden, steigt die Attraktivität ländlicher Regionen, was evtl. zu einem Abbau der Disparitäten und einer Abmilderung der Landflucht führen kann. Auf dem Land werden besonders Infrastruktur-Projekte und Vorhaben zur Nutzung erneuerbarer Energien unterstützt. Man versucht, verbesserte Lebensbedingungen bei weitgehender Schonung der natürlichen Ressourcen zu schaffen. Ein sehr willkommener Nebeneffekt ist, dass durch die Betreuung der Bank der Bildungsstand der Kreditnehmer steigt – sogar die Alphabetisierungsrate erhöht sich! –, was durch eigene Bankstipendien noch einmal deutlich verstärkt wird. (BE 11)

3.2 *Die komplexe Aufgabenstellung setzt sich aus zwei voneinander getrennten Teilfragen zusammen. Im ersten Teil Ihrer Lösung sollen Sie möglichst viele unterschiedliche Ursachen für die hohe Auslandsverschuldung von Entwicklungsländern anführen. Im zweiten Teil sind Sie dann aufgefordert, zu den Auswirkungen eines Schuldenerlasses Stellung zu beziehen. Um das leisten zu können, müssen Sie zunächst die wichtigsten Auswirkungen erkennen und beschreiben.*

Viele Entwicklungsländer sind deshalb so hoch verschuldet, weil sie aus dem Export ihrer Rohstoffe nicht genügend Devisen erwirtschaften können, um die teuren, dringend benötigten ausländischen Investitionsgüter bezahlen zu können. Dazu kommt noch, dass der Import des stark verteuerten Erdöls ebenfalls mit Devisen bezahlt werden muss. Intern sind weitere Ursachen erkennbar: Korruption, hohe Militärausgaben und unsinnige Prestigeobjekte vernichten einen großen Teil des erwirtschafteten Kapitals. Meist kommt auch noch Kapitalflucht auf ausländische Konten dazu.
Nimmt man all diese Faktoren zusammen, dann bleibt als Ausweg zur Devisenbeschaffung nur die Schuldenaufnahme im Ausland.

Wenn sich die G 8-Staaten darauf verständigt haben, den 18 ärmsten Ländern der Welt ihre Schulden zu erlassen, dann hoffen die G 8 natürlich darauf, dass für die armen Länder durch die Verringerung der Zinszahlungen neue Chancen entstehen, um sinnvolle Investitionen zu tätigen. Der Investitionsspielraum vergrößert sich; man könnte die Infrastruktur verbessern und das Sozial- und Gesundheitswesen ausbauen.

Allerdings ist eine gewisse Skepsis angebracht. Es besteht nach wie vor die Gefahr, dass durch Korruption ein großer Teil des zusätzlich vorhandenen Geldes abgeschöpft wird. Auch zu Fehlinvestitionen wird es weiterhin kommen, wenn der Schuldenerlass nicht an bestimmte Auflagen gekoppelt wird. Schließlich könnte die „geschenkte Entschuldung" dieser Länder sogar zur Abschreckung ausländischer Investoren führen, die deren Kreditwürdigkeit anzweifeln könnten. (BE 11)

Leistungskurs Erdkunde (Bayern): Abiturprüfung 2007 – Aufgabe IV: Die Wälder der Erde

1 Klima und Boden

1.1 Erläutern Sie das Zustandekommen der optimalen Wachstumszonen und Wachstumsphasen der Vegetation anhand der in Anlage IV.1 dargestellten thermischen und hygrischen Verhältnisse!

1.2 Stellen Sie die Ursachen für das in der Regel eingeschränkte ackerbauliche Potenzial der Böden im tropischen Regenwald und im borealen Nadelwald dar! (20 BE)

2 Nutzungswandel der Wälder

2.1 Beschreiben und erklären Sie die in Anlage IV.2 dargestellte Veränderung der weltweiten Waldbestände!

2.2 In den letzten Jahrzehnten wurden in den Tropen große Flächen in Holzplantagen umgewandelt.
Setzen Sie sich kritisch mit den Folgen dieser Entwicklung für die natürlichen Waldbestände und die Holzwirtschaft auseinander! (20 BE)

3 Waldentwicklung und Kohlenstoffhaushalt

3.1 Anlage IV.3 zeigt die Entwicklung der Kohlenstoffvorräte in Primärwäldern, Sekundärwäldern und Holzplantagen.
Erläutern Sie die jeweilige Entwicklung der Kohlenstoffvorräte, und beurteilen Sie davon ausgehend, inwieweit nach einer Abholzung des natürlichen Waldbestandes Wiederaufforstungen und die Anlage von Holzplantagen den Anstieg des CO_2-Gehalts der Atmosphäre dauerhaft beeinflussen können!

3.2 Wissenschaftliche Studien prognostizieren unter der Annahme eines weiteren Anstiegs des CO_2-Anteils in der Atmosphäre einen erheblichen Rückgang der globalen Waldflächen bei veränderter regionaler Verteilung.
Erklären Sie diesen Zusammenhang in Grundzügen und bewerten Sie die Aussagekraft derartiger Prognosen! (20 BE)

(60 BE)

Anlage IV.1: Thermische und hygrische Verhältnisse und die daraus resultierenden optimalen Wachstumszonen und Wachstumsphasen der Vegetation in verschiedenen Breiten- und Höhenlagen, bezogen auf die Westseiten der Kontinente

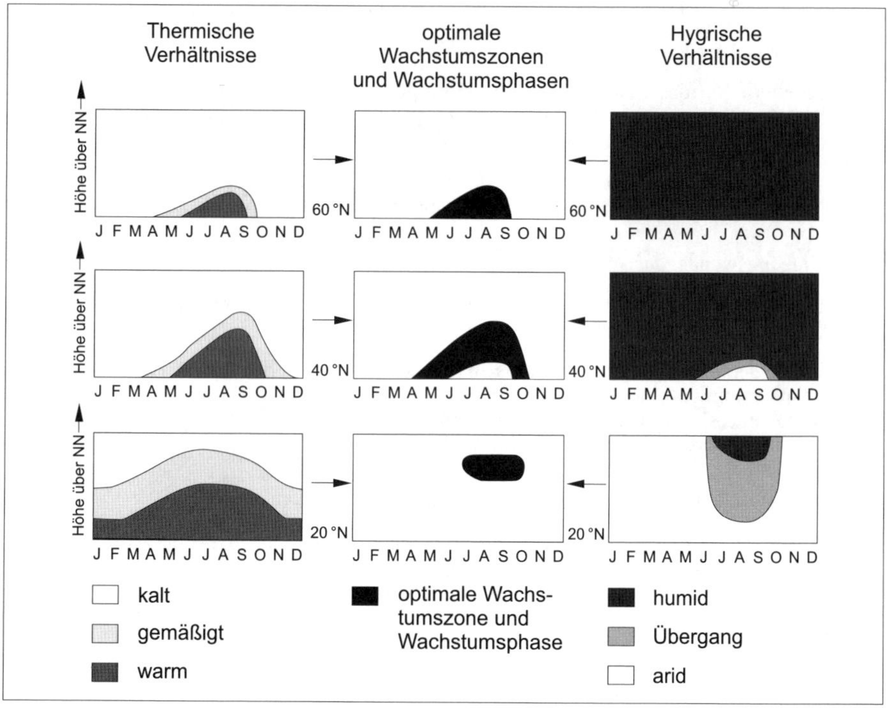

Anlage IV.2: Veränderung der Waldbestände in den Tropen und Außertropen von 1990 bis 2000 (Angaben in Mio. ha)

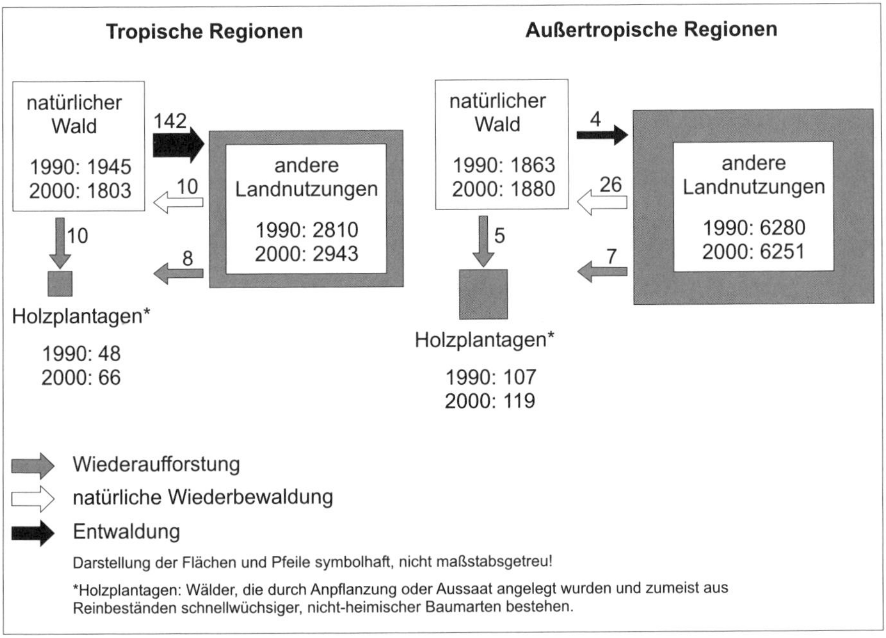

Anlage IV.3: Schematische Darstellung der Kohlenstoffvorräte in der oberirdischen Biomasse und im Humus von ungenutzten Primärwäldern, forstwirtschaftlich genutzten Sekundärwäldern und von Holzplantagen

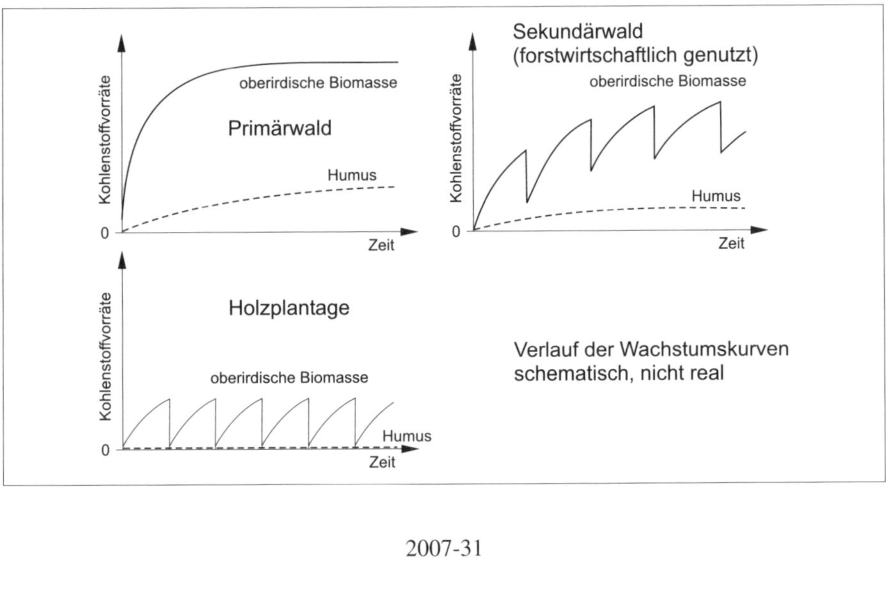

Quellenverzeichnis

Wissenschaftlicher Beirat der Bundesregierung Globale Umweltveränderungen: Die Anrechnung biologischer Senken im Kyoto-Protokoll: Fortschritt oder Rückschlag für den globalen Klimaschutz? Sondergutachten 1998. Bremerhaven 1998, S. 34, verändert (Anlage IV.3)

Klohn, W. u. Windhorst, H.-W.: Strukturen der Wald- und Forstwirtschaft. Vechta 2002, S. 69, verändert (Anlage IV.2)

Kuttler, W. u. Zmarsly, E.: Natürlicher und anthropogener Treibhauseffekt – Ursachen und Auswirkungen. In: Petermanns Geographische Mitteilungen 4/2000, S. 12

Richter, M.: Vegetationszonen der Erde. Gotha 2001, S. 13, verändert (Anlage IV.1)

Lösungsvorschlag

1.1 *Die zur Beantwortung dieser Teilaufgabe notwendigen Grundinformationen erhalten Sie aus der Interpretation der Anlage IV.1. Sie müssen darüber hinaus aber auch die Verteilung der optimalen Wachstumszonen und -phasen auf der Grundlage von Unterrichts- und Hintergrundwissen erklären können.*

Anlage IV.1 enthält eine Darstellung der thermischen und hygrischen Verhältnisse auf der Westseite der Kontinente in den Breitenlagen 20 °N, 40 °N und 60 °N sowie deren Ausprägung in verschiedenen, nicht genauer definierten Höhenlagen. Als Resultat ergeben sich für jede Breitenlage die optimalen Wachstumszonen und Wachstumsphasen.

Der obere Teil der Anlage, der die Verhältnisse bei 60 °N zeigt, weist auf ganzjährige Humidität in jeder Höhenlage hin. Grund sind die außertropischen Westwinde. Die Temperatur steigt in den Sommermonaten nur soweit an, dass sie bis in relativ niedrige Höhenlagen als „warm“ bezeichnet werden kann. Ab dieser Höhengrenze und außerhalb der Sommermonate ist es kalt.
Die optimalen Wachstumszonen und -phasen entsprechen ziemlich genau den thermischen Verhältnissen. Die Vegetationsperiode beschränkt sich auf Zeiten und Höhenlagen, in denen es einigermaßen warm ist.

Im mittleren Teil der Anlage werden die Bedingungen bei 40 °N dargestellt. Wieder sind die hygrischen Verhältnisse wegen der regenbringenden Westwinde fast vollständig humid, nur in den Sommermonaten entsteht in niedriger Höhenlage ein kurzer arider Zeitraum aufgrund des Subtropenhochs. Die warmen Zeiten reichen entsprechend der Breitenlage etwa von April bis Oktober und erstrecken sich bis in viel größere Höhen als im oberen Teil der Anlage. Entsprechend sind die Wachstumszonen und -phasen viel ausgedehnter. Sie reichen von Anfang April bis Ende Oktober und erstrecken sich gemäß den thermischen Verhältnissen bis in größere Höhen. Lediglich von Anfang Juni bis Ende September ist aufgrund der Aridität in niedrigen Höhenlagen das Wachstum nicht optimal.

Der untere Teil der Anlage beschreibt die Verhältnisse in der Nähe des nördlichen Wendekreises bei 20 °N. Hier ist es aufgrund des vorherrschenden Hochdruckgebietes fast das ganze Jahr über in jeder Höhenlage arid. Lediglich in den Monaten Juli bis September entwickelt sich in großer Höhe eine kurze humide Phase, bedingt durch Zenitalregen und die dort relativ geringen Temperaturen. Nach thermischen Aspekten ist es in tieferen Lagen das ganze Jahr über warm, in den Sommermonaten erreicht die Wärme auch höhere Regionen. Die das Wachstum limitierenden Faktoren sind hier Trockenheit und Hitze. Daher erstrecken sich die optimalen Wachstumszonen und -phasen auf Höhenlagen im Zeitraum von Juni bis Oktober.

Insgesamt kann man also sagen, dass die optimalen Wachstumszonen und -phasen ein Ergebnis des Zusammenwirkens von Feuchtigkeits- und Wärmeangebot darstellen. (BE 12)

1.2 *Die Teilaufgabe zielt auf eine vergleichende Betrachtung ab. Sie sollen diejenigen Gründe einander gegenüberstellen, die das ackerbauliche Potenzial der Böden im typischen Regenwald und im borealen Nadelwald entscheidend beeinträchtigen.*

Die Böden im Bereich des tropischen Regenwaldes sind meist tiefgründig verwitterte Latosole, die nährstoffarm und durch die hohen Temperaturen, die starken Niederschläge und die daraus erfolgende intensive chemische Verwitterung stark ausgewaschen sind. Da durch den hohen Anteil an Zweischichttonmineralen mit geringer Nährstoffaustauschkapazität leistungsfähige Nährstoffspeicher fehlen, wird die Humusschicht rasch abgebaut. Der Nährstoffkreislauf ist sehr kurz. Der Regenwald lebt quasi von seiner eigenen Biomasse, in der die meisten Nährstoffe gebunden sind, und nicht aus dem Boden. Fehlt der Nachschub an Biomasse, degradiert der Boden sehr rasch. Außerdem ist er beim Fehlen der schützenden Vegetation sehr erosionsgefährdet. Seine Nutzbarkeit ist insgesamt als stark eingeschränkt zu bewerten.

Im borealen Nadelwald herrschen Podsolböden vor, die durch Auswaschung und Bleichung sauer und sehr nährstoffarm sind. Sie werden auch als Bleicherden bezeichnet. Der vom Nadelwald gelieferte Rohhumus wird wegen der niedrigen Temperaturen nur langsam abgebaut und ist daher relativ mächtig. Bei ganzjährig vorherrschender Humidität werden die oberen Bodenhorizonte stark ausgewaschen. Durch den abwärts gerichteten Bodenwasserstrom werden freigesetzte Metallionen und organische Stoffe in tiefere Bodenbereiche verlagert. Dabei kann es durch Verhärtung zur sogenannten „Ortsteinbildung" kommen, die das Pflanzenwachstum stark beeinträchtigt. Bei Staunässe, z. B. im Bereich des Permafrosts, bilden sich in Senken auch vernässte Gleyböden. Die Nutzbarkeit ist insgesamt sehr eingeschränkt. (BE 8)

2.1 *Sie können sich bei dieser Teilaufgabe zunächst darauf beschränken, die in Anlage IV.2 enthaltenen Veränderungen gegliedert darzustellen. Dann müssen Sie allerdings die Ursachen erkennen und ansprechen, die für diese Veränderungen verantwortlich sind.*

In den tropischen Regionen haben die natürlichen Waldbestände von 1990–2000 um 142 Mio. ha abgenommen. Diese Flächen wurden anderen Landnutzungsformen zugeführt. Darüber hinaus wurden durch Wiederaufforstung 10 Mio. ha in Holzplantagen umgewandelt. Diese Fläche wurde aber durch natürliche Wiederbewaldung aus anderen Landnutzungsflächen kompensiert. Die Holzplantagen wurden durch Wiederaufforstung anderer Landnutzungsflächen um weitere 8 Mio. ha ausgeweitet.
Diese Entwicklung ist auf das rasche Bevölkerungswachstum und den damit stark steigenden Bedarf an Brenn- und Bauholz sowie an Ackerland zurückzuführen. Da die tropischen Böden bei ackerbaulicher Nutzung rasch degradieren, mussten immer neue Flächen durch Brandrodung erschlossen werden. Außerdem wurden große Flächen entwaldet, um Edelhölzer und Bodenschätze für den Export zu gewinnen.

Die Veränderung der Waldbestände in den Außertropen verlief anders. Der natürliche Wald nahm von 1990–2000 durch Entwaldung nur um 4 Mio. ha ab. Dem steht eine Zunahme von 26 Mio. ha durch natürliche Wiederbewaldung gegenüber. 5 Mio. ha des natürlichen Waldes und 7 Mio. ha aus anderen Landnutzungen wurden in Holzplantagen umgewandelt. Daraus ergibt sich insgesamt eine Zunahme des natürlichen Waldes um 17 Mio. ha.

Erklären lässt sich diese Entwicklung durch die großflächige Aufgabe unrentabler landwirtschaftlicher Flächen und die relativ geringen Waldverluste durch den Ausbau von Infrastruktur und Siedlungen. Die Flächen der Holzplantagen sind mit 119 Mio. ha sehr viel größer als in den Tropen (66 Mio. ha), was zur Schonung der natürlichen Wälder beigetragen hat. (BE 10)

2.2 *Sie sollten bei der Beantwortung dieser Frage besonderen Wert darauf legen, neben den positiven Folgen vor allem auch auf die negativen Konsequenzen hinzuweisen. Erst die Berücksichtigung beider Seiten erlaubt die geforderte begründete Bewertung der angesprochenen Entwicklung.*

Holzplantagen bestehen laut Definition in Anlage IV.2 aus Wäldern, die durch Anpflanzung oder Aussaat angelegt wurden und zumeist aus Reinbeständen schnellwüchsiger, nichtheimischer Baumarten bestehen.
Damit wird bereits deutlich, dass Holzplantagen zwar eine steigende Nachfrage nach Bau- oder Brennholz befriedigen können, nicht aber die Möglichkeit haben, Edelhölzer zu produzieren, da diese eine viel zu lange Wachstumsdauer haben. Daher können Holzplantagen über den Ertrag ihrer schnellwüchsigen Baumarten nur einen Beitrag zur Schonung der natürlichen Wälder leisten, den Einschlag insgesamt aber nur teilweise einschränken.

Ein Vorteil der Holzplantagen gegenüber anderen Nutzungsformen wie Ackerland besteht darin, dass sie Bodenerosion und Auslaugung entgegenwirken. Eine langfristige Bodendegradation kann aber beim einseitigen Anbau von Monokulturen nicht vermieden werden. Darüber hinaus sind diese Reinbestände oft verstärktem Schädlingsbefall ausgesetzt.
Schließlich ist die Aussaat der meist ausländischen Baumarten an ganz bestimmte Voraussetzungen des Bodens, des Reliefs und des Klimas gebunden, sodass die Anlage von Holzplantagen regional sehr eingeschränkt ist und nur begrenzt ökologisch positive Auswirkungen entfaltet. (BE 10)

3.1 *Diese Teilaufgabe ist vielschichtig. Sie sollen zuerst die drei Darstellungen der Anlage IV.3 detailliert beschreiben, die erkennbaren Entwicklungen erklären und begründen. Schließlich ist eine persönliche Bewertung gefordert, inwieweit diese Veränderungen den CO_2-Gehalt der Atmosphäre beeinflussen können.*

Die Kohlenstoffvorräte in der oberirdischen Biomasse von Primärwäldern steigen bei ungestörtem Wachstum des Waldes rasch auf ein hohes Niveau an und behalten das Niveau dieser „Obergrenze“ kontinuierlich bei. Ist dann ein Gleichgewichtszustand zwischen CO_2-Aufnahme und -Abgabe erreicht, so bleibt dieser langfristig bestehen.
Im Humus der ungenutzten Primärwälder verzögert sich die Kohlenstoffanreicherung aufgrund der Umwandlung der Biomasse. Hier wird knapp ein Drittel der Kohlenstoffvorräte der oberirdischen Biomasse erreicht.

Bei den forstwirtschaftlich genutzten Sekundärwäldern geht der Aufbau der Kohlenstoffvorräte langsamer vor sich. Er verläuft auch nicht stetig bis zu einer Obergrenze, sondern wird durch die regelmäßige Teilentnahme von oberirdischer Biomasse in gleichen Zeitabschnitten immer wieder reduziert. So nähert sich zwar die Spitze in jeder Phase etwas mehr der theoretischen Obergrenze an, wird aber dann gleich wieder durch die forstwirtschaftliche Nutzung vermindert. Der Kohlenstoffaufbau im Humus erreicht dadurch nur ein niedriges Niveau.

Bei Holzplantagen, die auf schnelle Nutzung angelegt sind, kommt es dementsprechend nur zu einem kurzzeitigen Aufbau von geringeren Kohlenstoffvorräten. Nach sehr kurzen Zeitabschnitten wird das nachgewachsene Holz jeweils wieder genutzt. Damit werden jedes Mal die niedrigen Kohlenstoffvorräte, die sich bilden konnten, auf Null zurückgeführt. Die nächste Phase beginnt wieder bei Null und wird nach kurzer Zeit und geringem Aufbau wieder beendet. Kohlenstoffvorräte im Humus können sich dabei kaum bilden.

Wie die obigen Ausführungen zeigen, können weder Wiederaufforstungen noch Holzplantagen die Speicherkapazität des Primärwaldes erreichen. Dennoch können auch im Sekundärwald, unterbrochen von Schwankungen durch die regelmäßige Holzentnahme, langfristig ansteigend größere Kohlenstoffvorräte gebunden werden. Auch die im Humus vorhandene geringere Anreicherung trägt dazu bei.

In den Holzplantagen ist langfristig kein Anstieg der Kohlenstoffbindung zu erkennen. Die relativ geringe Anreicherung in der Wachstumsphase wird kurzfristig immer wieder auf Null reduziert. Daher können Holzplantagen keinen dauerhaften Beitrag zur Senkung des CO_2-Gehaltes in der Atmosphäre leisten, zumal auch im Humus keine CO_2-Bindung entsteht.
Bedenken muss man allerdings bei der Bewertung aller Formen von Kohlenstofflagerung in der Biomasse, dass bei Verbrennung oder Verrottung des Holzes letztendlich der Kohlenstoff wieder freigesetzt und somit klimawirksam wird. (BE 10)

3.2 *Sie werden hier zu zwei Aussagen aufgefordert. Erstens sollen Sie in knapper Form den prognostizierten Zusammenhang zwischen steigendem CO_2-Gehalt in der Atmosphäre und global schrumpfenden Waldflächen beschreiben. Zum Zweiten müssen Sie kritisch Stellung dazu beziehen, ob Sie diesen pauschalen Zusammenhang überhaupt für richtig halten.*

Eine weitere Zunahme des CO_2-Anteils in der Atmosphäre wird vermutlich einen Anstieg der globalen Mitteltemperatur zur Folge haben. Dadurch werden sich die Temperaturzonen der Erde verschieben.

In den polaren Bereichen bewirkt eine Temperaturzunahme die Verschiebung der Waldgrenze in die Tundrenzone hinein, d. h., die Waldflächen in den höheren Breiten werden voraussichtlich zunehmen. Die Vegetationsperiode wird sich dort verlängern und die stärkere Erwärmung kann zu höheren Niederschlägen führen.
In den Randbereichen der Steppen und Savannen der niederen Breiten dagegen wird bei einer Temperaturerhöhung die Aridität zunehmen. Dadurch werden hier die Waldflächen zugunsten der Steppen zurückgehen.

Welcher der beiden Effekte nun global gesehen überwiegen wird, ist sehr schwer vorherzusagen. Regionale, sogar lokale Einflüsse können hier einwirken und die Berechnung der Temperaturentwicklung und damit der Waldentwicklung beeinflussen. Die Datengrundlage ist noch nicht detailliert genug und die kausalen Zusammenhänge vieler klimawirksamer Faktoren sind so komplex, dass eine Pauschalaussage wie „erheblicher Rückgang der globalen Waldflächen“ sehr gewagt erscheint. Man kann viele Rückkoppelungseffekte nur schwer vorhersagen, das Wachstumsverhalten verschiedener Pflanzenarten bei steigendem CO_2-Angebot ist kaum erforscht und auch die jahreszeitliche Niederschlagsentwicklung bei veränderten Bedingungen ist sehr unsicher.

Prinzipiell müsste bei solchen Prognosen, wenn sie exakte Aussagen machen wollen, vorab der Begriff „Wald“ eindeutig geklärt werden (Versteht man darunter nur geschlossene Baumbestände? Was alles wird zu Baumbeständen gerechnet? Was ist mit Waldtundra oder Waldsteppe?)
Die Prognose knüpft also mit Sicherheit an wissenschaftlich belegte Sachverhalte an, dürfte aber in ihrer pauschalen Gesamtaussage noch durch manche neuen detaillierten Erkenntnisse modifiziert werden. (BE 10)

Leistungskurs Geographie (Bayern): Abiturprüfung 2008 – Aufgabe I
Der Alpenraum

1 Naturraum

1.1 Beschreiben Sie die in Anlage I.1 erkennbare Entwicklung der Fläche des österreichischen Gletschers Vernagtferner (10° 49' O/46° 52' N)!
Zeigen Sie auf, wie sich diese für die Mehrheit der Alpengletscher typische Entwicklung kurz- und langfristig auf den Wasserhaushalt und die Wasserwirtschaft im Alpenraum auswirkt!

1.2 Anlage I.2 zeigt zwei durch den Menschen nicht beeinflusste Bodenprofile vom Nord- und Südhang eines Berges in den Schweizer Zentralalpen in 1 900 Metern Höhe über dem Meeresspiegel.
Erklären Sie die Unterschiede! (20 BE)

2 Landwirtschaft

2.1 Anlage I.3 zeigt die Landnutzung auf verschiedenen Höhenstufen der Region „Innsbruck Land".
Erläutern Sie die wesentlichen Veränderungen!

2.2 Begründen Sie die in Anlage I.4 dargestellten unterschiedlichen Anteile der Biobetriebe in Österreich! (20 BE)

3 Tourismus

3.1 Arbeiten Sie aus Anlage I.5 die für den Tourismus in den Bundesländern Österreichs charakteristischen Saisonverläufe heraus und erklären Sie diese!

3.2 Legen Sie die Ursachen für die in Anlage I.6 ablesbare Entwicklung der Übernachtungszahlen in Österreich dar!
Setzen Sie sich mit der These auseinander, dass die Zukunft des österreichischen Fremdenverkehrs im Winter liege! (20 BE)

(60 BE)

Anlage I.1: Entwicklung des Gletschers Vernagtferner seit 1965

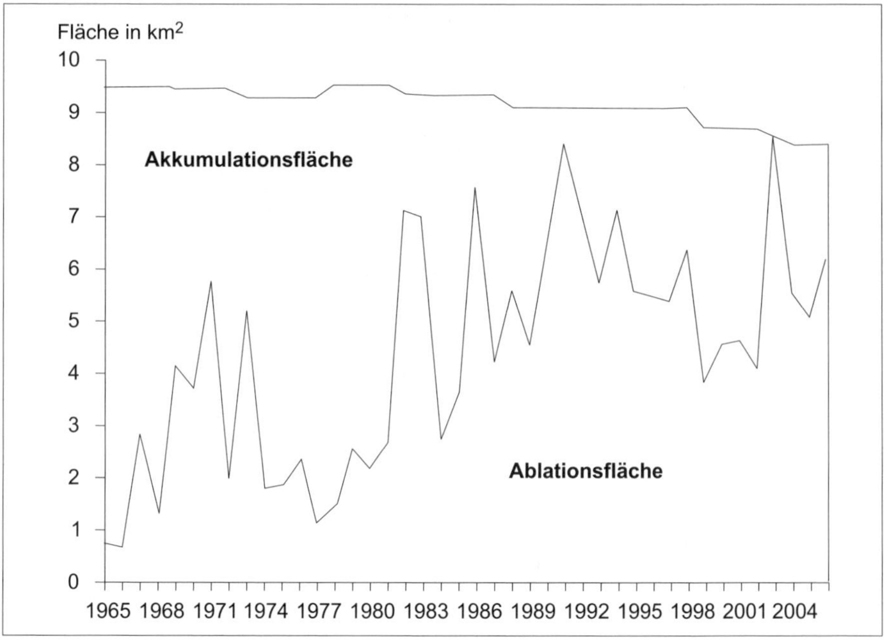

Anlage I.2: Bodenprofile aus den Schweizer Zentralalpen in 1 900 m ü. NN

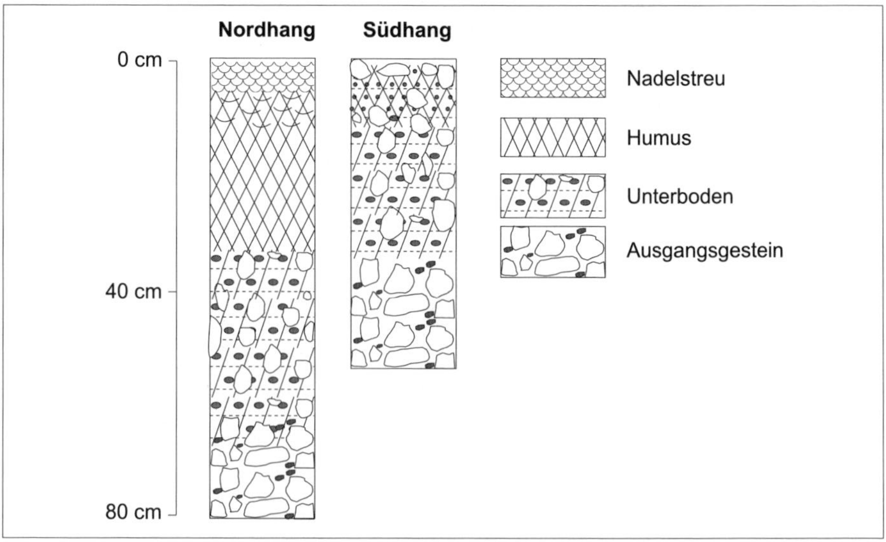

Anlage I.3: Entwicklung der Landnutzung auf verschiedenen Höhenstufen der Region „Innsbruck Land“

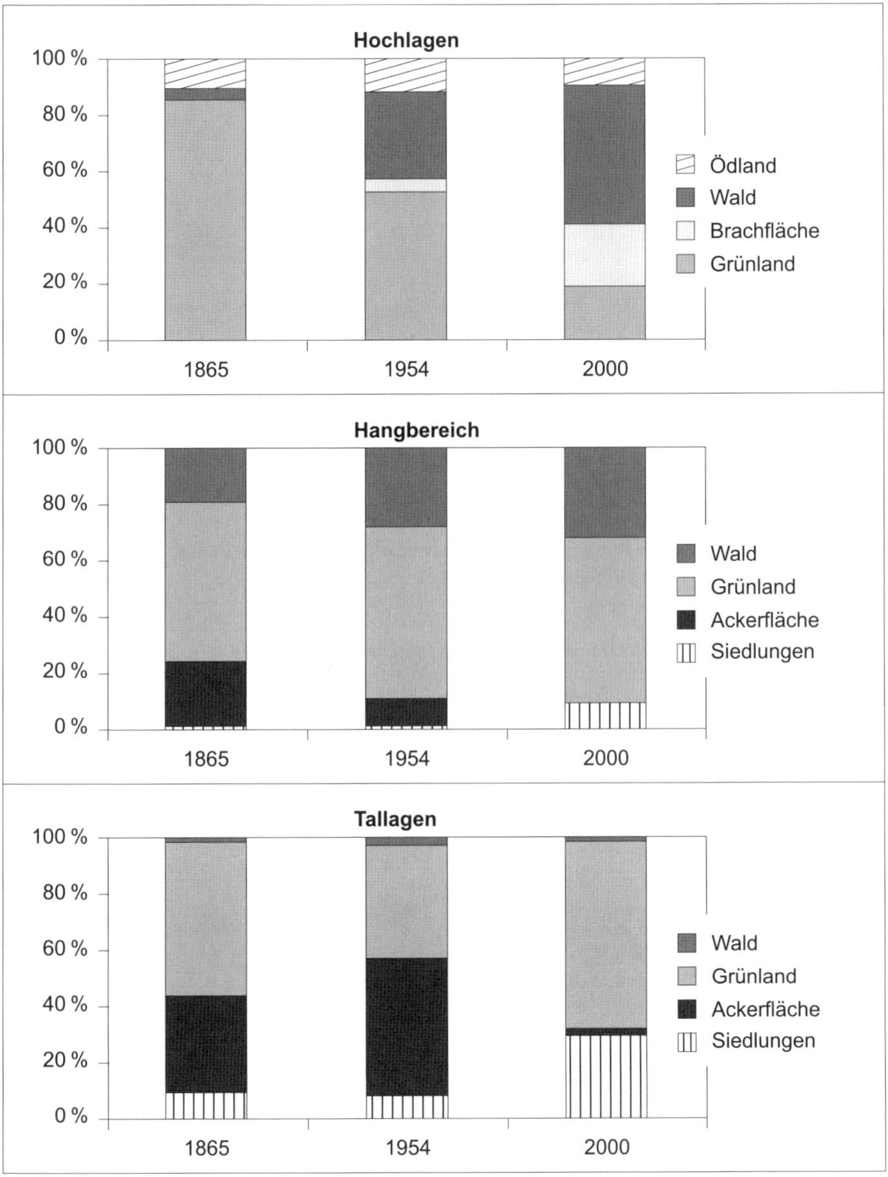

Anlage I.4: Landwirtschaft in Österreich – Anteil der Biobetriebe an der Gesamtzahl der landwirtschaftlichen Betriebe (Erhebung auf Bezirksebene 1999/2000; Bezirke zusammengefasst)

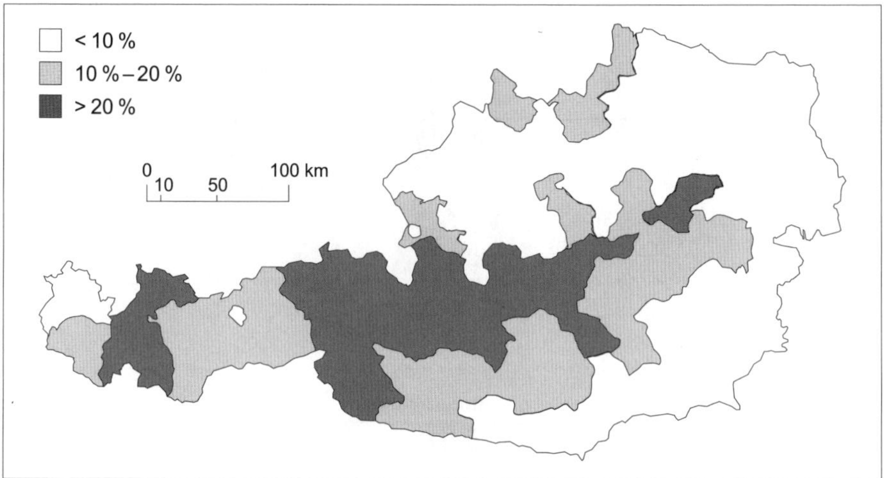

Anlage I.5: Tourismus in Österreich – Jahresgang der Übernachtungszahlen in den Bundesländern (1997)

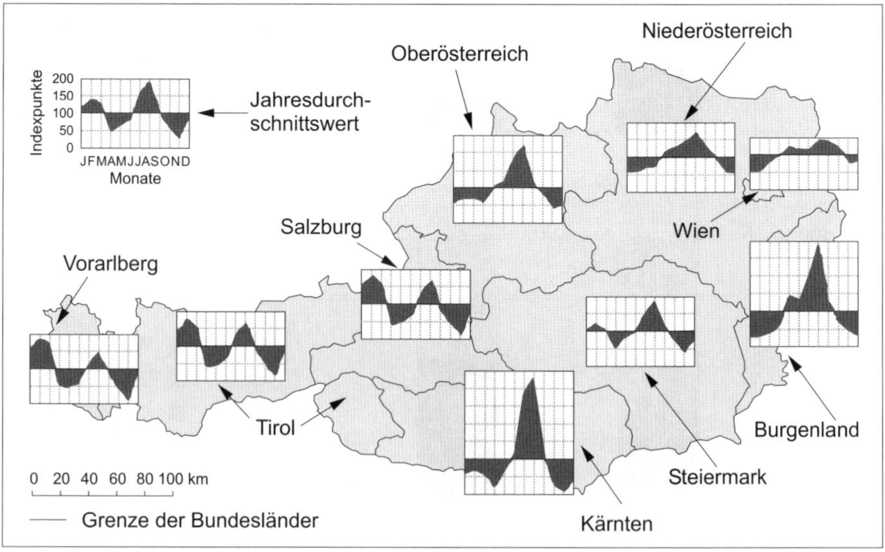

Anlage I.6: Tourismus in Österreich – Übernachtungszahlen (in Mio.)

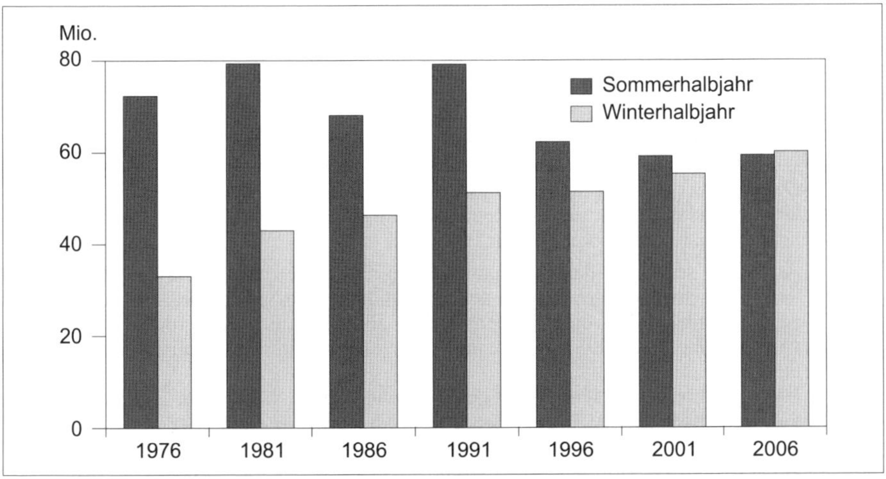

Quellenverzeichnis

http://de.wikipedia.org/wiki/Bild:VernagtfernerAreaSince1965.png, lizenziert unter der GNU free Documentation Licence Version 1.2 oder später (Anlage I.1)

www.geo.unizh.ch/bodenkunde/Figuren/fig32.html (Anlage I.2)

Tappeiner, Ulrike/Tasser, Erich/Leitinger, Georg/Tappeiner, Gottfried: Landnutzung in den Alpen: historische Entwicklung und zukünftige Szenarien. In: Psenner, Roland u. Lackner, Reinhold (Hrsg.): Die Alpen im Jahr 2020. Innsbruck 2006, S. 23ff. (verändert) (Anlage I.3)

Kirner, L./Eder, M. u. Schneeberger W.: Strukturelle Merkmale der Biobetriebe 2000 in Österreich – Vergleich zu den konventionellen Betrieben im Invekos und der Agrarstrukturerhebung. In: Ländlicher Raum 1/2002, S. 2 verändert (Anlage I.4)

Jülg, Felix: Österreich. Zentrum & Peripherie im Herzen Europas. Klett – Perthes: Gotha 2001, S. 163 (verändert) (Anlage I.5)

www.statistik.at/web-de/statistiken/tourismus/beherbergung/ankuenfte-naechtigungen/023570.html (verändert) (Anlage I.6)

Lösungsvorschlag

1.1 *Es geht hier zunächst um die Darstellung der in der Anlage I.1 enthaltenen Flächenentwicklung eines Gletschers. Danach sollen Sie die Auswirkungen herausarbeiten, die die erkannte Entwicklung auf die Wasserverhältnisse des Alpenraums hat.*

Die Gesamtfläche des Vernagtferners ist von 1965 bis 2005 langsam zurückgegangen von etwa 9,5 km^2 km auf 8,5 km^2. Gleichzeitig hat sich auch das Eisvolumen reduziert. Diese Entwicklung verlief nicht gleichmäßig, sondern in Phasen. Um 1978 wuchs die Gesamtfläche des Gletschers sogar kurzzeitig an. Insbesondere in den letzten Jahren lässt sich aber ein schnellerer Rückgang feststellen.

Anlage I.1 zeigt das Gletschernähr- und das Zehrgebiet. Auffallend sind dabei die jährlich stark schwankenden Anteile der Akkumulations- bzw. Ablationsflächen. Erkennbar ist die Tendenz, dass die Ablationsflächen allmählich größer werden. Ein Extremwert wird im Jahr 2002/2003 erreicht, in dem praktisch keine Akkumulationsfläche vorhanden war.
1965 gehörten noch über 90 % des Gletschers zum Nährgebiet. Dieses hat sich mit Schwankungen bis 1970 auf etwa 50 % reduziert, um dann wieder auf 80 % (1977) anzuwachsen. Von da an nahmen die Ablationsflächen, wieder mit großen Schwankungen, bis 1992 auf etwa 80 % zu. Die letzte Phase bis 2005 bringt, mit Ausnahme der erwähnten Sondersituation 2002/2003, ein allmähliches Einpendeln der Ablationsfläche auf etwa 60 %.

Kurzfristig bedeutet die Entwicklung, dass die Niederschläge in geringerem Maße als Eis im Hochgebirge gebunden werden. Dadurch reduziert sich die Pufferwirkung, die dafür sorgt, dass ein relativ gleichmäßiger Wasserabfluss stattfindet. Stattdessen unterliegen die Niederschläge größeren Schwankungen und fließen ungebremster ab, was sich auf die Wasserführung der Fließgewässer auswirkt. Diese wird dadurch unterschiedlicher. Es wird eine Zunahme von Hochwasserereignissen geben, aber auch Zeiten, in denen die Wasserführung sehr gering ist. Längerfristige Vorhersagen und eine kontinuierliche Wasserführung der durch die Gletscher gespeisten Flüsse sind kaum mehr möglich.
Längerfristig wirkt sich besonders der Verlust der Eismassen aus. Die Gletscher verlieren zunehmend ihre Bedeutung als Süßwasserspeicher. Es bedarf eines großen Aufwandes an Überleitungen, Rohrverbindungen u. ä., um auch künftig genügend Trink- und Brauchwasser bereitstellen zu können. Besonders betroffen werden die Speicherkraftwerke sein, die vom Nachschub durch die Alpenflüsse abhängig sind. In der Folge können Probleme auf dem Gebiet der Bewässerung und Versorgung von Industrie sowie von Haushalten entstehen. (BE 10)

1.2 *Sie werden aufgefordert, zwei in der Anlage dargestellte Bodenprofile miteinander zu vergleichen sowie die wesentlichen Unterschiede herauszustellen und zu erläutern.*

Das Nordhang-Profil erstreckt sich über 80 cm Mächtigkeit. Es besteht in den unteren 45 cm aus Ausgangsgestein und Unterboden. Darüber hat sich eine etwa 25 cm dicke Humusschicht gebildet, die in den obersten 10 cm von Nadelstreu bedeckt wird. Das Südhang-Profil ist dagegen mit ca. 55 cm deutlich weniger mächtig. Das Ausgangsgestein, das die untersten 20 cm dominiert, reicht in Teilen bis an die Oberfläche. Die Unterbodenschicht beträgt ebenfalls etwa 20 cm. Eine reine Humusschicht und die Nadelstreu fehlen vollständig.

Damit haben sich die beiden Bodenprofile je nach Exposition der Hänge deutlich unterschiedlich entwickelt. Der Südhang hat offensichtlich kaum Vegetationsbedeckung.

Vermutlich sind größere Trockenheit, intensivere Sonneneinstrahlung und höhere Verdunstung die Gründe. Als Folge davon hat sich keine Humusschicht bilden können. Die Verwitterung ist nur oberflächlich, da die Durchfeuchtung des Bodens minimal bleibt. Die geringere Bodenmächtigkeit lässt sich darüber hinaus durch stärkere Erosion wegen der fehlenden Vegetationsdecke erklären.
Der Nordhang weist dagegen eine dichte Vegetation auf, die zu einer ausgeprägten Humusschicht geführt hat. Die Vegetation sorgt auch dafür, dass der Boden gut durchfeuchtet wird. Die Verdunstung bleibt gering, die Sonneneinstrahlung ist nicht besonders intensiv. Damit erreichen die Bodenbildungsprozesse größere Tiefen, es entwickelt sich ein bis zu 80 cm dickes Bodenprofil. Da der Boden gut durchwurzelt ist, ist er vor Erosion weitgehend geschützt. (BE 10)

2.1 *Auch diese Aufgabe bezieht sich auf ein vorgegebenes Material (Anlage I.3), das die Nutzung verschiedener Höhenstufen zu bestimmten Zeitpunkten darstellt. Ihre Aufgabe ist es, die wesentlichen Veränderungen zu erkennen und zu verdeutlichen.*

Die Hochlagen der Region „Innsbruck Land" wurden ursprünglich (1865) zu über 80 % als Grünland genutzt. Der Rest verteilte sich auf etwas Wald und Ödland. Während der Grünlandanteil kontinuierlich bis 2000 auf etwa 20 % sank, wuchs der Waldanteil im gleichen Zeitraum auf über 40 %. Neu entwickelten sich die Brachflächen, die 1954 bereits erkennbar waren und 2000 einen Anteil von etwa 20 % erreichten. Diese Entwicklung zeigt, dass auf den Hochweiden die Milchviehhaltung an Bedeutung verlor, da sie dort nicht wirtschaftlich betrieben werden konnte. Sie wurde in niedriger gelegene Gebiete verlagert, in denen Milchwirtschaft rationeller und kostengünstiger betrieben werden konnte.

Auch die Hangbereiche wurden 1865 von der Grünlandwirtschaft zu etwa 60 % dominiert. Dazu kamen noch etwa 20 % Wald sowie in den unteren Hanglagen Ackerflächen und in sehr geringem Umfang Siedlungen. Während die Grünlandwirtschaft, die sich an die klimatischen Bedingungen der Hangbereiche angepasst hatte, ihren Flächenanteil bis 2000 etwa beibehielt, nahm der Waldanteil deutlich auf etwa 30 % zu.
Die Siedlungsflächen dehnten sich immer weiter aus und erreichten im Jahr 2000 bereits etwa 10 %. Dagegen wurde der Ackerbau stark reduziert und war 2000 fast völlig verschwunden, da er in diesen Hanglagen wenig ertragreich und fast nur auf Subsistenz ausgerichtet war. An seine Stelle traten neue Erwerbsmöglichkeiten im Tourismus.

In den Tallagen nahmen zunächst die Ackerflächen etwa von 30 % (1865) auf 50 % (1954) zu. Entsprechend gegenläufig war die Entwicklung bei der Grünlandwirtschaft, die von 55 % (1865) auf 40 % (1954) abnahm. Man musste in dieser Zeit den steigenden Bedarf an Lebensmitteln weitgehend aus der Region decken, da überregionale Marktbeziehungen kaum entwickelt waren. Der Anteil an Siedlungen blieb konstant bei etwa 10 %.
Nach 1954 veränderte sich die Landnutzung in den Tallagen deutlich. Die Ackerflächen nahmen auf ein Minimum ab. Stattdessen dehnten sich die Siedlungsflächen stark aus. Im Jahr 2000 dominierte die Grünlandwirtschaft, die über 60 % der Fläche einnahm. Die Landwirtschaft konzentrierte sich in den günstigen Lagen und wurde nicht mehr in Subsistenzwirtschaft, sondern zur Versorgung überregionaler Märkte betrieben. Lokale und regionale Absatzmärkte entstanden, die für den Tourismus wichtige Infrastruktur wurde verbessert und die Abnahmemöglichkeiten für Milchprodukte stiegen. Der Alpenraum selbst wurde zum wichtigen Absatzgebiet, aber auch darüber hinaus ergaben sich zusätzliche Vermarktungschancen. (BE 10)

2.2 *Im ersten Teil Ihrer Antwort sollten Sie die regionale Verteilung der unterschiedlichen Anteile der Biobetriebe beschreiben und dann erst Gründe für die Verteilung angeben.*

Der höchste Anteil der Biobetriebe mit über 20 % liegt im Bereich des Alpenhauptkammes. Hier sind die natürlichen Bedingungen für die Landwirtschaft sehr ungünstig und die Bauern müssen versuchen, über das Angebot besonderer Produkte konkurrenzfähig zu bleiben. Die geringe Rentabilität der traditionellen bergbauerlichen Wirtschaftsweise wird durch qualitativ hochwertige Produkte kompensiert. Die Landwirte profitieren von hohen Subventionszahlungen und können relativ problemlos auf Bioproduktion umsteigen, da der Mehraufwand vergleichsweise gering ist. Hilfreich ist, dass die Nachfrage nach Nahrungsmitteln aus bergbaulicher Bioproduktion (z. B. Bergkäse) stark wächst. Zudem wird in Österreich, das in Europa hinsichtlich der ökologischen Landwirtschaft eine Vorreiterrolle einnimmt, die ökologische Landwirtschaft gefördert, auch aufgrund der damit verbundenen Umweltleistungen (Förderung der Biodiversität, Schutz des Bodens, Wassers, Klimas etc.).

Der relativ geringste Anteil der Biobetriebe mit weniger als 10 % lässt sich in den tiefer gelegenen Landesteilen feststellen. Hier ist der Anreiz, auf Bioproduktion umzustellen, relativ gering. Die meisten konventionell geführten Betriebe haben eine hohe Rentabilität und sehen keinen Anlass, von ihren Sonderkulturen oder der bisherigen ackerbaulichen Produktion abzurücken. Der Mehraufwand bei einer Umstellung wäre hoch, die Hektarerträge geringer und der finanzielle Erfolg gegenüber dem klassischen Ackerbau fraglich.

Der mittlere Anteil (10–20 % Biobetriebe an der Gesamtzahl der landwirtschaftlichen Betriebe) findet sich vor allem im Alpenvorland und in den Mittelgebirgen. Hier muss man differenzieren: In Regionen mit äußerst günstigen Voraussetzungen und einem höchst rentablen konventionellen Ackerbau haben die Bauern wirtschaftlich wenig Grund, auf Bioproduktion umzustellen. In Gebieten, in denen die Landwirte aufgrund ihrer Lage und ihrer landwirtschaftlichen Möglichkeiten mit normalem Anbau kaum genügend Einkommen erzielen können, wird durchaus auf ökologischen Anbau gewechselt, um die Einnahmen zu steigern. (BE 10)

3.1 *Aus dem vorgegebenen Kartenmaterial sollen Sie Informationen zur Tourismusentwicklung unter einem bestimmten Gesichtspunkt entnehmen und diese dann verdeutlichen. Nutzen Sie auch Ihren Atlas! Geeignet ist z. B. die Karte 1 auf S. 78 des Diercke Weltatlas (Aufl. 2002).*

In den Bundesländern Österreichs gibt es drei charakteristische Saisonverläufe für den Tourismus.

Die Bundesländer direkt im Alpenbereich – also Vorarlberg, Tirol, Salzburg und Steiermark – bilden zwei Saisonspitzen aus. Im Winter dominieren vielfältige Formen des Wintersports (z. B. Skilaufen, Rodeln, Eislaufen). Diese Bundesländer sind nicht nur aufgrund des Reliefs und der touristischen Infrastruktur (Pisten, Übernachtungsangebot), sondern auch aufgrund ihrer zentralen Lage in Europa (Erreichbarkeit!) und der Nähe zu Ballungszentren (z. B München) prädestinierte Wintersportgebiete.
Daneben haben sich aber auch sommerliche Freizeitaktivitäten herausgebildet: Wandern, Bergsteigen, Baden, Segeln, Mountainbiken u. ä. seien hier genannt. Die Übernachtungszahlen in den vier Alpen-Bundesländern sind im Sommer und Winter etwa gleich hoch, in den Übergangszeiten klimabedingt geringer: So liegt von April bis Juni in der Regel zu wenig Schnee für den Wintersport, Wandern ist aber in höheren Lagen noch nicht möglich.

Die Bundesländer ohne oder nur mit einem geringen Hochgebirgsanteil, also Oberösterreich, Niederösterreich und Burgenland bilden lediglich eine ausgeprägte Saisonspitze im Sommer aus. Hier ist Wintersport nur eingeschränkt möglich. Andererseits sind die Bedingungen für sommerliche Freizeitaktivitäten ideal, vor allem in Gebieten mit Binnengewässern. Kärnten stellt eine Ausnahme dar, da es zwar eine ausgeprägte Wintersaison aufweist, aber die Übernachtungszahlen im Sommer aufgrund der Badeseen (z. B. Wörthersee) hervorstechen.

Einen völlig anderen Saisonverlauf hat der Tourismus in Wien. Hier sind die Übernachtungszahlen das ganze Jahr über vergleichsweise konstant (Spitzenwerte ebenfalls im Sommer und Winter). Der Städtetourismus ist nicht von naturräumlichen und klimatischen Voraussetzungen abhängig, sondern reiner Kultur- und Erlebnistourismus und daher eher saisonunabhängig und ganzjährig. (BE 10)

3.2 *Diese Teilaufgabe verknüpft zwei Fragen miteinander. Zunächst sind Sie zu einer Interpretation des Säulendiagramms in der Anlage I.6 aufgefordert. Darauf aufbauend sollen Sie eine These diskutieren, d. h. verschiedene Argumente zur Zukunft des österreichischen Wintersports entwickeln und bewerten.*

Die Übernachtungszahlen der Touristen in Österreich sind von 1976–2006 der Tendenz nach im Sommer gefallen, im Winter gestiegen.

Von 1976 bis 1991 war Österreich mit ca. 70 bis 80 Mio. Übernachtungen im Sommer ein begehrtes Reiseland. Nach 1991 ist dann bis 2006 eine deutliche Abnahme der Übernachtungen erkennbar. Man musste mit weltweit attraktiven Angeboten konkurrieren, Flugreisen wurden billiger und die eigene Infrastruktur war nicht immer auf dem neuesten Stand. Andere Ziele wurden bevorzugt aus Gründen des Preises, des Klimas oder der besseren Images. Außerdem veränderte sich das Reiseverhalten: Man stellte sich auf mehrere Kurzurlaube pro Jahr um, was z. B. Städten zugute kam.

Die Übernachtungszahlen im Winterhalbjahr zeigen eine gegenläufige Tendenz: Von 1976 bis 2006 ist eine stetige Steigerung von 35 Mio. auf 60 Mio. Übernachtungen feststellbar. Im Jahr 2006 wurden erstmals die Zahlen des Sommerhalbjahrs übertroffen. Erklären lässt sich dies durch den massiven Ausbau der Einrichtungen für den alpinen Wintersport und die erfolgreiche Anpassung an moderne touristische Trends. Neue, schneesichere Regionen (z. B. Gletscher) wurden erschlossen, ältere Skigebiete modernisiert. Man profitierte weiterhin von der leichten Erreichbarkeit der Alpenregion, zumal eine sehr viel geringere Konkurrenz als im Sommer durch andere Tourismusgebiete besteht.

Für die These, dass die touristische Perspektive Österreichs im Winter liegt, spricht, dass das Land über viele hoch gelegene Skigebiete verfügt, die bei anhaltendem Klimawandel anderen, weniger hoch gelegenen Gebieten (etwa Wintersportregionen in den Mittelgebirgen) überlegen sind. Man wird auch das naturunabhängige Angebot wie Wellness- oder Erlebnistourismus noch steigern können, um so den zunehmend unsicheren Skitourismus zu ergänzen und neue Nachfragepotenziale zu erschließen.

Andererseits muss man auch bedenken, dass eine Verlagerung der Skigebiete in immer höhere Regionen nur begrenzt möglich und ökologisch äußerst problematisch ist. Also wird der gesamte Skitourismus langfristig auch in Österreich beeinträchtigt werden. Der Widerstand gegen eine grenzenlose Neuerschließung ist stark gestiegen, eine noch intensivere touristische Inwertsetzung der Alpen ist kaum zu erwarten.

Als Kompromiss bietet sich an, bereits bestehende Zentren zu erhalten, vielleicht sogar behutsam – unter Umständen im Sinn eines sanften Tourismus – auszubauen, auf die Erschließung neuer Gebiete aber zu verzichten. (BE 10)

Leistungskurs Geographie (Bayern): Abiturprüfung 2008 – Aufgabe II: Volksrepublik China im Wandel

1 Naturraum und Geoökologie

1.1 Anlage II.1 zeigt die Temperatur-Luftfeuchtigkeits-Diagramme von Shanghai (auch Schanghai), Peking (Beijing) und Urumchi (auch Urumtschi, Ürümqi).
Arbeiten Sie die jeweils charakteristischen Merkmale heraus und erklären Sie diese!

1.2 In der Volksrepublik China wurden umfangreiche Wasserüberleitungsprojekte geplant und zum Teil bereits in Angriff genommen.
Erläutern Sie die Gründe für die in Anlage II.2 dargestellten Wasserüberleitungsmaßnahmen und legen Sie mögliche damit einhergehende Probleme dar! (20 BE)

2 Demografische Entwicklungen und Strukturen

2.1 Ordnen Sie anhand Anlage II.3 die Provinzen A, B und C dem autonomen Gebiet Tibet (Xizang), Shanghai und der Insel Hainan begründet zu, indem Sie jeweils die charakteristischen Daten erklären!

2.2 Erläutern Sie die in Anlage II.4 dargestellte Bevölkerungsentwicklung und legen Sie zwei sich hieraus ergebende sozioökonomische Folgen dar! (22 BE)

3 Wirtschaftliche Entwicklung

3.1 Beschreiben und erklären Sie anhand der Anlage II.5 Tendenzen im Außenhandel der Volksrepublik China!

3.2 Die Volkrepublik China hat innerhalb eines Jahrzehnts hinsichtlich des Automobil-Absatzes und der Automobil-Produktion zu den jeweils führenden Ländern fast aufgeschlossen.
Stellen Sie die Ursachen dieser Entwicklung dar und diskutieren Sie die daraus resultierenden Chancen und Risiken für deutsche Hersteller! (18 BE)

(60 BE)

Anlage II.1: Temperatur-Luftfeuchtigkeits-Diagramm ausgewählter chinesischer Klimastationen

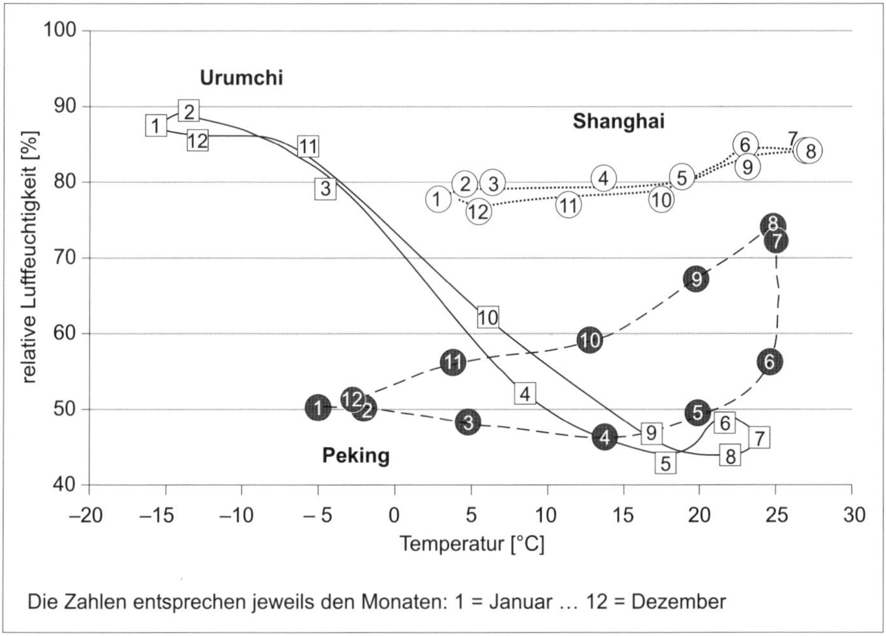

Anlage II.2: Wasserüberleitungsprojekte in der Volkrepublik China

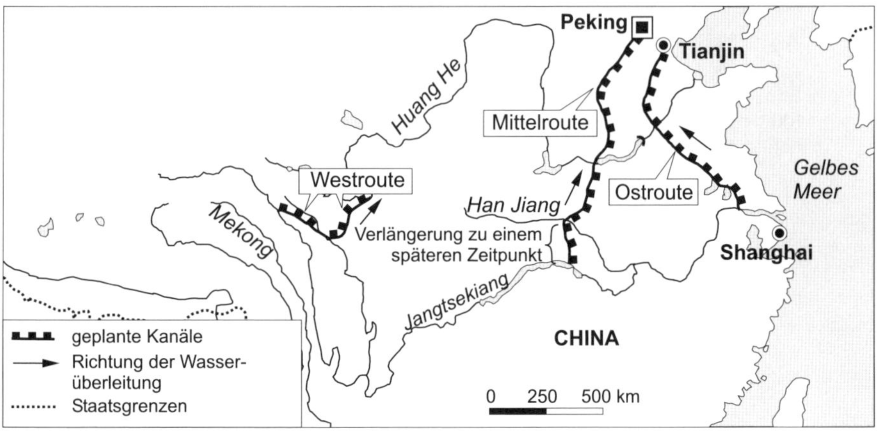

Anlage II.3: Ausgewählte demografische Daten dreier Provinzen der Volksrepublik China (2005)

	Geschlechter-verhältnis		**Sterberate**	**natürliches Bevölke-rungs-wachstum**	**Lebens-erwartung**	**durch-schnitt-liche Haushalts-größe**	**Anteil der Personen mit Hauptwohnsitz in einer anderen Provinz**
	Frauen	Männer	pro 1 000 Einwohner	in %	in Jahren (für 2000)	in Personen	in %
Provinz A	100	101	6,08	0,096	78	2,65	39,8
Provinz B	100	98	7,15	1,079	64	5,03	4,0
Provinz C	100	110	5,72	0,893	73	3,84	11,8

Anlage II.4: Entwicklung der ländlichen und städtischen Bevölkerung nach Altersklassen 1990 bis 2020 (Prognose), Angabe in Millionen

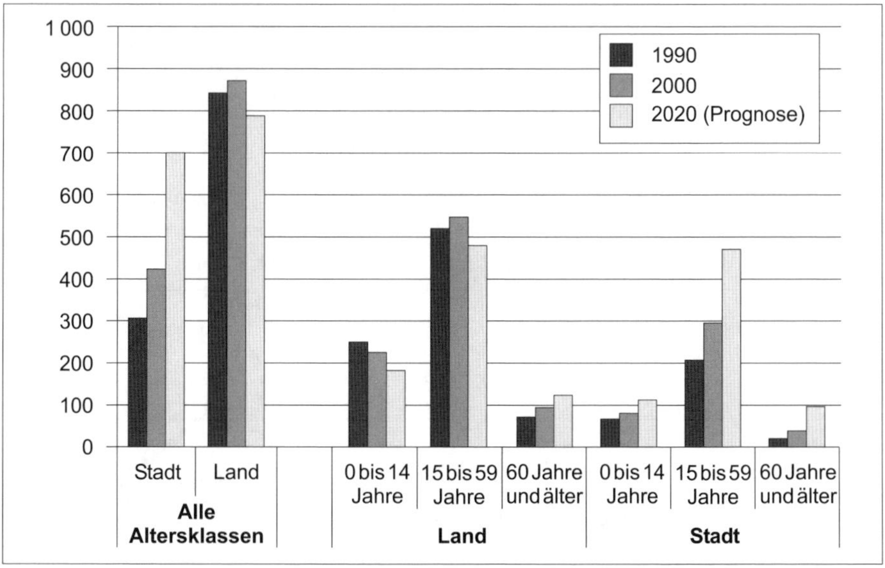

Anlage II.5: Außenhandel der Volksrepublik China 1989 und 2005

Importe			
1989 59,1 Mrd. US-$		**2005** 791,6 Mrd. US-$	
Wichtigste Warengruppen			
Maschinen und Fahrzeuge	31 %	elektronische Bauteile/elektrotechnische Geräte	32 %
chemische Erzeugnisse	13 %	Brennstoffe, Erze und andere Rohstoffe	22 %
Eisen und Stahl	10 %	chemische Erzeugnisse	11 %
Nahrungsmittel	7 %	Maschinen und Fahrzeuge	10 %
Wichtigste Handelspartner			
Hongkong*	21 %	Japan	15 %
Japan	18 %	Südkorea	11 %
USA	13 %	Taiwan	11 %

Exporte			
1989 52,5 Mrd. US-$		**2005** 969,1 Mrd. US-$	
Wichtigste Warengruppen			
Garne und Gewebe	13 %	Textilien und Bekleidung	15 %
Nahrungsmittel	12 %	Büromaschinen, Computer	14 %
Textilien und Bekleidung	12 %	Unterhaltungselektronik	13 %
k. A.		Elektrotechnik	8 %
Wichtigste Handelspartner			
Hongkong*	42 %	USA	21 %
Japan	16 %	Hongkong*	16 %
USA	8 %	Japan	11 %

* *seit 1997 Sonderverwaltungsregion der Volksrepublik China; hier als eigener Handelspartner aufgeführt*

Quellenverzeichnis

Müller, Manfred: Handbuch ausgewählter Klimastationen der Erde. 4. verbesserte Auflage, Trier 1987, S. 168ff. (Anlage II.1)
www.stats.gov.cn/tjsj/ndsj/2006/indexeh.html (Anlage II.3)
Li Yingsheng, 2001 (Anlage II.4)
Fischer Weltalmanach, verschiedene Jahrgänge (Anlage II.5)

Lösungsvorschlag

1.1 *Sie sollen dem Temperatur-Luftfeuchtigkeits-Diagramm in der Anlage II.1 die für die Klimastationen Peking, Shanghai und Urumchi jeweils typischen Informationen entnehmen und diese erläutern. Die Zahlen im Diagramm entsprechen den Monaten.*

Die Station Urumchi hat in den Wintermonaten eine sehr hohe relative Luftfeuchtigkeit von bis zu 90 % und gleichzeitig sehr tiefe Temperaturen von ca. –15 °C. In den Sommermonaten erhöhen sich die Temperaturen auf bis zu 25 °C bei gleichzeitiger Abnahme der relativen Luftfeuchtigkeit auf etwa 45 %. Urumchi weist also eine sehr hohe Temperaturamplitude und eine unterschiedliche relative Luftfeuchtigkeit im Laufe eines Jahres auf. Das lässt sich erklären durch die nördliche Lage und die große Entfernung zu den Weltmeeren. Obwohl der absolute Wasserdampfgehalt der Luft in den Wintermonaten aufgrund der Binnenlage äußerst niedrig ist, sorgt die starke Abkühlung für die hohe relative Luftfeuchtigkeit. Im Sommer erwärmt sich die Luft stark, was dann bei ebenfalls niedrigem absolutem Wasserdampfgehalt zu einer geringen relativen Luftfeuchtigkeit führt.

Shanghai hat das ganze Jahr über eine hohe relative Luftfeuchtigkeit zwischen 78 % und 85 %. In den Wintermonaten ist die Wasseraufnahmekapazität der Luft aufgrund der niedrigen Temperaturen sehr gering, sodass schon der geringe Wasserdampfgehalt für eine hohe relative Luftfeuchte ausreicht. In den Sommermonaten ist bei höheren Temperaturen auch die Aufnahmekapazität größer, sodass der Zustrom feucht-warmer monsunaler Luftmassen für eine hohe relative Luftfeuchte sorgt.
Die Temperaturamplitude ist für eine Küstenstation mit etwa 26 °C recht hoch. Ursache ist die winterlich niedrige Temperatur, die aus dem Abfließen der kalten Luftmassen aus dem sibirischen Kältehoch entsteht.

Peking zeichnet sich durch winterlich niedrige Temperaturen von bis zu – 5 °C und eine sehr geringe relative Luftfeuchte von etwa 50 % aus. In dieser Jahreszeit strömen kontinentale, kalte Luftmassen zu. Die Sommerwerte steigen sowohl bei der Temperatur als auch bei der relativen Luftfeuchte stark an, da dann der Zustrom feucht-warmer monsunaler Luftmassen dominiert. Die Temperaturamplitude ist mit 30 °C höher als in Shanghai, da sich aufgrund der nördlicheren Lage das winterliche Kältehoch stärker auswirkt.

(BE 10)

1.2 *Diese Teilaufgabe verlangt, dass Sie eine Reihe von Gründen anführen, die für die chinesischen Wasserüberleitungspläne wichtig sind, und dann auf Probleme eingehen, die mit diesen Projekten verbunden sein können.*

Die Gründe für die Wasserüberleitungen in Richtung Norden liegen darin, dass dort das Wasserangebot sehr knapp ist und jahreszeitlich stark schwankt. Die Niederschläge sind sehr unsicher und von der Ergiebigkeit des Monsuns abhängig. Da durch die große Landmasse die potenzielle Verdunstung sehr stark ist, ist das zur Verfügung stehende Wasserangebot zu gering. Auf der anderen Seite steigt die Wassernachfrage gewaltig. Privathaushalte haben mit steigendem Wohlstand einen höheren Bedarf, der Bewässerungsfeldbau muss ausgedehnt werden, um die Ernährung der wachsenden Bevölkerung sicherzustellen, und die boomende Industrie benötigt ebenfalls einen größeren Anteil an der Ressource Wasser.
Da im Süden durch den Jangtsekiang das Wasserangebot günstiger ist, boten sich Wasserüberleitungsprojekte nach Norden an. Dabei traten jedoch eine Menge Probleme auf. Die zurückzulegenden Distanzen sind sehr groß und man musste schwierigste naturgeografische Bedingungen überwinden. Das kostete sehr viel Geld, vor allem die technisch

aufwändige Überwindung der hoch gelegenen Wasserscheide zwischen den Flusssystemen von Jangtsekiang und Huang He. Außerdem muss man bei Kanalsystemen immer mit hohen Wasserverlusten durch Verdunstung und Versickerung rechnen. Die Flusssysteme büßen vor allem im Unterlauf an Wasserqualität und -umfang ein, wenn man dem Ober- und Mittellauf große Wassermengen entnimmt. (BE 10)

2.1 *Der Tabelle in der Anlage II.3 sollen Sie die charakteristischen Merkmale für die Provinzen A,B und C entnehmen und diese erläutern. Auf dieser Basis können Sie die drei vorgegebenen Provinzen sinnvoll zuordnen.*

Die Provinz A zeichnet sich durch eine hohe Lebenserwartung aus. Das lässt auf eine gute medizinische Versorgung schließen. Da auch das natürliche Bevölkerungswachstum aufgrund niedriger Geburtenraten außerordentlich gering ist, muss man von einer hoch entwickelten Provinz ausgehen. Die durchschnittliche Haushaltsgröße ist entsprechend der niedrigen Geburtenzahl sehr gering. Auffallend ist noch der außergewöhnliche hohe Anteil der Personen mit Hauptwohnsitz in einer anderen Provinz. Damit ist die Provinz A ein Anziehungspunkt für Arbeiter aus dem Umland, die auf der Suche nach attraktiven Arbeitsplätze im Industrie- und Dienstleistungssektor sind. Von den angebotenen Provinzen kommt somit nur Shanghai in Frage.

Die Provinz B hat dagegen ein auffällig hohes natürliches Bevölkerungswachstum durch hohe Geburtenraten. Hier wird offensichtlich die Ein-Kind-Politik nicht durchgesetzt; Ausnahmeregeln gelten z. B. für ethnische Minderheiten. Die Lebenserwartung ist vergleichsweise niedrig, d. h. die medizinische Versorgung dürfte unzureichend sein. Das belegt auch die hohe Sterberate. Pro Haushalt lebt eine große Anzahl von Personen offensichtlich in traditionellen Familienstrukturen. Der Anteil der Menschen mit Hauptwohnsitz in einer anderen Provinz ist mit 4 % äußerst gering. Die Provinz B scheint keine große Anziehungskraft auf Zuwanderer aus anderen Provinzen auszuüben. Damit muss die Provinz B Tibet sein.

Ein wesentliches Merkmal der Provinz C ist ihr deutlicher Männerüberschuss, der mit Zuwanderung von Arbeitskräften in eine wirtschaftlich florierende Provinz zu tun haben könnte. Die Tendenz wird verstärkt durch die ebenfalls recht hohe Anzahl von Personen mit Wohnsitz in anderen Provinzen, also Wanderarbeitern. Die übrigen Daten liegen im mittleren Bereich. Das vergleichsweise hohe natürliche Bevölkerungswachstum könnte Kennzeichen einer ländlichen Region sein. Die charakteristischen Daten deuten aber auf die Sonderwirtschaftszone Hainan hin, die durch ihr Arbeitsplatzangebot die Zuwanderung von Arbeitskräften fördert. (BE 11)

2.2 *Die in Anlage II.4 dargestellte Bevölkerungsentwicklung ist nach ländlicher und städtischer Bevölkerung differenziert. Ihre Aufgabe ist es, dieses Diagramm zu interpretieren und sich anschließend Gedanken darüber zu machen, welche sozioökonomischen Folgen die ermittelte Entwicklung haben könnte. Sie sollen zwei Folgen darstellen.*

Im Bereich „Alle Altersklassen" kann man von 1990 bis 2020 (Prognose) mehr als eine Verdoppelung der Stadtbevölkerung von 300 Mio. auf 700 Mio. feststellen. Wanderungsgewinne sowie steigende Geburten- und sinkende Sterberaten sind Ursache dafür. Demgegenüber zeigt der ländliche Bereich nach einer kurzen Zunahme von 1990 bis 2000 von 850 Mio. auf 870 Mio. eine Abnahme bis 2020 auf etwa 790 Mio. Die Städte wirken folglich anziehend, der ländliche Bereich verliert allmählich. Allerdings überwiegt nach wie vor in jedem der angegebenen Jahre die ländliche Bevölkerung. Im Jahr 2020 wird der Abstand allerdings stark geschrumpft sein. Die Gesamtbevölkerung Chinas steigt von 1,15 Mrd. (1990) auf 1,5 Mrd. (2020) durch das natürliche Bevölkerungswachstum.

Die altersmäßige Differenzierung auf dem Land entwickelt sich anders als in der Stadt. Der Anteil der 0- bis 14-Jährigen nimmt auf dem Land ab von 250 Mio. auf 180 Mio. im Jahr 2020. Die größte Bevölkerungsgruppe der 15- bis 59-Jährigen, also die arbeitsfähigen Jahrgänge, nimmt zunächst von 500 Mio. (1990) auf 550 Mio. (2000) zu, um dann auf 480 Mio. (2020) abzusinken. Der Anteil der Älteren über 60 Jahre steigt gleichmäßig von 80 Mio. (1990) auf 120 Mio. (2020). Das hängt sicherlich mit der steigenden Lebenserwartung und der Neigung der Älteren zusammen, in ihren Heimatorten zu bleiben.

In den Städten steigt der Anteil aller Altersgruppen. Eine überdurchschnittliche Entwicklung nimmt aber die Altersgruppe der Erwerbstätigen von 15–59 Jahren, die sich von 200 Mio. (1959) auf 480 Mio. (2020) mehr als verdoppelt. Diese Gruppe ist offensichtlich am mobilsten, da sie am stärksten von den Möglichkeiten in den Städten profitieren kann.

Eine mögliche Folge dieser Entwicklung könnte sein, dass sich die Disparität zwischen Stadt und Land extrem verschärft. Der ländliche Bereich ist als Passiv- und Abwanderungsraum die „Verliererregion", da kaum wirtschaftliche Entwicklung stattfindet, der Lebensstandard auf niedrigem Niveau stagniert und hauptsächlich Ältere und Unqualifizierte zurückbleiben. Die Städte dagegen leiden unter dem ungebremsten Zuzug vom Land, der schließlich zu Slumbildungen führen und die Infrastruktur sowie wirtschaftliche Weiterentwicklung der Städte bedrohen kann.
Ein weiteres Problem droht durch die ungünstige Entwicklung der Altersstruktur: Sozialsysteme sind nur in Ansätzen vorhanden. Die älteren Menschen verarmen und können vor allem auf dem Land kaum von der jungen Generation unterstützt werden. (BE 11)

3.1 *Sie sollen den in der beigefügten Tabelle (Anlage II.5) dargestellten Außenhandel Chinas in seinen wesentlichen Aspekten darstellen und erläutern.*

Dargestellt sind die Importe und Exporte Chinas in den Jahren 1989 und 2005. Untergliedert sind die Daten nach Warengruppen und Handelspartnern.

Die Importe Chinas haben sich innerhalb von 16 Jahren verdreizehnfacht. Die Exporte sind noch stärker gestiegen und erreichten 2005 mehr als den 18-fachen Wert von 1995. Dieser explosionsartige Anstieg des Handelsvolumens geht auf die Einbindung Chinas in den Welthandel im Zug der politischen Öffnung zurück. Marktwirtschaftliche Strukturen etablierten sich und die Wirtschaftskraft stieg aufgrund von Standortvorteilen, vor allem niedrigen Löhnen, rapide an. China wandelte sich von einer Import- zu einer Exportnation.
Im Bereich des Imports änderten sich die Strukturen in der Weise, dass weniger Investitionsgüter eingeführt wurden, da man sie zunehmend selbst fertigen konnte. Stattdessen wurden verstärkt Rohstoffe importiert, da man selbst nur über begrenzte Ressourcen verfügte und die wachsende Wirtschaft immer größere Mengen verbrauchte. Daneben verlegte man sich auf elektronische Komponenten und andere technologieintensive Produkte, da man hier noch einen Know-how-Rückstand hatte. Die wichtigsten Handelspartner blieben nach wie vor im pazifischen Raum. Allerdings nahm der Handel mit Hongkong ab, da die wirtschaftlichen Beziehungen breiter gestreut wurden. Im Exportsektor traten bei Textilien zunehmend Fertigwaren an die Stelle der Halbfertigwaren. Der wesentliche Unterschied ist jedoch, dass China 2005 zu einem bedeutenden Exporteur von Bürotechnik und Unterhaltungselektronik geworden ist. Diese wird sehr kostengünstig produziert, ist qualitativ hochwertig und auf dem Weltmarkt absolut konkurrenzfähig. Nahrungsmittel, die 1989 noch exportiert wurden, werden für die wachsende Bevölkerung im eigenen Land benötigt. (BE 10)

3.2 *Automobilproduktion und -absatz haben in China innerhalb eines Jahrzehnts einen gewaltigen Fortschritt erlebt. Sie sollen Ursachen dafür finden und sich auf Basis Ihres im Unterricht erworbenen Wissens Gedanken darüber machen, inwiefern deutsche Hersteller von dieser Entwicklung betroffen sind.*

China hat sich im letzten Jahrzehnt zu einem wichtigen Absatzmarkt entwickelt. Durch die rasante Wirtschaftsentwicklung steigerte sich auch der Wohlstand der Bevölkerung und es entwickelte sich eine kaufkräftige Mittel- und Oberschicht. Diese ist zwar anteilsmäßig klein, aufgrund der riesigen absoluten Bevölkerungszahl aber bedeutend. Um diesen Markt zu bedienen, wurden Fertigungskapazitäten aufgebaut. Das geschah zum einen durch staatliche Förderung, zum anderen durch Zusammenarbeit mit ausländischen Konzernen in Form von Joint Ventures. Die ausländischen Partnerunternehmen stellen meist Know-how und Kapital bereit und profitieren vor allem von den niedrigen Produktionskosten.

Längerfristig dürften aber die Chinesen den größeren Nutzen aus der Zusammenarbeit ziehen, da sie mithilfe des erworbenen Know-hows eine eigene Automobil-Produktion aufbauen können und nicht mehr länger auf ausländische Hilfe angewiesen sind.

Chancen für deutsche Hersteller bestehen zum Beispiel darin, dass sie mit ihren in China hoch geschätzten Produkten seit vielen Jahren Zugang zu einem interessanten, wachsenden Absatzmarkt haben, auch wenn sie heute meist von ihren chinesischen Partnern abgekoppelt sind, die nun als echte Konkurrenten auftreten.
Zudem können deutsche Unternehmen in China die Vorteile der Kostensenkung nutzen und damit die Wettbewerbsfähigkeit stärken, jedoch zulasten von Arbeitsplätzen in Deutschland. Man kann jedoch auch argumentieren, dass durch die bessere Konkurrenzfähigkeit, die durch die Teilfertigung in China entsteht, Arbeitsplätze in Deutschland gesichert werden. Problematisch ist sicherlich, dass durch Qualitätsmängel oder Lieferverzögerungen, die durch chinesische Zulieferer entstehen, die inländische deutsche Produktion beeinträchtigt wird. Außerdem können Probleme aufgrund von Patentverletzungen auftreten. (BE 8)

Leistungskurs Geographie (Bayern): Abiturprüfung 2008 – Aufgabe III: Südliches Afrika

1 Naturraum

1.1 Anlage III.1 zeigt die Klimadaten dreier Stationen im südlichen Afrika. Ordnen Sie diese den Orten Kapstadt (33° S/18° O), Lüderitz (27° S/15° O) und Maseru (29° S/27° O) zu, indem Sie die jeweiligen Temperatur- und Niederschlagsverhältnisse begründen!

1.2 In fast allen Staaten im südlichen Afrika geht die Fläche der Savannenwälder in den letzten Jahren durch menschlichen Einfluss stark zurück. Zeigen Sie Ursachen dafür auf und stellen Sie mögliche Folgen für den Naturraum und die Wirtschaft der betroffenen Gebiete dar! (20 BE)

2 Bevölkerung

Das südliche Afrika stellt die Region mit dem weltweit höchsten Anteil von HIV-Positiven an der Bevölkerung dar. In Botsuana sind heute circa 36 % aller Erwachsener HIV-positiv.

2.1 Die Anlage III 2 zeigt die Altersstruktur von Botsuana in den Jahren 2000 und 2025.
Setzen Sie die Daten in eine aussagekräftige Bevölkerungspyramide um und arbeiten Sie charakteristische Veränderungen heraus!

2.2 Erläutern Sie die negativen wirtschaftlichen und sozialen Auswirkungen der AIDS-Epidemie auf Botsuana! (22 BE)

3 Entwicklung

Malaysia, die Volksrepublik China und Brasilien gehören zur Gruppe der Schwellenländer.
Diskutieren Sie unter Verwendung der Materialien in Anlage III.3, inwieweit auch Südafrika als Schwellenland bezeichnet werden kann! (18 BE)

(60 BE)

Anlage III.1: Klimadaten dreier Stationen im südlichen Afrika

Station A

	J	F	M	A	M	J	J	A	S	O	N	D	Jahr
N	0	1	2	2	3	3	1	2	1	0	1	1	17
T	17,5	18,0	18,0	16,5	15,5	15,5	14,0	13,5	14,0	15,0	16,5	17,0	15,9

Station B

	J	F	M	A	M	J	J	A	S	O	N	D	Jahr
N	100	95	94	55	26	12	13	15	20	57	79	81	647
T	21,1	20,5	18,6	14,9	10,7	7,7	7,7	10,6	14,1	17,1	18,7	20,7	15,2

Station C

	J	F	M	A	M	J	J	A	S	O	N	D	Jahr
N	12	8	17	47	84	82	85	71	43	29	17	11	506
T	21,2	21,5	20,3	17,5	15,1	13,4	12,6	13,2	14,5	16,3	18,3	20,1	17,0

T = durchschnittliche Temperatur in °C; N = Niederschlagssumme in mm

Anlage III.2: Botsuana – Altersgruppen nach Geschlecht für die Jahre 2000 und 2025

Bevölkerung im Jahr 2000 (in Tausend)		Alter (in Jahren)	Bevölkerung (in Tausend) Prognose für 2025	
männlich	**weiblich**		**männlich**	**weiblich**
10	16	über 74	13	29
29	37	60–74	21	41
54	66	45–59	23	32
108	129	30–44	125	96
242	244	15–29	248	225
332	318	0–14	194	192

Anlage III.3: Statistische Daten ausgewählter Staaten

Material 1: Bruttoinlandsprodukt/Kopf

	Malaysia	VR China	Brasilien	Südafrika
durchschnittliche Veränderung/Jahr 1975–2004	+4,1 %	+8,4 %	+0,7 %	−0,5 %
durchschnittliche Veränderung/Jahr 1990–2004	+3,5 %	+8,9 %	+1,2 %	+0,6 %
Stand 2004 [US-$]*	10 276	5 896	8 195	11 192
höchster erreichter Wert (Jahr)*	10 276 (2004)	5 896 (2004)	8 195 (2004)	12 038 (1981)

* bereinigt um Wechselkursverzerrungen

Material 2: Einkommensverteilung

	Malaysia	VR China	Brasilien	Südafrika
Verhältnis des Einkommens der ärmsten 10 % zum Einkommen der reichsten 10 % der Bevölkerung (2006)	1 : 22,1	1 : 18,4	1 : 57,8	1 : 33,1
Prozent der Bevölkerung unter 1 US-$ pro Tag (1990–2004)	2,0	16,6	7,5	10,7

Material 3: Exportdaten 2003/04 (in %)

	Malaysia	VR China	Brasilien	Südafrika
Anteil des primären Sektors am Wert der Gesamtexporte	23	8	46	42
Anteil des sekundären Sektors am Wert der Gesamtexporte	76	91	54	58
Anteil der High-Tech-Produkte am Wert der Gesamtexporte	42	27	6	3

Material 4: HDI ausgewählter Staaten

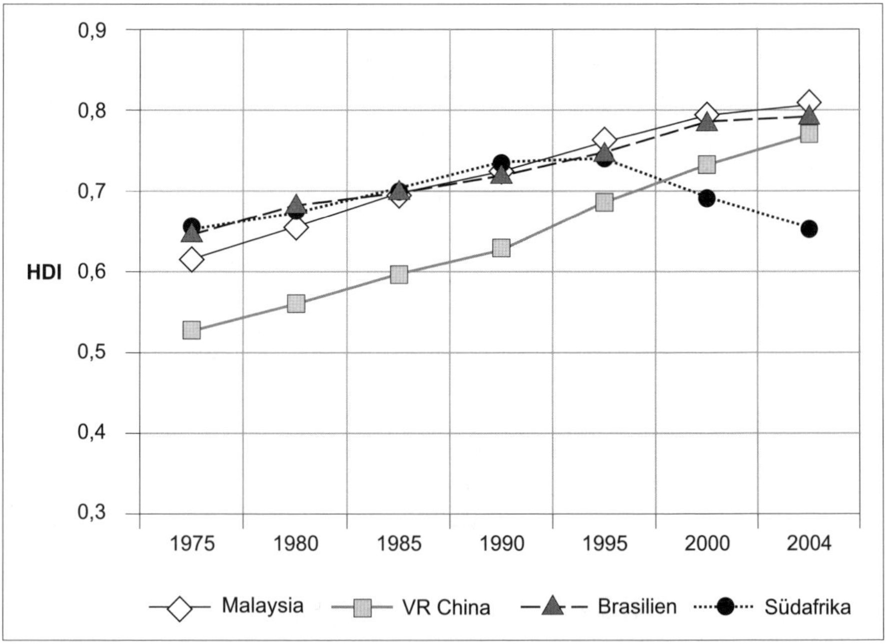

Material 5: HDI-Teilindizes ausgewählter Staaten 2004

	Malaysia	**VR China**	**Brasilien**	**Südafrika**
Lebenserwartungsindex	0,81	0,78	0,76	0,37
Ausbildungsindex (Alphabetisierungs- und Einschulungsrate)	0,84	0,84	0,88	0,80
BIP-Index	0,77	0,68	0,74	0,79

Der HDI-Wert setzt sich gleichgewichtig aus den drei oben genannten Teilindizes zusammen.

Quellenverzeichnis
Hanisch, Wolfgang u. Christoph Schulz: Geoklima 2.01 für Windows 1998 (Anlage III.1)
http://hdrstats.undp.org/countries/country-fact-sheets/cty-ts-mys.html
bzw. ...chm.html bzw. ...bra.html bzw. ...zaf.html (Anlage III.2 und III.3)

Lösungsvorschlag

1.1 *Die Fragestellung fordert Sie auf, den vorgegebenen Klimadaten charakteristische Informationen zu entnehmen, die eine sinnvolle regionale Zuordnung ermöglichen, und diese ihren Ursachen nach zu erklären. Beachten Sie bei der Verwendung von „Sommer“ und „Winter“, dass alle Klimastationen auf der Südhalbkugel liegen.*

Station A zeigt ein vollarides Klima mit extrem geringen Jahresniederschlägen. Erklärbar ist dies durch den ganzjährig ablandigem Wind, wie es z. B. in einem Ort an der Westküste bei kontinuierlichem SO-Passat der Fall ist. Die Temperaturen sind das ganze Jahr über relativ gleichmäßig. Die Jahresamplitude beträgt lediglich 4,5 °C. Bezogen auf die angegebenen Breitenlagen sind die Temperaturen sehr niedrig. Das kann bei einer Küstenlage auf den Einfluss eines kalten Meeresstromes hindeuten. Damit kommt von den angegebenen Stationen für die Station A nur Lüderitz in Frage.

Die Station B hat eine relativ hohe Temperaturamplitude von 13,4 °C. Die Wintermonate sind mit 7,7 °C recht kühl und deuten auf eine Höhenlage und eine Abschirmung gegenüber maritimen Einflüssen hin. Die Sommer sind mit mehr als 20 °C recht warm. Die jahreszeitliche Niederschlagsverteilung zeigt ein Sommermaximum, wenn die Ausläufer der Zenitalregen sich abregnen, die durch die weit nach Süden verschobene ITC entstehen. Im Winter dagegen herrscht Trockenheit vor, da der SO-Passat nur wenig Feuchtigkeit mitbringt. Er weht erst über die küstenparallelen Gebirgsketten und hat auf deren Leeseite dann kaum noch Feuchtigkeit. Höhenlage, Temperaturverlauf und Niederschläge zeigen, dass die Station B Maseru sein muss.

Station C zeichnet sich durch Winterregen aus. Dieser kann nur durch die Lage der Station in der Westwindzone entstehen. Im Sommer dagegen nehmen die Niederschläge stark ab, da die Station unter den Einfluss des trockenen Subtropenhochs gerät. Die Temperaturamplitude ist mit 8,6 °C gering, der jährliche Temperaturverlauf ist recht gleichmäßig und deutet auf eine Küstenlage mit starkem maritimem Einfluss hin. Die Küstengebirge mit ihren Steigungsregen können die winterlichen Regenfälle noch verstärken. Eindeutige Zuordnung der Station C: Kapstadt. (BE 10)

1.2 *Diese Frage hat keine Materialgrundlage und kann nur mithilfe eigener Kenntnisse gelöst werden. Ihre Antwort muss die wesentlichen Gründe enthalten, die für den Rückgang der Savannen durch den menschlichen Einfluss verantwortlich sind. Anschließend sollen Sie Folgen dieser Entwicklung aufzeigen.*

Savannen sind Gebiete, in denen die Bevölkerungszahl stark wächst. Damit verbunden ist ein zunehmender Bedarf an Brenn- und Bauholz, das der Savanne entnommen wird. Darüber hinaus versucht man, Anbauflächen für Nahrungsmittel zu erschließen, auch in Bereichen, die dafür völlig ungeeignet sind. Die größte Gefahr geht aber wohl von der Ausdehnung der Weideflächen aus. Die Herden werden, auch aus Prestigegründen, vergrößert und die Savannen überweidet. Tiefbrunnen, die kurzfristig das Wasserangebot erhöhen, beschleunigen häufig diese Entwicklung. Das Trockenfallen der Brunnen oder Dürrezeiten können katastrophale Folgen haben.
Wenn Anbauflächen angelegt werden, werden darauf häufig cash crops angebaut, da man sich vom Export höhere Einnahmen verspricht. Damit machen sich die Länder des südlichen Afrika aber vom Weltmarktpreis abhängig und sind nicht in der Lage, das eigene Land mit Nahrungsmitteln zu versorgen. Ähnlich verhält es sich beim Einschlag wirtschaftlich verwertbarer Hölzer für die Holzindustrie. Kurzfristig lassen sich damit Gewinne erzielen, längerfristig wird aber der Desertifikation Vorschub geleistet. In der Folge verringern sich die Savannenflächen, die für eine sinnvolle menschliche Nutzung äußerst wichtig sind.
Die Folgen dieser kurzsichtigen Maßnahmen kann man schon an vielen Stellen südlich der Sahara feststellen. Ist erst einmal die Vegetation vernichtet, dauert es nicht mehr lange, bis Bodendegradation und Desertifikation um sich greifen. Wenn die bodenstabilisierende Funktion durch Wurzeln wegfällt, haben Wind und Wasser leichtes Spiel. Die Erosion greift sukzessive um sich; große Flächen können zerstört bzw. für den landwirtschaftlichen Anbau nutzlos werden. Damit wird die Lebensgrundlage der Landbevölkerung zerstört, die auf Subsistenzwirtschaft angewiesen ist. Auch der Raubbau an wirtschaftlich verwertbaren Hölzern und fehlende forstwirtschaftliche Maßnahmen führen zu ähnlichen Ergebnissen. Zunächst dominieren Holzexport und holzverarbeitende Industrie, dann aber beraubt man sich der eigenen Grundlagen und die Situation verschlechtert sich rapide. Zusätzlich stellt der Verlust von Savannenflächen auch einen Verlust an Lebensräumen für Tiere und Pflanzen dar, der zu einem Rückgang der Artenvielfalt führt. (BE 10)

2.1 *Hier sind Ihre zeichnerischen Fähigkeiten gefordert. Sie müssen zwei Altersstrukturen in eine Bevölkerungspyramide umsetzen, wobei aus Ihrer Darstellung die vorgegebenen Daten direkt ablesbar sein müssen. Anschließend sollen Sie die wesentlichen Veränderungen von 2000 bis 2025 benennen. Wie so eine Bevölkerungspyramide aussehen kann, sehen Sie auf der folgenden Seite.*

Die Altersstruktur von Botsuana wird sich im Jahr 2025 im Vergleich zu 2000 dahingehend verändern, dass sich fast alle Altersklassen bis 59 Jahre stark verringern. Dies gilt für Männer wie Frauen. Ausnahmen sind die 15–44-jährigen Männer, die einen leichten Anstieg aufweisen. Bei der weiblichen Altersgruppe über 60 Jahre gibt es einen relativ deutlichen Zuwachs, bei den Männern erst in der Gruppe über 74 Jahre. Damit wird der im Jahr 2000 herrschende Frauenüberschuss in den Altersgruppen 15–44 Jahre bis zum Jahr 2025 in einen Männerüberschuss verwandelt. Andererseits wird sich der Frauenüberschuss in den Altersgruppen über 45 Jahre klar verstärken. Die Gesamtbevölkerung wird voraussichtlich um über 20 % abnehmen. (BE 12)

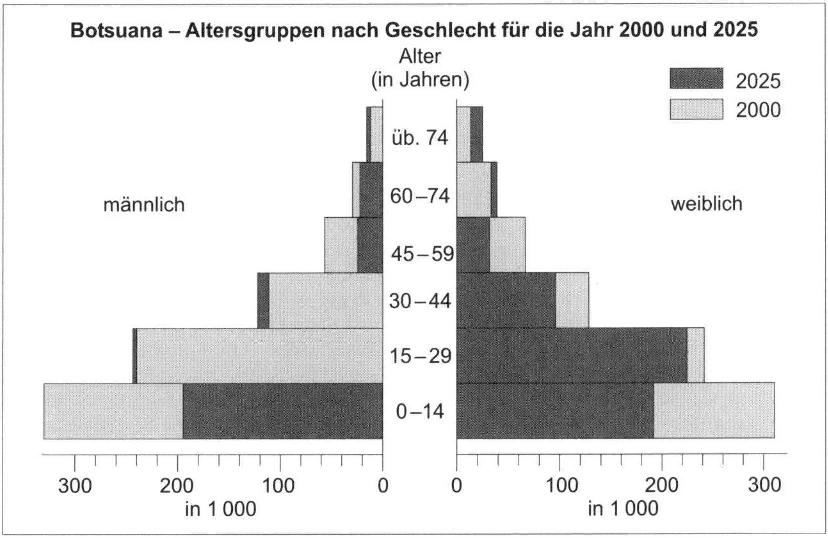

2.2 *Untergliedert nach negativen wirtschaftlichen und sozialen Aspekten sollen Sie darstellen, welche Folgen die Aids-Epidemie in Botsuana hat. Sie sind dabei auf Ihre eigenen Kenntnisse angewiesen. Nutzen Sie die Chance, ihr Unterrichtswissen durch die regelmäßige Zeitungslektüre zu ergänzen.*

Die Wirtschaft Botsuanas erleidet durch die hohe Anzahl von Aids-Kranken große Nachteile. Die Arbeitsfähigkeit der Kranken ist stark eingeschränkt und reduziert damit insgesamt die Wirtschaftsleistung. Es fehlen viele Fachkräfte im arbeitsfähigen Alter von 15 bis 60 Jahren, da gerade in dieser Altersgruppe die Mortalität sehr hoch ist. In vielen Wirtschaftsbereichen, die für die Versorgung der Bevölkerung lebenswichtig sind, sind nicht mehr genügend Arbeitskräfte vorhanden. Große landwirtschaftliche Flächen liegen brach oder werden nur noch sporadisch bewirtschaftet. Dadurch sinkt die Lebensmittelproduktion und es drohen Hungersnöte.
Krankheit bedeutet häufig Arbeitslosigkeit und fehlendes Einkommen. Dadurch steigt die Gefahr der Verarmung weiter Bevölkerungsteile. Aids-Kranke haben andererseits aber hohe Ausgaben für Medikamente und ärztliche Betreuung, die für sie kaum bezahlbar sind. Meist bleibt daher die Versorgung nur mangelhaft.

Im sozialen Bereich liegt die Hauptlast der Krankenversorgung bei den Familien. Sie müssen Pflegedienste leisten und u. U. für Aids-Waisen sorgen. Damit sind die meisten völlig überfordert. Ursprünglich beruhte das System der Alterssicherung in Botsuana auf der Unterstützung der älteren durch die jüngeren Familienmitglieder. Jetzt bricht dieses System weitgehend zusammen, da die Gesellschaft überaltert und ein großer Teil der arbeitsfähigen Jahrgänge ausfällt.

Für den Staat insgesamt bedeutet diese Situation eine katastrophale Verschlechterung seiner Lage. Die Einnahmen und Steuern verringern sich, verminderte Exporte bedeuten Devisenverluste. Gleichzeitig müsste der Staat seine Ausgaben beträchtlich erhöhen, um für die vielen Aids-Kranken besser sorgen zu können. Dringend notwendig wären Investitionen im Gesundheitswesen, eine staatliche Unterstützung für die Aids-Waisen und ausreichend Lebensmittelimporte und Medikamente, um wenigstens eine Grundversorgung für die Aids-Kranken sicherzustellen. (BE 10)

3. *Bei der dritten Teilaufgabe sollen sie diskutieren, ob Südafrika als Schwellenland zu bezeichnen ist, und dabei ihr Hintergrundwissen sowie die Daten in der Anlage III.3 nutzen. Wichtig ist, abschließend eine begründete eigene Stellungnahme abzugeben. Sie können natürlich auch zu einer anderen Einschätzung als hier vorgeschlagen kommen, wenn Sie diese mit stichhaltigen Argumenten stützen. Berücksichtigen Sie in jedem Fall die Vergleichsdaten von Malaysia, China und Brasilien. Beziehen Sie sich auf aussagekräftige Daten und geben Sie immer die jeweilige Materialquelle an. Achten Sie darauf, Ihre Ausführungen klar zu strukturieren.*

Der Datenvergleich zum Bruttoinlandsprodukt pro Kopf zeigt, dass Südafrika 2004 den höchsten Wert aller angegebenen Staaten erreichte und damit das hoch entwickelte Malaysia hinter sich ließ. Auf der anderen Seite ergibt dieselbe Statistik, dass der Pro-Kopf-Wert des BIP von Südafrika zwischen 1975 und 2004 gefallen ist, d. h. die wirtschaftliche Situation der Bevölkerung sich in dieser Zeit verschlechtert hat. In Malaysia und vor allem der VR China zeigt sich in diesem Zeitraum ein deutlicher Anstieg des BIP pro Kopf.
Zusammengefasst weist Südafrika aktuell einen hohen BIP-Wert aus. Nimmt man aber die Entwicklung zum Positiven als entscheidendes Kriterium an, spricht diese Statistik eher dagegen, Südafrika als Schwellenland zu bezeichnen (Material 1).

Für Schwellenländer ist eine ungleiche Einkommensverteilung mit großen sozialen Unterschieden typisch. Denn die Erfolge des wirtschaftlichen Aufholprozesses konzentrieren sich meist auf eine schmale Ober- und Mittelschicht. Die Mehrheit der Bevölkerung bleibt arm.
Südafrika hat einen höheren Anteil an sehr armer Bevölkerung als Malaysia und Brasilien, aber einen günstigeren Wert als China. Beim Verhältnis des Einkommens der ärmsten 10 % zum Einkommen der reichsten 10 % der Bevölkerung befindet sich Südafrika im Mittelfeld und schneidet besser ab als Brasilien (Material 2).

Bei den Exportdaten weist Südafrika einen für ein Schwellenland sehr geringen Anteil im Hightech-Sektor auf und ist damit vor allem Malaysia und China weit unterlegen. Der hohe Anteil der Landwirtschaft und des Bergbaus am Export sind ebenfalls nicht unbedingt ein Indiz für ein aufstrebendes Schwellenland. Der Exportanteil im primären und sekundären Sektors ist in etwa mit den Werten Brasiliens vergleichbar (Material 3).

Beim HDI-Wert, der sich aus Lebenserwartungsindex, Ausbildungsindex und BIP-Index zusammensetzt, zeigte Südafrika parallel zu den anderen Ländern bis 1990 die typischen raschen Verbesserungen. Allerdings entwickelten sich Malaysia, China und Brasilien weiterhin positiv, Südafrika jedoch stagnierte zunächst und fiel nach 1995 sogar deutlich zurück. Hier zeigt sich also ein Einknicken Südafrikas auf dem Weg zum Schwellenland (Material 4).

Sieht man sich die HDI-Teilindizes für 2004 an, erkennt man, dass Südafrika beim Ausbildungsindex und beim BIP-Index durchaus mit den anderen Schwellenländern mithalten kann. Beim Lebenserwartungsindex fällt Südafrika – auch aufgrund der Aids-Epidemie – jedoch weit zurück und verharrt auf dem Niveau eines Entwicklungslandes, da dieser Index viel über medizinische Versorgung, Hygienestandards und auch Nahrungsmittelversorgung aussagt (Material 5).

Insgesamt reicht der hohe Wert des BIP/Kopf von 2004 wohl nicht vollständig aus, um Südafrika als Schwellenland zu bezeichnen. Zwar weist das Land ähnliche Wirtschaftsdaten wie Brasilien auf, hat aber nach wie vor keinerlei Hightech-Produktion und vor allem große Defizite bei der Lebenserwartung. (BE 18)

Leistungskurs Geographie (Bayern): Abiturprüfung 2008 – Aufgabe IV: Wasser als globale Ressource

1 Niederschlag und Wasserdargebot

1.1 Erläutern Sie ausgehend vom Modell der planetarischen Zirkulation der Atmosphäre den in Anlage IV.1 dargestellten Zusammenhang zwischen Niederschlag und geographischer Breite!

1.2 Legen Sie dar, weshalb sich aus Anlage IV.1 nicht auf die tatsächlich natürliche verfügbare Wassermenge in einer Region schließen lässt! (20 BE)

2 Wasserhaushalt und Wasserwirtschaft

2.1 Anlage IV.2 zeigt das Diagramm eines Bodenwasserhaushalts. Ordnen Sie dieses einem Klimatyp zu, indem Sie den Jahresgang der Wasserbilanz beschreiben und erklären!

2.2 Durch den Bau von Großstaudämmen wird weltweit nachhaltig in den Wasserhaushalt großer Ströme eingegriffen. Zeigen Sie an einem selbst gewählten Beispiel Ziele und mögliche problematische Folgen eines solchen Dammbaus auf! (20 BE)

3 Probleme der Wasserverfügbarkeit

3.1 Zur Beschreibung der Wassersituation in den einzelnen Staaten entwickelten Wissenschaftler in Anlehnung an den *Human Development Index (HDI)* einen *Water Poverty Index (WPI)*. Ordnen Sie die Indizes der Staaten A, B und C der Anlage IV.3 den USA, Singapur und Israel zu, indem Sie charakteristische Daten herausarbeiten und erklären!

3.2 Beschreiben Sie anhand von Anlage IV.4 die bis 2025 prognostizierten Veränderungen in der Wasserverfügbarkeit für die Weltbevölkerung! Stellen Sie davon ausgehend zwei Problemkreise dar, die sich aus dieser Entwicklung ergeben! (20 BE)

(60 BE)

Anlage IV.1: Mittlere jährliche Niederschlagsmengen

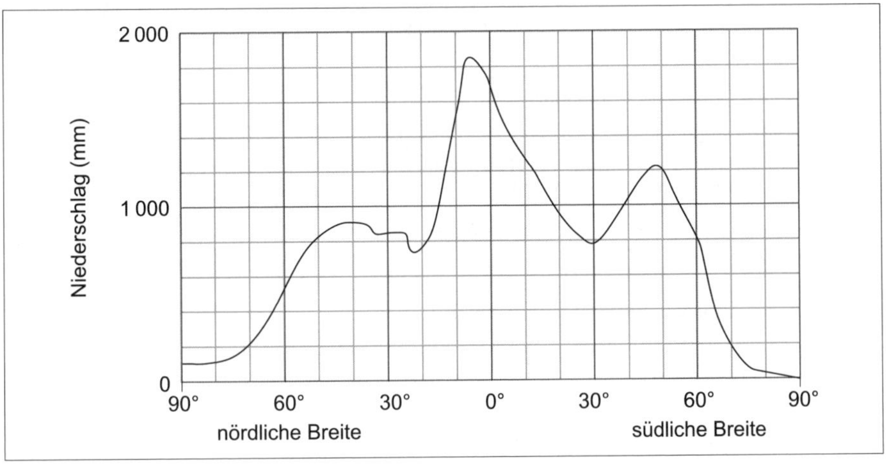

Anlage IV.2: Diagramm eines Bodenwasserhaushalts (alle Angaben in mm)

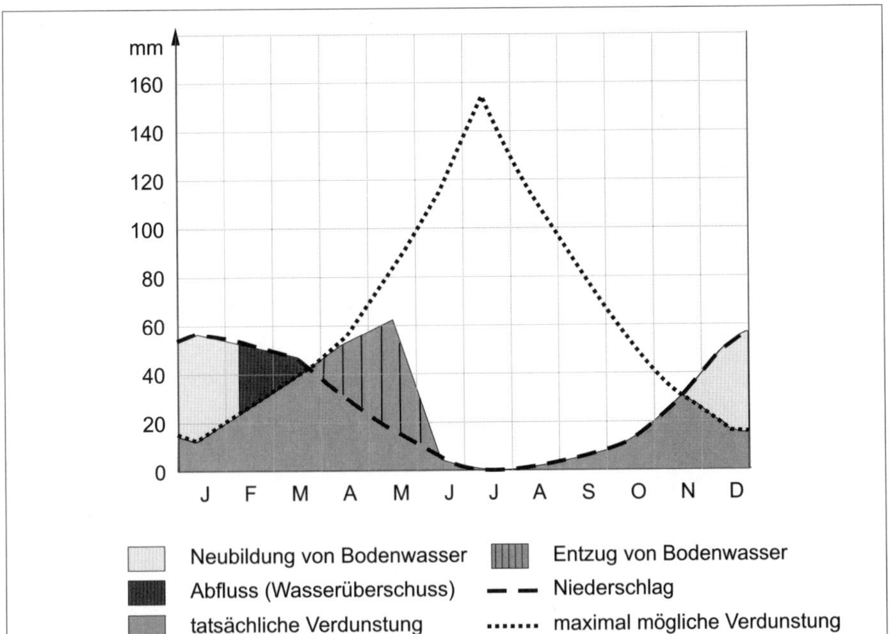

Anlage IV.3: *Water Poverty Index (WPI)* der Staaten USA, Singapur und Israel

Staat	Parameter					WPI
	Wasserressourcen pro Kopf	Zugang zu Frischwasser, Sanitäranlagen	Pro-Kopf-Einkommen, Ausbildungsstand	Effizienz des Wassereinsatzes	Wasserqualität	
A	0,8	16,7	16,8	10,9	8,6	53,9
B	10,3	20,0	16,7	2,8	15,3	65,1
C	1,2	20,0	16,8	7,8	10,3	56,1

Der beste Wert pro Parameter ist 20, der maximal erreichbare Gesamtwert beträgt somit 100.

Anlage IV.4: Verteilung der jährlich verfügbaren Süßwassermenge auf die Weltbevölkerung in den Jahren 1995 und 2025

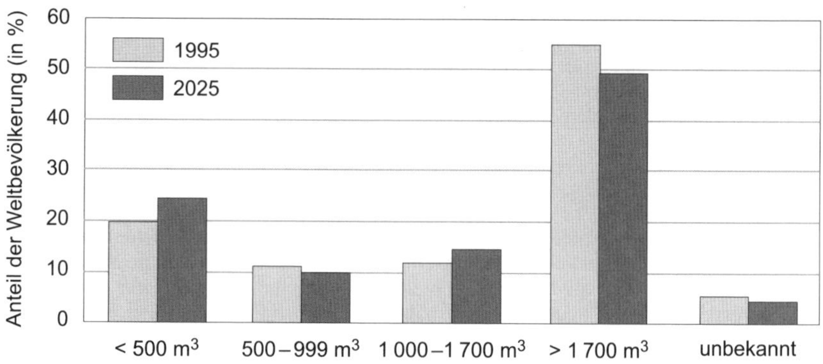

Wassermangel herrscht, wenn weniger als 1 000 m³ Frischwasser je Einwohner im Jahr zur Verfügung stehen; Wasserknappheit besteht bei einer verfügbaren Frischwassermenge von 1 000 bis 1 700 m³ je Einwohner im Jahr.

Quellenverzeichnis

Heyer, Ernst: Witterung & Klima. Teubner: Stuttgart/Leipzig 1972, S. 199 (verändert) (Anlage IV.1)

Klohn, Werner u. Hans.W. Windhorst: Strukturen & Probleme der Intensivlandwirtschaft in Kalifornien. Vechtaer Arbeiten zu Geographie und Regionalwissenschaft Bd. 11, Vechta 1990, S. 55 (verändert) (Anlage IV.2)

Lawrence, Peter/Jeremy Meigh u. Caroline Sullivan: The Water Poverty Index: An international Comparison. Keele Economics Research Papers 2002/19. Keele Universtity 2002, S. 3 ff. (Anlage IV.3)

Brameier, Ulrich: Wasser – das „blaue" Gold. Materialien zum internationalen Jahr des Süßwassers. In: Praxis Geographie, Heft 7/8, 2003, S. 49 (verändert) (Anlage IV.4)

Lösungsvorschlag

1.1 *Auf der Basis des Diagramms in Anlage IV.1 sollen Sie das Zusammenspiel von Niederschlag und geographischer Breite erkennen und erklären. Kenntnisse über das Modell der planetarischen Zirkulation werden vorausgesetzt.*

Laut dargestelltem Modell liegt das Maximum der jährlichen Niederschläge äquatornah zwischen 0° und 10° nördlicher Breite. Hier, am thermischen Äquator, herrscht am Boden aufgrund der hohen Temperaturen niedriger Luftdruck. In dieses Gebiet wehen von den subtropischen Hochdruckgürteln Luftmassen ein. Diese Passate strömen gegeneinander und bilden die innertropische Konvergenzzone. Dabei wird die Luft stark aufgeheizt, steigt auf und führt zu ergiebigen Regenfällen, den tropischen Zenitalregen.

Die Breitenlagen zwischen 20° – 30° zeigen mittlere Niederschlagswerte. Sie unterliegen im Jahresverlauf sowohl dem Einfluss monsunaler Windsysteme mit hohen Niederschlägen als auch den subtropisch-randtropischen Hochdruckzellen, die sich durch absteigende Luftmassen, Wolkenauflösung und Trockenheit auszeichnen.

Zwischen 40° und 50° dominieren ganzjährig die Westwinde mit einem vorherrschend zyklonalen Wettergeschehen. Sie bilden Sekundärmaxima der Niederschläge aus, die auf der Südhalbkugel wegen der geringeren Kontinentalität deutlich ausgeprägter sind. Ab etwa 60° sinken die Niederschlagswerte rapide. Die Luftmassen werden kälter und der Wasserdampfgehalt nimmt ab. Das Polarhoch herrscht vor und prägt sich besonders über der kontinentalen Antarktis aus. (BE 10)

1.2 *Mithilfe von Anlage IV.1 sollen Sie nachweisen, dass die dort verzeichneten Niederschläge nur bedingt Aussagen über die tatsächliche regionale Verteilung zulassen.*

Das Diagramm enthält lediglich Durchschnittswerte der Niederschlagsmenge der entsprechenden Breitenkreise. Eine weitere Differenzierung ist nicht enthalten. Entlang des Breitenkreises sind aber verschiedene räumliche Ausprägungen mit entsprechend unterschiedlichen Niederschlagsverhältnissen vorhanden. In der gleichen Breite gibt es Luv- und Leelagen, Gebiete mit hoher Kontinentalität sowie Gebirge und Küsten. Allen Beispielen stehen entsprechend ihrer lokalen Situation unterschiedliche Niederschlagsmengen zur Verfügung, die im Diagramm zu einem Durchschnittswert zusammengefasst sind.
Das Liniendiagramm enthält auch keinerlei jahreszeitliche Angaben sowie Ausführungen über die Niederschlagsvariabilität. Es bleibt unklar, ob die Niederschläge gleichmäßig fallen oder sich auf eine Jahreszeit konzentrieren.
Da nur die Niederschlagsmengen angegeben sind, kann man auch keine Rückschlüsse auf die Verdunstung ziehen, die ganz wesentlich ist für die Bestimmung der verfügbaren Wassermenge. In ähnlicher Weise müsste das Diagramm Aussagen enthalten über den Oberflächenabfluss und die Speicherfähigkeit des Bodens, um die regionale Situation vernünftig einschätzen zu können.
Auch die Wasserreserven aus Grundwasservorkommen, Seen und Fließgewässern können neben den Niederschlagsmengen die Wassersituation einer Region entscheidend verändern. Auch darüber gibt das Diagramm keinerlei Auskunft.

Insgesamt ist die Darstellung wohl geeignet, einen allgemeinen Zusammenhang zwischen Niederschlag, geografischer Breite und Zirkulation aufzuzeigen, darüber hinaus sind aber keine Informationen ableitbar. Durch die Zusammenfassung unterschiedlicher Räume entlang eines Breitenkreises zu einem Niederschlagswert kommt es im Gegenteil sogar zu Verfälschungen. (BE 10)

2.1 *Das Diagramm der Anlage IV.2 enthält charakteristische Merkmale eines Klimatyps. Diese sollen Sie erkennen, aufzeigen und erläutern.*

Das Diagramm enthält Angaben zu einem Bodenwasserhaushalt, die die Zuordnung und Erklärung des Jahresgangs der Wasserbildung ermöglichen.
Aufgrund des jahreszeitlichen Niederschlagsverlaufs muss es sich bei diesem Klimatyp um ein subtropisches Winterregengebiet der Nordhalbkugel handeln. Die Monate Juni/Juli/August sind arid aufgrund der Dominanz des Subtropenhochs, im Dezember/Januar fallen unter dem Einfluss der Westwindzone die meisten Niederschläge. Entsprechend der südlichen Lage ist die maximale potenzielle Verdunstung im Sommer weitaus am größten, während in der Zeit mit den höchsten Niederschlägen die tatsächliche Verdunstung recht gering ist. Damit ergibt sich im Winter von November bis März eine positive Wasserbilanz und es bildet sich neues Bodenwasser. Ab Februar kommt es nach Sättigung des Bodens sogar zu einem Abfluss des Wasserüberschusses.
Im Sommerhalbjahr herrscht eine negative Wasserbilanz vor. Der Hochdruckgürtel bringt Trockenheit und sehr hohe Temperaturen mit sich. Die tatsächliche Verdunstung steigt bis Mai stark an und entzieht das gesamte Bodenwasser. Da die Temperaturen sehr hoch sind, nimmt die maximal mögliche Verdunstung bis Juli stark zu bei vollständigem Ausbleiben der Niederschläge. Ab Juli fallen dann die Temperaturen allmählich, die potenzielle Verdunstung nimmt ab und geht ab Mitte August mit dem langsamen Ansteigen der Niederschläge wieder in tatsächliche Verdunstung über. Von Mitte November bis Anfang Februar bildet sich mit Einsetzen des Winterregens wieder neues Bodenwasser. (BE 10)

2.2 *Hier sollen Sie sich auf einen Großstaudamm konzentrieren und an diesem selbst gewählten Beispiel die allgemeinen Ziele und Folgen solcher Dammbauten veranschaulichen. Mögliche Beispiele sind u. a. der Drei-Schluchten-Damm in China, der Assuan-Staudamm in Ägypten oder der Atatürk-Staudamm in der Türkei.*

Als Beispiel soll das Drei-Schluchten-Bauwerk am Jangtsekiang in China gewählt werden, das zu den größten und umstrittensten Bauwerken der Welt gehört. Der Bau des Dammes verfolgt unterschiedliche Ziele.

Zunächst einmal soll er die sommerlichen Hochwasser auffangen, die in der Vergangenheit häufig den Unterlauf des Jangtsekiang überschwemmten. Um den dafür nötigen Stauraum von rund 40 Mrd. m^3 zu schaffen, waren gewaltige, kostenintensive Umsiedlungsmaßnahmen nötig. Traditionelle Siedlungs- und Agrargebiete gingen verloren. Durch die Errichtung des Staudamms wurde ein Ausgleich der jahreszeitlichen Schwankungen in der Wasserführung erreicht. Dafür muss man aber in Kauf nehmen, dass die natürliche Düngung durch Schlammablagerungen der regelmäßigen Hochwässer ausbleibt.

Ein weiteres Ziel ist die Gewinnung elektrischer Energie. Damit will man nicht nur die Stromknappheit im Osten Chinas beseitigen, sondern das Jangtsekiang-Gebiet insgesamt zu einer bedeutenden Wirtschaftsregion ausbauen. Vor allem für energieintensive Industriezweige können sich die Standortfaktoren dadurch entscheidend verbessern.

Im Bereich der Landwirtschaft bietet sich die Möglichkeit, neue Anbauflächen auszuweisen und mithilfe der neuen Bewässerungsmöglichkeiten intensiv zu nutzen. Allerdings kann die fehlende Sedimentfracht auch zu Flächenverlusten durch verstärkte Erosion an den Ufern führen. Ein traditioneller Erwerbszweig, der sicher beeinträchtigt würde, ist die Fischerei, die sich auf völlig veränderte ökologische Bedingungen einstellen muss.

Weiterhin besteht die Möglichkeit der Wasserüberleitung in die Wassermangelgebiete im Norden. Verdunstung und Sickerverluste auf der langen Distanz beschränken aber deren Wirksamkeit. Auch der Unterlauf des Jangtsekiang wird bei übermäßiger Entnahme leiden und die Wasserverbraucher der Anrainergebiete können in Konflikt um das verminderte Wasservolumen geraten.

Schließlich ist auch die Verbesserung der Schifffahrt und damit eine Steigerung des Tourismus ein anvisiertes Ziel. Man kann Sport- und Besichtigungsangebote ausbauen, verliert dabei aber auch Kulturdenkmäler im Überflutungsbereich.
Die Transportkapazität wird erweitert und sichert den wirtschaftlichen Aufschwung des derzeit noch rückständigen Gebiets.

Kritisch muss man anmerken, dass der Damm vor allem ein Prestigeobjekt ist, das ohne Rücksicht auf ökologische Probleme und Menschen durchgezogen wird. Die finanziellen Kosten sind extrem hoch. Der Stauraum wird sich durch Sedimentation ständig verkleinern. Es mussten über 1,5 Mio. Menschen umgesiedelt werden. In den neuen Gebieten ist das Arbeitsplatzangebot deutlich geringer. Der Damm liegt in einem erdbebengefährdeten Gebiet; er ist zwar so konstruiert, dass er einem Beben mit Stärke 7 standhalten soll, ein Risiko bleibt aber dennoch.
Ein so gewaltiges Bauwerk, das bei Zerstörung über 200 Mio. Menschenleben bedrohen würde, könnte zudem im Kriegsfall ein bevorzugtes Angriffsziel werden. (BE 10)

3.1 *Der Anlage IV.3 sind Water Poverty Indizes zu entnehmen, die für die vorgegebenen drei Staaten typisch sind. Ihre Aufgabe ist es, die einzelnen Indizes in ihrer Bedeutung zu erläutern und sinnvoll zuzuordnen.*

Der Water Poverty Index (WPI) gibt verschiedene Parameter an, die geeignet sind, die Wassersituation eines Staates zu beschreiben. Staat A verfügt nur über sehr geringe Wasserressourcen pro Kopf. Auch der Zugang zu Frischwasser und Sanitäranlagen ist schlechter als bei den beiden anderen Staaten. Im Bereich Pro-Kopf-Einkommen und Ausbildungsstand liegen alle drei Staaten etwa gleichauf. Die Wasserqualität des Staates A ist wiederum schlechter als die der beiden anderen Staaten. Lediglich bei der Effizienz des Wassereinsatzes weist der Staat A eine überragend positive Zahl auf. Insgesamt ist der WPI des Staates A am ungünstigsten. Interpretieren lassen sich diese Daten als Ausdruck der Lage dieses Staates in einem niederschlagsarmen Gebiet mit wenig Zuflüssen und starker Verdunstung, also hoher Temperatur. Die Bevölkerungsdichte muss hoch sein. Der Staat ist in der Lage, seine geringen Wasserressourcen mit hochmodernen Methoden und ausgeklügelter Technologie extrem effizient zu nutzen. Das gilt für Landwirtschaft, Industrie und Haushalte gleichermaßen. Mit dieser Charakteristik kann bei Staat A nur Israel gemeint sein.

Staat B besitzt umfangreiche Wasserressourcen pro Kopf. Die Bevölkerung hat einen optimalen Zugang zu Frischwasser und Sanitäranlagen. Die Wasserqualität ist gut. Allerdings ist die Effizienz des Wassereinsatzes ausgesprochen schlecht. Der WPI erreicht den vergleichsweise höchsten Wert. Damit könnte ein Staat beschrieben werden, der in niederschlagsreichen Breitengraden liegt und eine geringe Bevölkerungsdichte hat. Die Infrastruktur muss gut ausgebaut sein. Es muss sich um eine hoch entwickelte Industrienation handeln, die sehr großzügig mit dem Wasser umgeht. Die geringe Effizienz kann durch Privathaushalte und Industrie hervorgerufen werden, wahrscheinlich ist aber auch, dass die großflächige Intensivlandwirtschaft mit ineffizienten Bewässerungsmethoden arbeitet. Das sind klassische Merkmale für die USA, die den Staat B darstellen.

Staat C hat einen recht niedrigen Wert bei den Wasserressourcen pro Kopf, wahrscheinlich aufgrund hoher Bevölkerungsdichte. Der optimale Zugang zu Frischwasser deutet auf eine hoch entwickelte Infrastruktur hin. Pro-Kopf-Einkommen und Ausbildungsstand sind gut, Wasserqualität und Effizienz des Wassereinsatzes erreichen einen mittleren Wert. Auch der WPI hält sich im mittleren Bereich. Damit dürfte Staat C Singapur sein, das trotz seiner Lage in den immerfeuchten Tropen und der hohen Niederschläge nur einen geringen Wert für die Wasserressourcen pro Kopf hat, da es eine sehr hohe Bevölkerungsdichte aufweist. (BE 10)

3.2 *Sie sollen zunächst die wesentlichen Aspekte der in der Anlage IV.4 dargestellten Veränderungen der Wasserverfügbarkeit aufzeigen. Dann sollen Sie zwei (!) Problemkreise erläutern, die sich daraus ergeben können.*

Das Säulendiagramm in der Anlage zeigt die Verteilung der jährlich verfügbaren Süßwassermenge auf die Weltbevölkerung in den Jahren 1995 und 2025. Der Anteil der Weltbevölkerung, der 1995 unter Wassermangel litt, betrug etwa 30 %. Bis 2025 wird dieser Wert auf 35 % steigen. Auch der Anteil der Bevölkerung, die von Wasserknappheit betroffen ist, steigt innerhalb von 30 Jahren voraussichtlich von 12 % auf etwa 15 %. Addiert man beide Werte, so wird 2025 etwa die Hälfte der Weltbevölkerung unter Wassermangel bzw. -knappheit leiden, während es 1995 erst etwa 42 % waren. Dem entspricht, dass der Anteil der Weltbevölkerung mit ausreichender Frischwasserversorgung von 1995 bis 2025 von 55 % auf 48 % zurückgehen wird.

Diese Entwicklung beschwört eine Zunahme internationaler Konflikte herauf, die um die Verteilung der knappen Wasserreserven potenziell ausbrechen werden. Beispielsweise können Staaten aus dem Oberlauf grenzüberschreitender Flüsse große Wassermengen entnehmen, die dann den Staaten am Unterlauf fehlen.
Global wachsen die Bevölkerungszahlen, was zu einer Verschärfung des Frischwassermangels führt. Dieser Mangel wird besonders in den ärmsten Regionen zunehmen, da hier die Bevölkerung überproportional wächst. Dadurch werden die Wasserpreise steigen; viele werden sich das Grundnahrungsmittel Wasser kaum mehr leisten können. Zusätzlich verschlechtert sich die Ernährungs- und Hygienesituation. In der Folge werden Krankheitsgefahren und die Kindersterblichkeit zunehmen. Die Migration aus Wassermangelgebieten wird steigen und die Probleme auch in die Regionen tragen, die ohne Zuwanderung noch über genügend Wasser verfügen würden. (BE 10)

Leistungskurs Geographie (Bayern): Abiturprüfung 2009 – Aufgabe I
Spanien

1 Naturraum und Geoökologie

1.1 Ordnen Sie die in Anlage I.1 dargestellten Niederschlagsverhältnisse A, B und C den Klimastationen Logroño (42° 27' N, 2° 20' W), Santander (43° 48' N, 3° 49' W) und Cádiz (36° 32' N, 6° 18' W) zu, indem Sie diese jeweils erklären!

1.2 Der Süden Spaniens gehört zu den Regionen Europas mit den größten Erosionsschäden.
Erläutern Sie anhand von drei unterschiedlichen Aspekten, weshalb die Erosionsgefährdung im südlichen Teil Spaniens besonders groß ist! (20 BE)

2 Asturien – Wirtschaftliche Entwicklung

Die im Nordwesten Spaniens liegende Region Asturien erlebt seit den 1980er Jahren einen tiefgreifenden Strukturwandel.
Legen Sie die Merkmale dieses Wandels sowie deren Ursachen umfassend dar und diskutieren Sie die künftigen Entwicklungschancen dieser Region! Argumentieren Sie mithilfe der Materialien in Anlage I.2 und beziehen Sie dabei geeignete Atlaskarten mit ein! (22 BE)

3 Einwanderungsland Spanien

3.1 Anlage I.3 zeigt den Altersaufbau ausgewählter Einwanderergruppen in Spanien.
Beschreiben und begründen Sie die grundlegenden Unterschiede!

3.2 Zeigen Sie drei sozioökonomische Folgen auf, die sich aus der Zuwanderung für Spanien ergeben! (18 BE)

(60 BE)

Anlage I.1: Niederschlagsverhältnisse ausgewählter Klimastationen in Spanien (Niederschlag in mm, die Zahlen 1 bis 12 entsprechen den Monaten Januar bis Dezember)

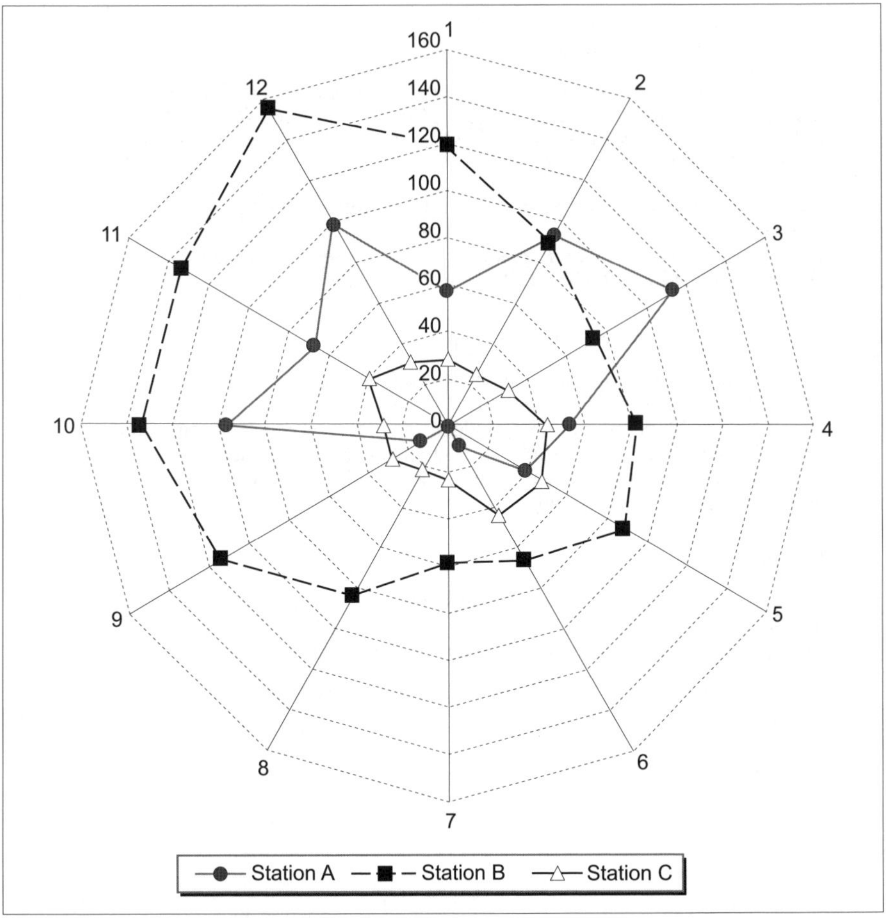

Anlage I.2: Asturien – Lage und ausgewählte kulturgeographische Daten

M 1: Demographische Entwicklung

	1980	1995	2004
Gesamtbevölkerung	1 127 007	1 117 370	1 073 761
Geburtenrate (‰)	12,87	6,09	6,81
Sterberate (‰)	9,15	11,08	11,84

M 2: Erwerbs- und Wirtschaftsstruktur

	Anzahl der Beschäftigten in Tsd. (jeweiliger Anteil an den Gesamtbeschäftigten)			**Beiträge zum BIP in Mio. €** (Anteil am BIP Asturiens)
	1981	**1985**	**2004**	**2004**
Primärer Sektor	95 (25 %)	82 (24 %)	26 (7 %)	500 (3 %)
Sekundärer Sektor				
Bergbau, Handwerk, Industrie und Energie	113 (30 %)	99 (28 %)	70 (18 %)	4 035 (22 %)
Baugewerbe	27 (7 %)	24 (7 %)	43 (11 %)	2 318 (13 %)
Tertiärer Sektor	146 (38 %)	144 (41 %)	249 (64 %)	11 143 (62 %)
Asturien gesamt	**381 (100 %)**	**349 (100 %)**	**390 (100 %)**	**17 996 (100 %)**

Anteil Asturiens am BIP Spaniens	1980: 2,8 %	2004: 2,2 %

M 3: Landwirtschaft (2005)

Anzahl der Betriebe	30 930
Landwirtschaftlich genutzte Fläche (LF)	393 150 ha
Anzahl der Betriebe mit Milchviehhaltung	6 170
durchschnittliche Zahl an Milchkühen	17
Betriebe mit Rebanlagen	240

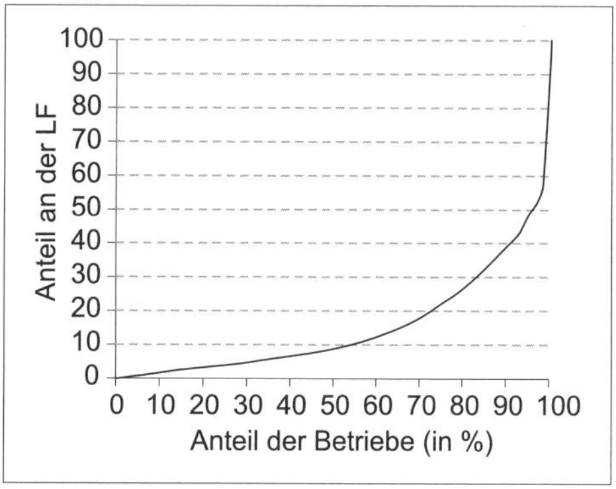

M 4: Schutzgebiete und Verkehrsinfrastruktur

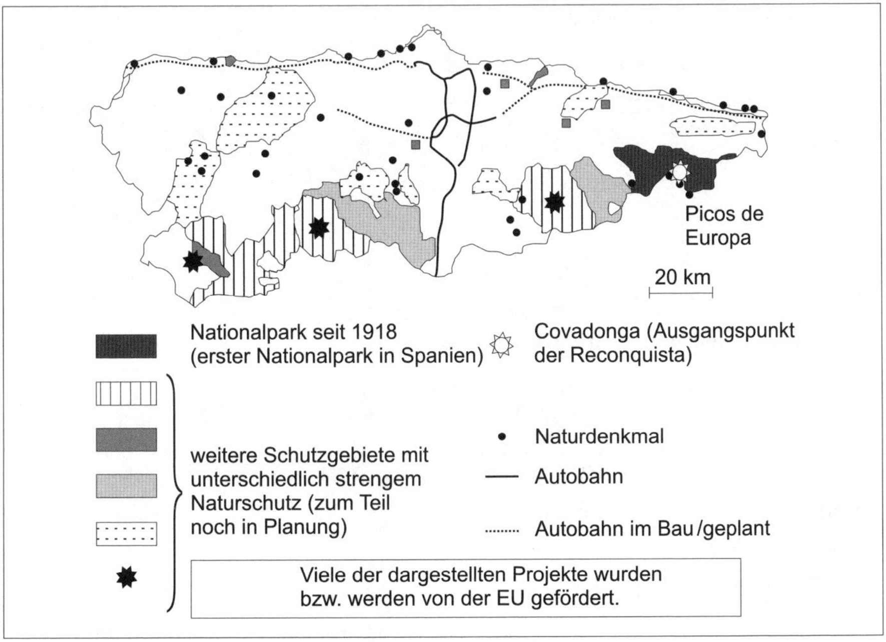

M 5: Gästeübernachtungen 2004 in Mio. (Madrid und Malaga zum Vergleich)

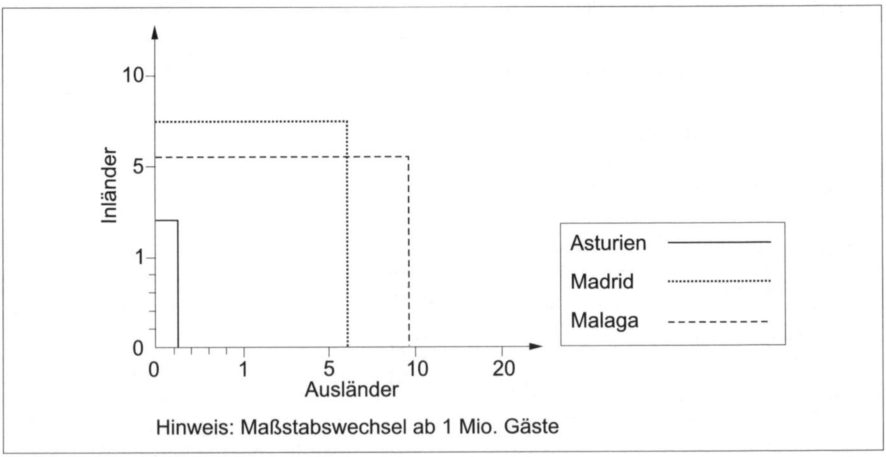

Anlage I.3: Altersaufbau ausgewählter Einwanderergruppen in Spanien 2006
(Angaben in %)

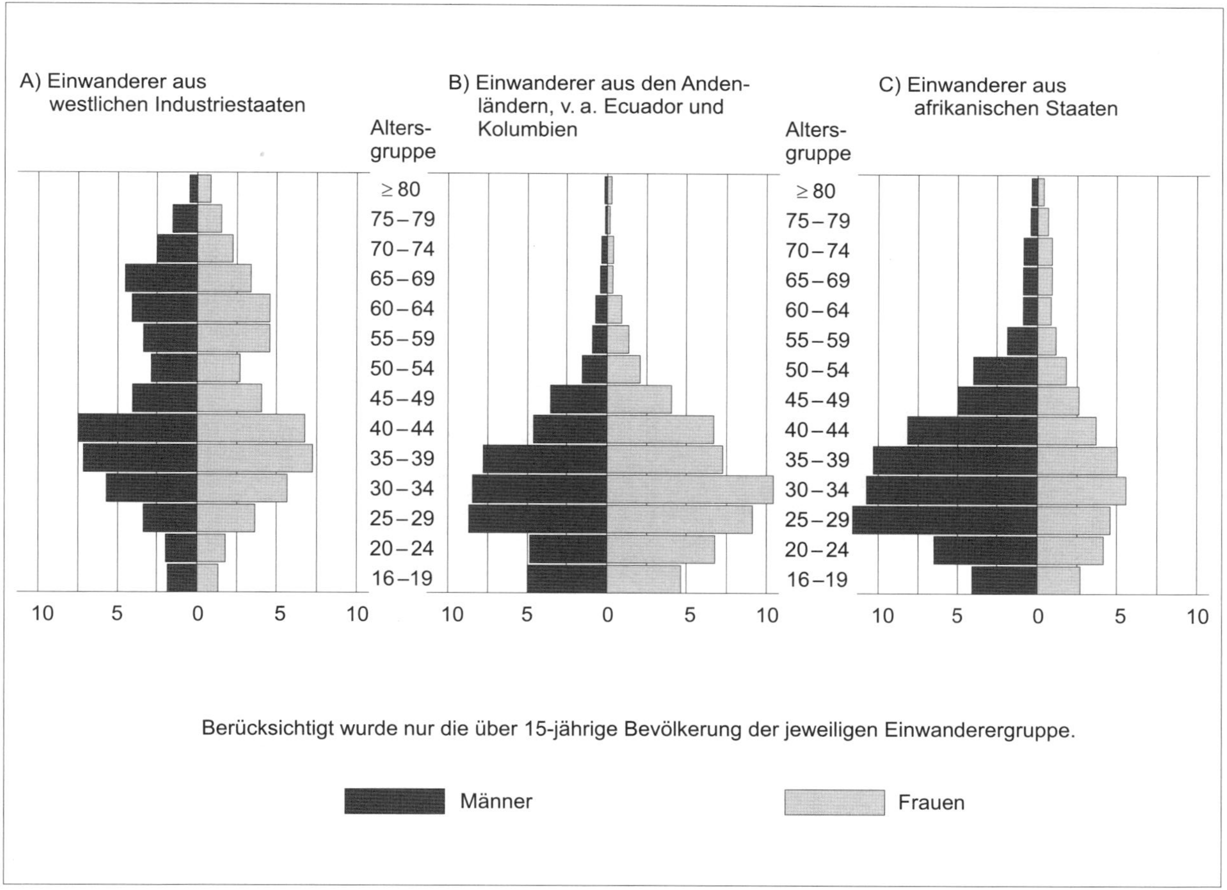

Quellenverzeichnis

Breuer, T.: Iberische Halbinsel. Darmstadt: Wissenschaftliche Buchgesellschaft, 2008, S. 144 (Anlage I.2, M 5)

Voth, A.: Wirtschaftskrise und neue Entwicklungsansätze in Nordspanien. In: Geographische Rundschau 56 (2004), Heft 5, S. 39 und 43 (Anlage I.2, M 1 und M 4)

geoklima für windows 2.01

http://www.klimadiagramme.de

http://www.ine.es/en/daco/daco42/cre0/p_asturias_en.xls

http://www.ine.es/jaxiBD/tabla.do?per=12&type=db&divi=IDB&idtab=3

http://www.sadei.es/Publi/Laborales/Empleo/2007/99.pdf

http://wpp.eurostat.ec.europa.eu/portal/page?_pageid=1996

http://www.oberaxe.es/files/datos/4890430eee744/eninforme.pdf

---

Lösungsvorschlag

1.1 *Es geht hier darum, vorgegebene Informationen sinnvoll mit regionalen Merkmalen in Verbindung zu bringen. Außerdem sollen die Informationen in der Anlage ihrer Entstehung nach erläutert werden.*
Die Darstellung der Niederschlagsverhältnisse ist etwas ungewöhnlich, jedoch leicht verständlich. Je geringer der Abstand vom Mittelpunkt ist, desto niedriger sind die Niederschläge des entsprechenden Monats.

Die Klimastation A hat ausgeprägt hohe Niederschläge in den Wintermonaten Oktober bis März. In dieser Jahreszeit liegt die Station im Einflussbereich regenbringender Westwinde, die durch die Südverschiebung der Klimagürtel im Winter hier vorherrschen. Verstärkt wird die Niederschlagsmenge durch die Küstenlage.
Im Sommer herrschen vollaride Klimabedingungen vor. Durch die sommerliche Nordverschiebung der Klimagürtel dominieren die subtropischen Hochdruckzellen mit absteigender Luftbewegung, Erwärmung und Wolkenauflösung.
Diese Merkmale deuten auf typisches Mittelmeerklima hin, das von den angegebenen Stationen nur Càdiz aufweist.

Die Station B hat zwar ebenfalls ihr Niederschlagsmaximum in den Wintermonaten, weist aber auch in den restlichen Monaten noch relativ hohe Regenmengen auf. Sie muss als ganzjährig humid eingestuft werden. Das deutet auf den Einfluss feuchter Westwinde über das ganze Jahr hinweg hin. Damit ist nur eine Lage im Norden Spaniens möglich. Da Santander an der Küste liegt und durch seine Luvlage zum Kanntabrischen Gebirge zusätzliche Steigungsregen abbekommt, ist die Zuordnung eindeutig: Station B ist Santander.

Bei der Station C fällt auf, dass sie insgesamt sehr geringe Niederschläge hat, obwohl natürlich auch sie wie ganz Spanien zeitweise unter dem Einfluss der Westwinde stehen muss. Dass trotzdem ganzjährig mit relativ ausgeglichenem Verlauf nur sehr wenig Regen fällt, kann man nur durch eine meerferne Lage und die Abschirmung durch umgebende Gebirge erklären. Diese Voraussetzungen erfüllt Logroño, das im Landesinneren und im Lee der küstenparallelen Gebirge liegt, sodass es auch bei winterlichem Westwind kaum Niederschläge erhält. (BE 12)

1.2 *Die Frage fordert Sie auf, drei deutlich unterscheidbare Aspekte anzuführen und detailliert zu erklären, die verantwortlich sind für die Erosionsgefährdung Südspaniens. Da Klima, Boden und Relief wichtige Faktoren für das Ausmaß von Erosion darstellen, sollten Sie Ihre Aspekte aus diesen drei Bereichen auswählen.*

Die Erosionsgefährdung ist besonders hoch in Gebieten mit semiariden Klimabedingungen wie in Südspanien. Während der trockenen Jahreszeit im Sommer verkrustet und vertrocknet der Boden, sodass die Starkregen der Wintermonate kaum in den Boden eindringen können und zum großen Teil an der Oberfläche abfließen. Dabei können sie flächenhaft den Oberboden abschwemmen und große Erosionsschäden anrichten. Dieses Phänomen verstärkt sich natürlich bei hoher Reliefenergie und hohen Temperaturschwankungen zwischen Tag und Nacht, die die physikalische Verwitterung erhöhen. Auch bei Zerstörung der natürlichen Vegetation durch Rodung, Überweidung oder Anlage von Ackerflächen werden die Voraussetzungen für Erosion verbessert.
Da alle drei Aspekte auf Südspanien zutreffen, ist diese Region innerhalb Europas besonders stark erosionsgefährdet. (BE 8)

2 *Diese Teilaufgabe erfordert eine sehr ausführliche Antwort. Das wird schon aus der Anzahl der zu vergebenden Bewertungseinheiten deutlich. Drei Operatoren müssen dabei unterschieden werden. Zunächst sollen Sie mithilfe der Anlagen die wesentlichen Aspekte der Entwicklung Asturiens erkennen und beschreiben. Dann sind Sie aufgefordert, deren Ursachen anzuführen. Schließlich sollen Sie mit verschiedenen Argumenten darlegen, welche Chancen für die Zukunft diese Region hat. Das mündet dann in eine begründete Bewertung.*
Zu dieser Teilaufgabe gehören sehr viele Materialien. Kennzeichnen Sie die bereits ausgewerteten Materialteile und bedenken Sie, dass die Aussagekraft der einzelnen Materialien zur Lösung der Frage sehr unterschiedlich sein kann.

Der Wandel Asturiens seit etwa 1980 erfasst sowohl demographische Aspekte als auch deutliche Veränderungen in den drei Wirtschaftssektoren.
Die Bevölkerungsentwicklung ist insgesamt negativ. Von 1980 bis 2004 nahm Asturiens Einwohnerzahl um ca. 54 000 Menschen ab. Erklärbar ist dies durch fast eine Halbierung der Geburtenrate zwischen 1980 und 2004 sowie eine Zunahme der Sterberate. Zahlen über eventuelle Wanderungsverluste liegen nicht vor, sind aber zu vermuten.
Im primären Sektor hielt sich der Anteil der Beschäftigten mit 25 % bzw. 24 % an den Gesamtbeschäftigten bis 1985 relativ hoch, auch wenn die Absolutzahlen schon von 95 000 auf 82 000 Beschäftigte zurückgingen. Der große Einbruch erfolgte dann bis 2004. In diesem Zeitraum reduzierte sich die Anzahl der Beschäftigten auf ca. 26 000, was nur noch einem Anteil von 7 % an den Gesamtbeschäftigten entsprach. Diese 7 % trugen nur noch 3 % zum BIP Asturiens bei; sie waren also ausgesprochen unproduktiv. Sicherlich liegt das an den strukturellen Problemen der Landwirtschaft, die ihre Konkurrenzfähigkeit immer mehr einschränkten, vor allem nach dem Beitritt Spaniens zur EU. Das Relief ist sehr ungünstig und die durchschnittliche Betriebsgröße sehr gering. Kleinbetriebe mit niedrigem Mechanisierungsgrad haben aber innerhalb der EU kaum eine Chance. In Asturien verfügen 90 % der landwirtschaftlichen Betriebe nur über ca. 40 % der landwirtschaftlichen Fläche, während den restlichen 10 % der Betriebe 60 % der Fläche gehören. Die weit überwiegende Anzahl der Betriebe ist also den Klein- und Kleinstbetrieben zuzurechnen.
Im sekundären Sektor wurde der zwischen 1981 und 2004 erfolgte Verlust von 41 000 Arbeitsplätzen bei Bergbau, Handwerk, Industrie und Energie wenigstens teilweise ausgeglichen durch eine Zunahme im Baugewerbe um 16 000 Beschäftigte. Insgesamt trugen im sekundären Sektor 29 % der Gesamtbeschäftigten 35 % zum BIP Asturiens im Jahr 2004 bei.
Die Altindustrien auf Kohlebasis wie Eisen und Stahl verloren zunehmend an Bedeutung, da sie der billigeren ausländischen Konkurrenz mit niedrigeren Förderkosten unterlegen waren. Für „Zukunftsindustrie" war Asturien mit seiner peripheren Lage und einer allmählich beginnenden Überalterung der Bevölkerung wenig attraktiv. Eine Ausnahme bildete das Baugewerbe, das zwischen 1981 und 1985 zwar infolge der Struktur-

krise einen Abschwung erlitt, seitdem jedoch starke Beschäftigungsimpulse ausstrahlt. Der Staat und auch die EU setzten gezielt große Investitionen ein, um die Infrastruktur, insbesondere den Straßenbau, zu fördern.
Der tertiäre Sektor stagnierte bis 1985. Danach ging es steil bergauf, sodass er 2004 64 % der Gesamtbeschäftigten stellte, die 62 % zum BIP Asturiens beitrugen. Bis 1985 fehlten hier aufgrund des allgemeinen wirtschaftlichen Niedergangs der Region neue Impulse. Dann aber schuf die Privatwirtschaft im Zuge einer Neuausrichtung vielfältige Beschäftigungsmöglichkeiten. Insbesondere der Binnentourismus und die häufig von der EU-Regionalförderung unterstützten Naturschutzprojekte sollen hier beispielhaft erwähnt werden.

Künftige Entwicklungschancen für Asturien kann man im tertiären Sektor sehen. Beispielsweise lässt sich der schon bestehende Binnentourismus sicher auch auf ausländische Touristen erweitern, zumal die Erreichbarkeit durch die geplanten Autobahnen deutlich verbessert wird.
Im sekundären Sektor ist das Baugewerbe stark von öffentlicher Förderung abhängig, was Vorhersagen erschwert. Die noch bestehende Montanindustrie und auch andere Industriezweige werden trotz aller Anstrengungen, die Infrastruktur zu verbessern, weiterhin mit den Problemen „periphere Lage“ und „Überalterung der Bevölkerung“ zu kämpfen haben.
In der Landwirtschaft werden zwar die Strukturprobleme weiterhin bestehen. Vielleicht aber hat man bei Einbindung des Tourismus verstärkt Möglichkeiten bei der lokalen Vermarktung der Produkte, u. U. auch mithilfe der Ökolandwirtschaft. (BE 22)

3.1 *Sie sollen der Anlage die wesentlichen Unterschiede im Altersaufbau entnehmen und dafür die entscheidenden Gründe anführen.*

Auffallend beim Altersaufbau der Einwanderer aus den westlichen Industriestaaten sind die hohen Anteile der 30–44-Jährigen sowie der 55–69-Jährigen. Für die erste Gruppe ist anzunehmen, dass Spanien ein attraktives Zielland für qualifizierte Arbeitskräfte darstellt, da einerseits hohe Arbeitslosigkeit in den Quellgebieten herrscht, andererseits in Spanien z. B. die Bauindustrie seit dem EU-Beitritt boomt und Arbeitsmöglichkeiten bietet.
Bei der zweiten Gruppe erweist sich Spanien als begehrtes Zielland für Ruhesitzwanderer. Klimagunst, gute Infrastruktur und günstige Lebenshaltungskosten dürften hier ausschlaggebend sein.

Die Darstellung des Altersaufbaus der Einwanderer aus den Andenländern ist gekennzeichnet durch die Pyramidenform der Altersgruppen über 30 Jahre. Aber auch die unter 30-Jährigen haben noch einen relativ großen Anteil. Die älteren Jahrgänge ab ca. 50 Jahre sind nur sehr gering vertreten. Begründen lässt sich das durch die guten Chancen der arbeitsfähigen Jahrgänge auf dem Arbeitsmarkt. Sie beherrschen die Landessprache, sind kulturell und mental den Einheimischen ähnlich und stellen darüber hinaus geringe Lohnansprüche. Der rapide Rückgang der Einwandererzahlen ab ca. 50 Jahre hat mit den stark steigenden Problemen zu tun, als Älterer noch einen Arbeitsplatz zu finden.

Beim Altersaufbau der aus Afrika nach Spanien Kommenden fällt zunächst auf, dass er dem der Einwanderer aus den Andenländern ähnelt. Daher kann man annehmen, dass auch ähnliche Motive für die arbeitsfähigen Jahrgänge eine Rolle spielen: Chancen auf dem Arbeitsmarkt durch geringe Lohnansprüche und fehlende Perspektiven im Quellgebiet. So ist Spanien aufgrund der räumlichen Nähe zum bevorzugten Zielland für afrikanische Migranten geworden.

Ein Unterschied ist jedoch ganz deutlich: Bei den Einwanderern aus afrikanischen Staaten gibt es ein unausgewogenes Geschlechterverhältnis. Bei allen Jahrgängen überwiegen bei Weitem die männlichen Zuwanderer. Das ist das Ergebnis einer selektiven Abwanderung. Die Familie bleibt im Herkunftsland, der Haushaltsvorstand wandert aus. Afrikanische Frauen hätten bei einer Auswanderung viel höhere Barrieren zu überwinden. Außerdem würde sie nur ein geringeres Arbeitsplatzangebot im Zielland erwarten. Im Gegensatz dazu wandern aus den Andenländern ganze Familien aus, auch wenn nur der Mann Arbeit finden sollte. (BE 12)

3.2 *Sie sollen drei Folgen darlegen, die sich aus der Zuwanderung ergeben. Trennen Sie dabei nach „Ruhesitzwanderern“ und „Arbeitssuchenden“. Achten Sie darauf, dass Sie sich auf drei Konsequenzen beschränken und diese wirklich aus dem Bereich der Sozioökonomie kommen.*

Die Zuwanderung finanzstarker Ruhesitzwanderer hat für Spanien natürlich positive Folgen: Die Binnenkonjunktur wird gestärkt, die Baubranche erhält Aufschwung und zusätzliche Arbeitsplätze zur Versorgung der Einwanderer entstehen. Auch werden das Steueraufkommen bzw. Konsumausgaben entsprechend steigen.
Bei Einwanderern aus Afrika oder Südamerika sind die Folgen zwiespältig. Einerseits wird die Wettbewerbsfähigkeit durch sinkende Lohnkosten und kostengünstige Erzeugung von Produkten gestärkt. Das gilt besonders für Erzeugnisse mit hoher Arbeitsintensität, beispielsweise für landwirtschaftliche Produkte.
Andererseits verschärft sich die Arbeitslosigkeit bei einem Überangebot an Arbeitskräften mit all seinen negativen Folgeerscheinungen. Die einheimische Bevölkerung ist dabei besonders betroffen. Nicht nur beim Kampf um Arbeitsplätze, sondern auch bei der Nachfrage nach Wohnungen in bevorzugten, günstigen Gegenden unterliegt sie häufig der ausländischen Konkurrenz und wird in unattraktivere Räume abgedrängt. (BE 6)

Leistungskurs Geographie (Bayern): Abiturprüfung 2009 – Aufgabe II: Zentralasien und die Schwarzmeerregion

1 Naturraum

1.1 Begründen Sie das aus Anlage II.1 ablesbare Muster der Wasserspiegelschwankungen des Kaspischen Meeres!

1.2 Ab den 1920er-Jahren sank der mittlere Wasserspiegel des Kaspischen Meeres zunächst stetig um gut 3 m auf –28,7 m NN, ab den 1970er-Jahren stieg er wieder stark an auf –26,2 m NN im Jahr 2004.
Legen Sie mögliche Gründe für diese langfristigen Wasserstandsschwankungen sowie deren Auswirkungen auf die Region dar! (20 BE)

2 Ressourcen

2.1 Arbeiten Sie Gründe für den Bau der in Anlage II.2 dargestellten Pipeline von Baku über Tiflis (auch: Tbilissi) zum türkischen Hafen Ceyhan bei Adana (Inbetriebnahme 2006) heraus!

2.2 Erläutern Sie die in Anlage II.3 dargestellten Veränderungen der Wasserentnahme aus den Flüssen Syrdarja (auch: Syr-Darja) und Amudarja (auch: Amu-Darja) und zeigen Sie zwei aus der Wassernutzung resultierende Problemkreise auf! (20 BE)

3 Wirtschaft der Ukraine

3.1 Die Ukraine war 2004 der Staat mit dem weltweit zweithöchsten Wert für Energieintensität.
Stellen Sie die aus Anlage II.4 ablesbaren Entwicklungen dar und erklären Sie diese!

3.2 Auf der Halbinsel Krim ist der Tourismus ein wichtiger Wirtschaftsfaktor. Seit der Unabhängigkeit der Ukraine sind die Touristenzahlen jedoch stark zurückgegangen.
Begründen Sie diese Abnahme und bewerten Sie das Potenzial der Krim für eine Wiederbelebung des Tourismus! (20 BE)

(60 BE)

Anlage II.1: Wasserspiegelschwankungen des Kaspischen Meeres (Bezugsgröße NN = durchschnittlicher Meeresspiegel der Weltmeere)

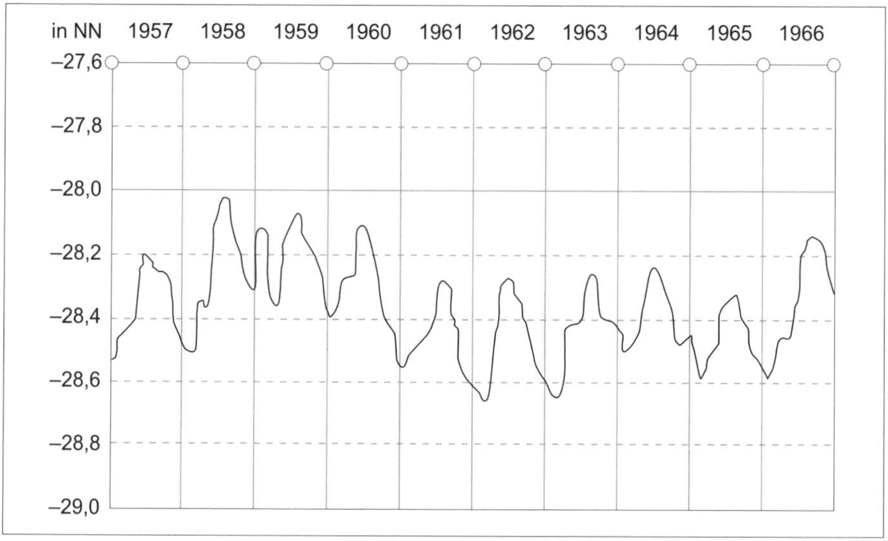

Anlage II.2: Neue Erdölpipelines in der Region des Kaspischen Meeres

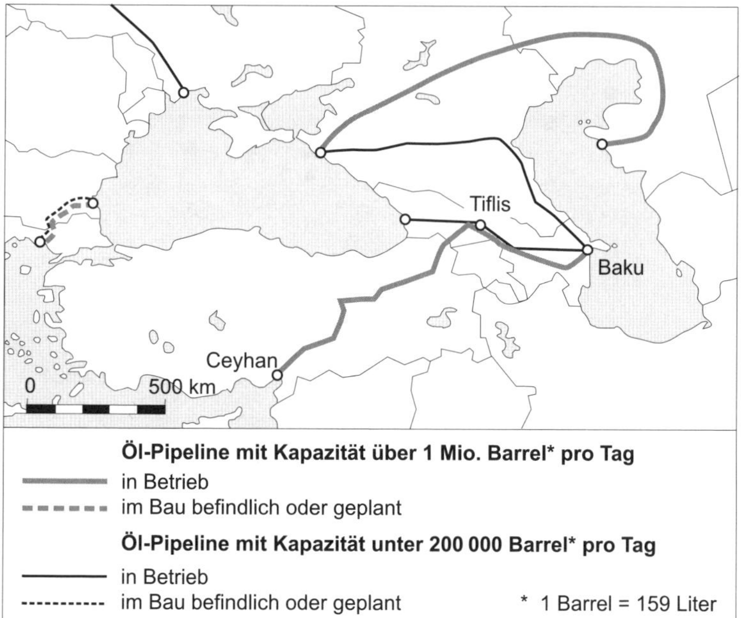

Anlage II.3: Wasserbilanzen der Flüsse im Einzugsgebiet des Aralsees (in km^3/Jahr)

	Abflussbildung[1]		Wasserentnahme		
Staat	**Syrdarja**	**Amudarja**	**1960**	**1990**	**1999**
Tadschikistan	1,0	49,6	9,8	9,3	12,5
Kirgisistan	27,6	1,6	2,2	5,2	3,3
Turkmenistan	–	1,5	8,1	23,3	18,1
Usbekistan	6,2	5,1	30,8	63,6	62,8
Kasachstan	2,4	–	9,8	11,3	8,2
SUMME	37,2	79,4[2]	60,7	112,7	104,9

1 in den jeweiligen Staaten in die Flüsse gelangendes Oberflächenwasser

2 einschließlich 21,6 km^3 Zufluss aus Afghanistan

Anlage II.4: Entwicklung des Primärenergieverbrauchs, des Bruttoinlandsprodukts und der Energieintensität der Ukraine von 1992 bis 2004 (Werte des Jahres 1992 = 100)

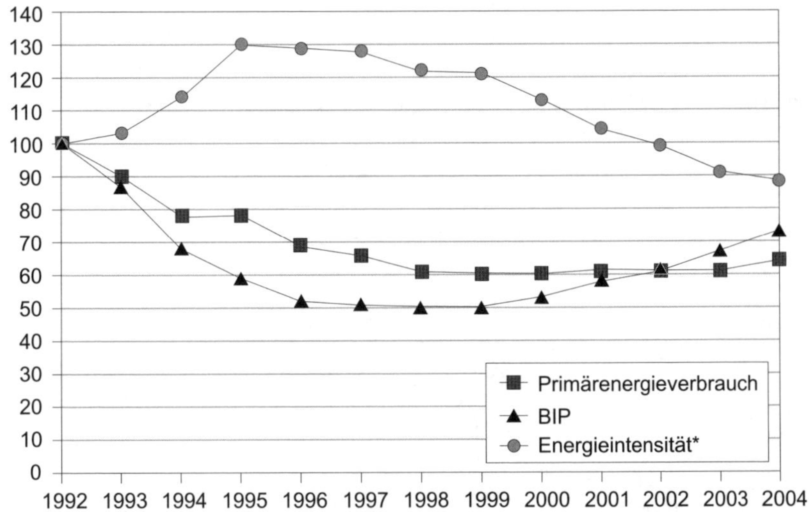

$$\text{* Energieintensität} = \frac{\text{Primärenergieverbrauch (in Megajoule)}}{\text{BIP (in US-Dollar)}}$$

Quellenverzeichnis

Giese, E./Sehring, J./Trouchine, A.: Zwischenstaatliche Wassernutzungskonflikte in Mittelasien. In: Geographische Rundschau, Heft 10, 2004, S. 11 (Anlage II.3)

Klein, V.: Die ukrainische Energiewirtschaft 21 Jahre nach Tschernobyl. In: Geographische Rundschau 59 (2007), Heft 12, 2007, S. 23 (Anlage II.4)

Müller, F.: Erdölwirtschaft im Kaspischen Raum. In: Geographische Rundschau 58 (2006), Heft 3, S. 50; Entwurf: Claudia Neumann (Anlage II.2)

Tietze, W. (Hrsg.): Westermann Lexikon der Geographie, Band II, 2. Auflage. Braunschweig, 1973, S. 751 (verändert, Anlage II.1)

Lösungsvorschlag

1.1 *Um eine Begründung einer Entwicklung vornehmen zu können, muss man erst einmal eine exakte Beschreibung liefern. Erst danach ist es sinnvoll, die Gründe für die beschriebene Entwicklung zu suchen.*

In Anlage II.1 sind die Wasserspiegelschwankungen des Kaspischen Meeres für die Zeit von 1957–1966 dargestellt. Sie bewegen sich zwischen –28,0 m und –28,6 m, bezogen auf den durchschnittlichen Meeresspiegel der Weltmeere. Es geht also um Entwicklungen, die schon vor über 50 Jahren stattgefunden haben. Ob sich diese bis heute in ähnlicher Weise fortgesetzt haben, lässt sich nicht erkennen.
Auffallend ist der in jedem Jahr von einem Minimum im Winter bis zu einem ca. 30–50 cm höheren Maximum im Sommer stattfindende Wasserspiegelanstieg. Anschließend sinkt der Wasserspiegel jeweils bis zum Winter wieder um annähernd den gleichen Betrag. Daher sind zwar pro Jahr deutliche Unterschiede zu erkennen, insgesamt ist jedoch über die 10 Jahre hinweg keine eindeutige Tendenz, sondern nur die Schwankung zwischen –28,0 m und –28,6 m feststellbar.

Dieses jährliche Phänomen hängt eng mit der Wasserführung der Wolga zusammen. Andere Zuflüsse spielen aufgrund ihrer kleinen Einzugsgebiete und ihrer geringen Wasserführung kaum eine Rolle. Der jeweils bis zum Sommer anhaltende Anstieg des Wasserspiegels ist erklärbar durch eine Wasserzufuhr, die höher ist als die Verdunstung. Die Wolga führt durch die ab dem Spätwinter beginnende Schneeschmelze und zunehmende Niederschläge dem Kaspischen Meer große Wassermengen zu. Ab dem Spätsommer kehren sich die Verhältnisse um und die Verdunstung übersteigt die Wasserzufuhr. Die Niederschläge lassen nach und werden allmählich als Schneedecke im Einzugsgebiet der Wolga zurückgehalten. Dadurch verringert sich die Wasserzufuhr und der Wasserspiegel des Kaspischen Meeres sinkt. (BE 10)

1.2 *Diese Teilaufgabe enthält zwar nur einen Operator, erfordert aber dennoch zwei Teilantworten. Zunächst sind Sie gefordert, möglichst viele Ursachen für die langfristigen Wasserstandsschwankungen zu suchen. Dann erst sollen Sie sich auf die Auswirkungen konzentrieren, die Sie einschließlich ihrer Gründe anführen sollen.*

In der Zeitphase 1920–1970 sank der mittlere Wasserspiegel des Kaspischen Meeres von ca. –25,5 m auf –28,7 m NN. Verantwortlich dafür kann man niedrigere Zuflussmengen durch geringere Niederschläge und auch höhere Verdunstungswerte durch erhöhte Temperaturen im Bereich des Kaspischen Meeres machen. Außerdem wirkte die zunehmende Entnahme von Bewässerungswasser aus den Zuflüssen in die gleiche Richtung. Schließlich fiel in diesen Zeitraum auch der Bau der großen Stauprojekte an Wolga und Kama, die in der Aufstauphase natürlich den Abfluss zusätzlich reduzierten.

Umgekehrt kann man den Anstieg des Wasserspiegels des Kaspischen Meeres auf –26,2 m NN seit 1970 auf höheren Zufluss durch stärkere Niederschläge, geringere Verdunstung durch leicht fallende Durchschnittstemperaturen und Begrenzung der Entnahme von Bewässerungswasser zurückführen. Nach Ende der Aufstauphase lieferten Wolga und Kama auch wieder die normalen Zuflussmengen.

Das Absinken des Wasserspiegels von 1920–1970 wirkte sich in einem Rückzug der Küstenlinie, besonders im flachen Nordteil, und einer Erschwerung von Schifffahrt und Fischerei aus. Diese Nachteile wurden durch die Möglichkeit, die zusätzlichen Flächen als Weideland oder Ackerflächen zu nutzen, nur zu einem kleinen Teil ausgeglichen.
Auch der Anstieg des Seespiegels seit 1970 brachte vorwiegend Probleme mit sich: Die neu angelegten landwirtschaftlichen Flächen wurden überflutet, Verkehrswege mussten verlegt werden und man musste gefährdete Siedlungen durch Deiche schützen. In der Zwischenzeit hatte man viele Öl- und Gasbohrstellen in Ufernähe angelegt, die nun bei drohender Überschwemmung Umweltschäden hervorrufen könnten. (BE 10)

2.1 *Eine nicht näher definierte Anzahl von Gründen für den Bau der in der Anlage vorgegebenen Pipeline soll genannt und ausgeführt werden. Wenn man für die Nennung eines Grundes und dessen Erläuterung jeweils die Vergabe von einer Bewertungseinheit annimmt, dürften etwa vier Gründe ausreichend sein.*

Die bis 2006 gebaute Pipeline Baku–Ceyhan hat eine Kapazität von über 1 Mio. Barrel pro Tag und vergrößert damit die Transportkapazität aus der Region des Kaspischen Meeres entscheidend. Die bisherigen Pipelines verlieren ihr Transitmonopol und müssen mit der neuen Alternative konkurrieren. Da der Verlauf der neuen Pipeline russisches Territorium umgeht, ist eine politische oder auch wirtschaftliche Einflussnahme Russlands auf Aserbaidschan ausgeschlossen. Das ist umso wichtiger, als Aserbaidschan sich sowohl politisch als auch wirtschaftlich nach Westen orientiert hat. Mit dem Zielhafen Ceyhan umgeht man die für Tanker sehr problematische und zeitaufwendige Durchfahrt durch den Bosporus, die bei allen anderen Pipelines aus der Kaspi-Region notwendig ist. Schließlich wird damit auch die Position der Türkei gestärkt, die eine strategisch wichtige Rolle zwischen Ost und West spielt. (BE 8)

2.2 *Hier liegt eine Frage mit zwei Operatoren und entsprechend zwei Teilfragen vor. Beginnen sollten Sie mit der Beschreibung der Veränderungen in der Anlage, der sich eine Erklärung anschließen sollte. Dann müssen Sie sich mit zwei Problemen beschäftigen, die aus der Wassernutzung entstehen können. Diese sollten Sie ausführlich beschreiben.*

Leider ist das Zahlenmaterial auch bei dieser Teilaufgabe (ähnlich wie bei Aufgabe 1.1) sehr veraltet – es reicht von 1960 bis 1999! – und lässt keine Rückschlüsse auf aktuelle Entwicklungen zu. Außerdem ist nicht erkennbar, auf welches Jahr sich die Abflussbildung bezieht.
Da man laut Aufgabenstellung nur Veränderungen der Wasserentnahme und Probleme aus der Wassernutzung erläutern soll, sind die Angaben zur Abflussbildung eher nebensächlich.

Die Wasserentnahme lässt sich in zwei unterschiedliche zeitliche Phasen gliedern. Von 1960 bis 1990 nahm sie in fast allen damaligen Sowjetrepubliken – Ausnahme Tadschikistan – zu. In besonderem Maße gilt dies für Usbekistan und Turkmenistan. Erklärbar ist diese Entwicklung durch die zentrale staatliche Anordnung zur Ausweitung des Bewässerungsfeldbaus. Man baute dafür den Karakumkanal und erschloss flussnahe Steppengebiete und Gebirgsoasen.
Von 1990 bis 1999 nahm nach dem Zerfall der Sowjetunion in allen Staaten – wieder mit Ausnahme Tadschikistans – die Wasserentnahme ab. Man hatte erkannt, dass die

großflächige intensive Bewässerungswirtschaft auf Baumwoll- und Reisanbau langfristig sehr problematisch war, verringerte daher die Ackerflächen und steigerte die Effizienz bei den verbleibenden Bewässerungsgebieten durch moderne, wassersparende Systeme.

Die insgesamt übermäßige Wassernutzung von Syrdarja und Amudarja schlug sich in der weitgehenden Austrocknung des Aralsees nieder. Der Salzgehalt des Wassers nahm zu, die Fischbestände wurden vernichtet und Fischerei war nicht mehr möglich. Die Bevölkerung verlor ihre Existenzgrundlage. Auch die ehemaligen Seeböden waren versalzt und unbrauchbar. Sogar das Klima änderte sich, da die temperaturausgleichende Wirkung des Aralsees wegfiel. Flora und Fauna wurden unwiederbringlich vernichtet.
Die Wasserentnahme schlug sich auch in politischen Problemen nieder. In den nach dem Zerfall der Sowjetunion souveränen Staaten eskalierten die Streitigkeiten um Wasseranteile zu einem internationalen Konflikt. Tadschikistan z. B. unterlief die Einsparungsbemühungen der anderen Staaten zwischen 1990 und 1999 durch eine Erhöhung der Wasserentnahme. (BE 12)

3.1 *Auch hier werden wieder zwei Operatoren verwendet. Es geht zunächst um eine reine Beschreibung der in der Anlage dargestellten Entwicklungen. Dann sollen diese begründet werden.*

Von 1992 bis 1995 stieg die Energieintensität stark an, da das BIP sehr stark fiel und der Primärenergieverbrauch zwar auch zurückging, aber in deutlich geringerem Ausmaß. Diese Zeit als erste Phase der Transformation nach der Unabhängigkeit der Ukraine war gekennzeichnet durch Schließung veralteter Industriebetriebe und Rückgang der Produktion. Der Primärenergieverbrauch hatte durch den weiterhin hohen Verbrauch der Haushalte und die Dominanz der weiter bestehenden, energieintensiven Schwerindustrie nur einen geringeren Einbruch.
Nach 1995 sank infolge der allmählichen Modernisierung der Wirtschaft die Energieintensität. Das BIP stabilisierte sich und stieg ab 1999 sogar leicht an. Der Primärenergieverbrauch sank nach 1995 bis etwa 1999 weiterhin leicht ab, hält sich seitdem aber weitgehend konstant. (BE 10)

3.2 *Diese Frage fordert Sie in zweifacher Hinsicht zu einer problemlösenden Antwort auf. Zunächst sollen Sie Gründe für eine vorgegebene Entwicklungstendenz des Tourismus finden. Dann sollen Sie ein mit einer persönlichen Wertung verbundenes Urteil über das Potenzial der Krim abgeben.*

In der Sowjetzeit verzeichnete die Halbinsel Krim sehr hohe Touristenzahlen, da alternative Ziele vor allem für den Sommertourismus für die Bewohner des Ostblocks nicht erreichbar waren. Nach dem Zerfall der Sowjetunion boten sich prestigeträchtigere Ziele z. B. im ganzen Mittelmeerraum an, was zu einem Bedeutungsverlust der Krim führte. Westeuropäische Touristen nahmen andererseits die Halbinsel Krim nicht als neues Ziel an, da die touristische Infrastruktur veraltet war und daher trotz der Naturschönheiten nur eine geringe Attraktivität bestand.

Das Potenzial der Krim für eine touristische Wiederbelebung ist jedoch sehr hoch. Die Halbinsel ist auf dem Land- und Seeweg gut erreichbar, hat mildes Klima und weitgehend unverbaute Küsten am Schwarzen Meer. Neben sommerlichem Badetourismus bietet sie sich auch als kostengünstige Alternative für Kreuzfahrtziele an. Denn das Preis- und Lohnniveau ist relativ niedrig, die Rahmenbedingungen zum Ausbau einer wettbewerbsfähigen touristischen Infrastruktur sind somit günstig. Man könnte mithilfe der Sehenswürdigkeiten des alten Kulturraumes und der landschaftlichen Vielfalt auch den Besichtigungs- und Städtetourismus noch intensivieren. (BE 10)

Leistungskurs Geographie (Bayern): Abiturprüfung 2009 – Aufgabe III: Ecuador

1 Naturraum und Landnutzung

1.1 Anlage III.1 stellt den Niederschlagsgang von zwei Klimastationen in Ecuador dar.
Erklären Sie die Unterschiede!

1.2 Anlage III.2 zeigt die Landnutzung in einer 50 Kilometer östlich von Quito gelegenen Dorfgemeinde Ecuadors in verschiedenen Jahren.
Erläutern Sie die wesentlichen Veränderungen und stellen Sie die sich daraus ergebenden geoökologischen Folgen dar! (20 BE)

2 Wirtschaft

2.1 Beurteilen Sie die in Anlage III.3 dargestellte Veränderung der Exportstruktur Ecuadors und die sich daraus für das Land ergebenden Entwicklungschancen!

2.2 Ecuador gehört zu den weltweit wichtigsten Produzenten von Schnittblumen. Auf etwa 3 000 ha werden in Foliengewächshäusern vor allem Rosen für den europäischen und nordamerikanischen Markt gezüchtet. In rund 300 Betrieben sind ca. 39 000 Arbeitskräfte beschäftigt.
Erörtern Sie, welche Vor- und Nachteile sich aus diesem Wirtschaftszweig für Ecuador ergeben! (20 BE)

3 Bevölkerung

3.1 Begründen Sie mithilfe geeigneter Atlaskarten die in Anlage III.4 dargestellte Verteilung und Entwicklung der Bevölkerung in den drei Regionen Ecuadors!

3.2 Schätzungen gehen davon aus, dass etwa ein Fünftel der 14 Mio. Einwohner Ecuadors als Arbeitsmigranten im Ausland lebt, insbesondere in Spanien.
Bewerten Sie die Auswirkungen dieser Migration auf die wirtschaftliche Entwicklung des Heimatlandes! (20 BE)

(60 BE)

Anlage III.1: Niederschlagsgang von zwei Klimastationen in Ecuador

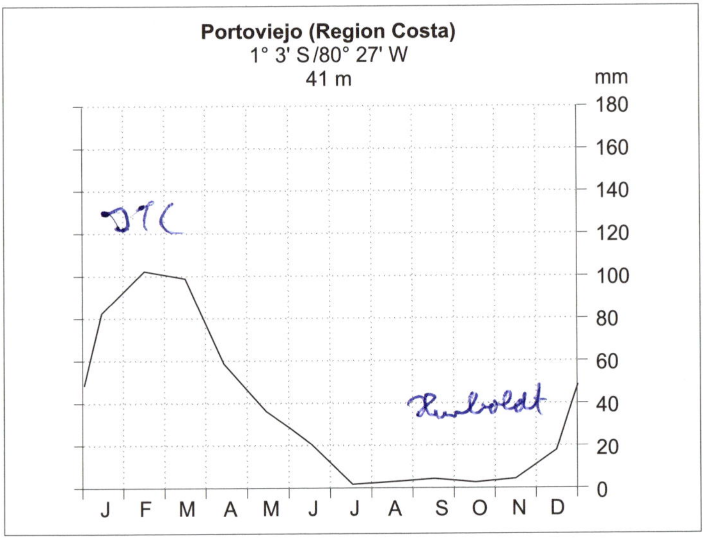

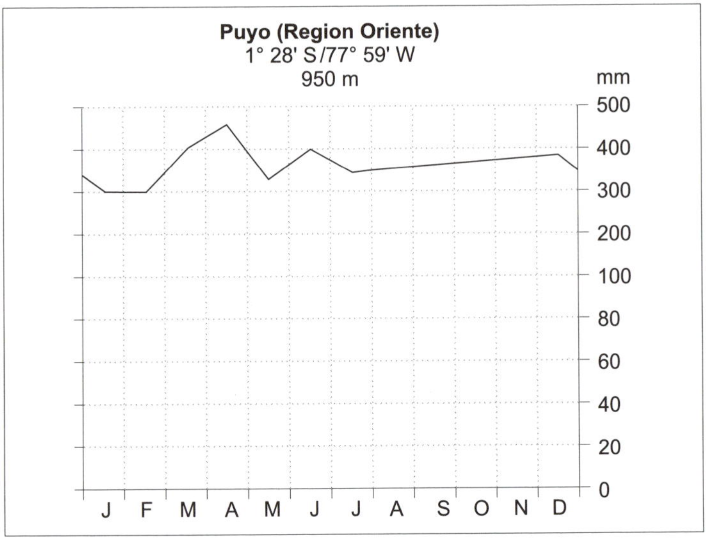

Anlage III.2: Landnutzung in einer Dorfgemeinde 50 km östlich von Quito/Ecuador

M 1: Landnutzungsarten

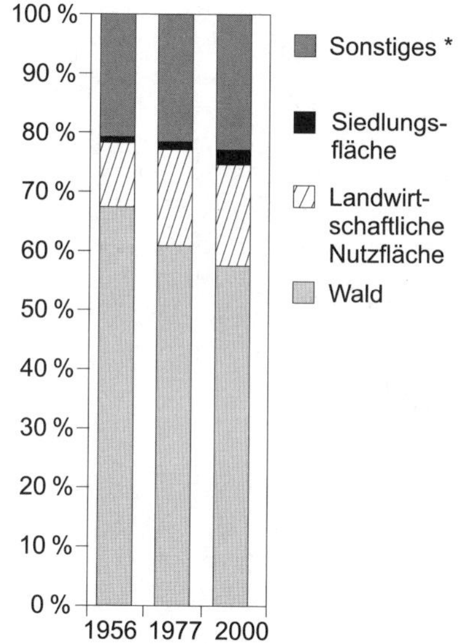

* u. a. Gewässer, Ödland, nicht mehr nutzbares Land

M 2: Landwirtschaftliche Nutzfläche

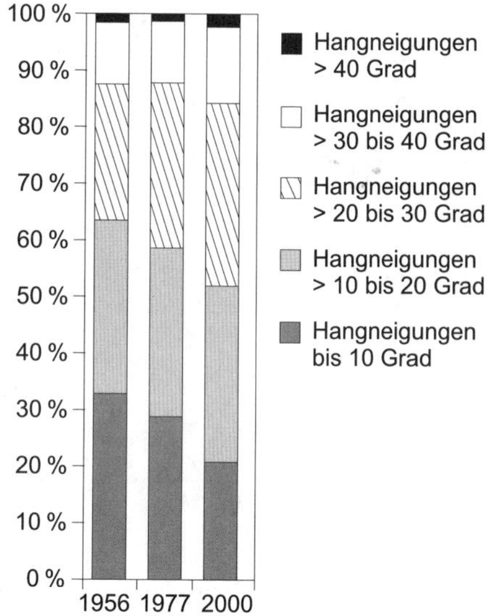

Anlage III.3: Erlöse ausgewählter Exportprodukte Ecuadors (in Mio. US-$)

Exportprodukte	**1990**	**1992**	**1994**	**1996**	**1998**	**2000**	**2002**	**2004**	**2006**
Bananen	477	625	731	958	1 054	802	937	985	1 148
Erdöl	1 268	1 260	1 185	1 521	789	2 144	1 839	3 899	6 934
Fisch	6	7	35	46	110	111	301	365	575
Garnelen	325	513	540	620	839	279	244	324	581
Schnittblumen	7	15	36	69	112	135	216	258	309
Gesamtexporte	2 724	3 102	3 843	4 873	4 203	4 927	5 036	7 753	12 728

Anlage III.4: Einwohnerzahlen in den Regionen Ecuadors (ohne Galapagos-Inseln)

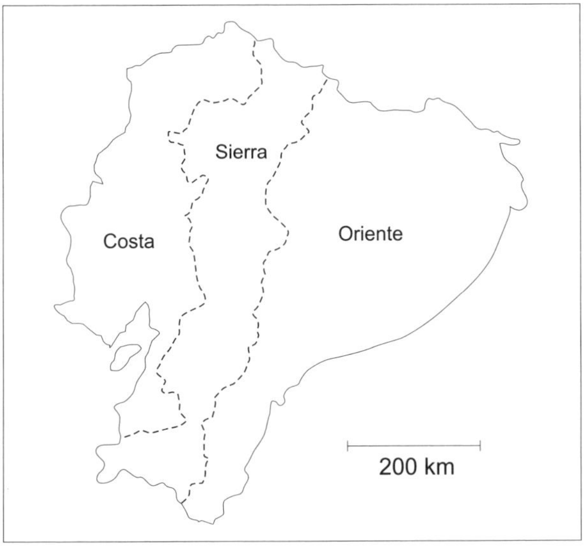

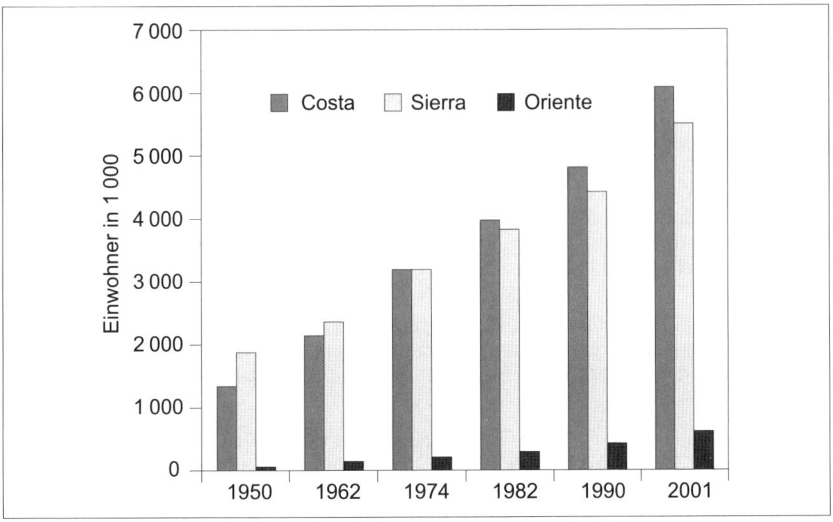

Quellenverzeichnis

Levin, G. / Reenberg, A.: Land use driven conditions für habitat structur. A case study from the Ecuadorian Andes. In: Geografisk Tidsskrift, Band 102, 2002, S. 84, 86 (Anlage III.2)
Fischer Weltalmanach 1993, 1995 und 1997
geoklima für windows 2.01
http://www.ecuadorexporta.org
http://www.inec.gov.ec/web/guest/publicaciones/anuarios/cen_nac/fas_prov
http://www.inka-ev.de/deutsch/inhalte/inkainfo/pdf_Dateien/schnittblumen.pdf
Bernhard Mühr, http://www.klimadiagramme.de/Samerika/ecuador.html (Anlage III.1)

Lösungsvorschlag

1.1 *Die Arbeitsanweisung ist klar und eindeutig: Sie sollen die Unterschiede des Niederschlagsgangs von zwei vorgegebenen Klimastationen benennen und begründen.*

Die Klimastation Portoviejo zeigt beim jährlichen Niederschlagsgang eine Regenzeit mit einem Maximum im Februar / März und einer ausgeprägten Trockenzeit mit einem Minimum zwischen Juli und November.
Die Regenfälle von bis zu 100 mm pro Monat im Februar / März gehen zurück auf die verlagerte ITC und die damit verbundenen Zenitalregen. Dadurch wird der aus Westen kommende Wind, der sich bereits vor der Küste über dem kalten Humboldtstrom abgeregnet hat, überlagert.
In den Monaten zwischen Juli und November verliert die ITC an Einfluss und der Humboldtstrom gewinnt an Bedeutung. Die über den Pazifik kommenden Luftmassen haben kaum mehr Luftfeuchtigkeit, wenn sie auf die Küste auftreffen. Da auch die über Land wehenden Passatwinde keinen Regen bringen, bildet sich bei Portoviejo ausgeprägte Aridität aus. Lediglich die Bildung von Küstennebeln ist zu beobachten.

Die Klimastation Puyo, die fast 1 000 m hoch liegt, weist dagegen ganzjährig hohe Niederschläge auf. Sie liegt am Rand des Amazonasbeckens in den inneren Tropen und zusätzlich an der Ostabdachung der Anden. Dadurch erhält sie einerseits Konvektionsregen infolge hoher Verdunstung, andererseits auch Steigungsregen durch die Luvlage gegenüber den feuchten Luftmassen der Passatwinde, die sich im Stau vor den Anden abregnen. Dadurch ergeben sich kontinuierliche Niederschläge von durchschnittlich fast 400 mm pro Monat. Das gering ausgeprägte Maximum von ca. 450 mm im April hat seine Ursache in zusätzlichen Zenitalregen. (BE 10)

1.2 *Vorgegeben ist die Landnutzung eines Dorfes in verschiedenen Jahren. Ihre Aufgabe ist es, die wichtigsten Veränderungen zu erkennen und zu verdeutlichen. Anschließend wird von Ihnen erwartet, ohne eigene Bewertung die geoökologischen Folgen zu beschreiben.*

Die Landnutzung der angeführten Dorfgemeinde hat sich von 1956 bis 2000 kontinuierlich verändert. Der Anteil der Waldfläche ging zugunsten aller anderen Nutzungsarten zurück. Insbesondere wurde die landwirtschaftliche Nutzfläche zur Steigerung der Nahrungsmittelproduktion erweitert. Auch die Deckung des Brennholzbedarfs hat zu einem Rückgang der Waldfläche geführt. Dabei ist erkennbar, dass die Erweiterung der Nutzflächen zunehmend in Gebiete mit stärkerer Hangneigung erfolgte, da durch den Siedlungsdruck auch ungünstigere Lagen erschlossen werden mussten. Folge davon war, dass in steigendem Maße Ödland und nicht mehr nutzbares Land ihren Anteil erhöhten. Denn mit größerer Reliefenergie verstärkten sich auch Bodenerosion und

Degradierung des Bodens. Auch die Siedlungsflächen selbst mussten wegen der Zunahme der Bevölkerung erweitert werden.

Geoökologische Folgen ergeben sich z. B. durch den Verlust großer Waldflächen. Bei Starkregen tritt erhöhter Oberflächenabfluss und damit die Gefahr von Überschwemmungen und Bodenerosion auf. Die Lebensräume von Flora und Fauna werden zerstört. Besonders stärker geneigte Hänge sind durch Bodenrutschungen gefährdet und erfordern einen hohen Arbeitsaufwand, z. B. durch die Anlage von Terrassen. Auch die Erweiterung der Siedlungsflächen mit ihrem zusätzlichen Flächenverbrauch erhöht die Bodenversiegelung und steigert damit die Gefahr von Wasserschäden. (BE 10)

2.1 *Bei dieser Aufgabe sollen Sie ein begründetes Urteil über Strukturveränderungen abgeben. Diese müssen Sie vorab erkennen und benennen. Dann wird von Ihnen gefordert, die sich aus den Veränderungen ergebenden Entwicklungschancen zu bewerten.*

Die Exportstruktur Ecuadors wird für die Jahre 1990–2006 dargestellt. Mit Ausnahme des Jahres 1998 haben sich die Erlöse aus dem Gesamtexport jedes Jahr gesteigert und erreichten 2006 fast den fünffachen Wert von 1990. Den größten Beitrag dazu leistete jeweils – wieder mit Ausnahme des Jahres 1998 – der Erdölexport, dessen Erlöse zwischen einem Drittel und der Hälfte des Erlöses des Gesamtexportes ausmachten. Erdöl ist also der wichtigste Devisenbringer des Landes, aber schwankende Weltmarktpreise und eine absehbare Erschöpfung dieser Ressource lassen keine gesicherten und zuverlässigen Aussagen für die Zukunft zu. Die übrigen Exportprodukte aus der Land- und Fischereiwirtschaft haben deutlich an Bedeutung gewonnen und stellen heute einen wichtigen Anteil am Export. Dadurch sinkt die einseitige Exportabhängigkeit Ecuadors vom Erdöl. Allerdings sind auch alle anderen Produkte stark weltmarktabhängig mit schwankenden Erlösen. Zusätzlich drohen noch unvorhersehbare Produktionsausfälle z. B. bei Monokulturen oder auch beim Fischfang.

Aufgrund der Diversifizierung der Exportstruktur, des nach wie vor begehrten Hauptexportguts Erdöl sowie der Steigerung der Gesamtexporte hat Ecuador in zunehmendem Maße Chancen, durch die Investition der Exporteinnahmen den wirtschaftlichen Strukturwandel vom Entwicklungs- zum Schwellenland zu schaffen. (BE 10)

2.2 *Die Bedeutung eines bestimmten Wirtschaftszweiges wird mit einigen Daten vorgegeben. Sie sollen nun unter Abwägung von Pro- und Kontra-Argumenten darlegen, welche Vor- und Nachteile damit für Ecuador verbunden sind. Zwar ist eine eigene Beurteilung nicht ausdrücklich gefordert, wäre jedoch durchaus sinnvoll.*

Die ausschließlich exportorientierte Schnittblumenproduktion erhöht die Exporterlöse Ecuadors und trägt zu einer sinnvollen Diversifizierung der Exportstruktur bei. Sie ermöglicht den Übergang von der Subsistenzwirtschaft zur Marktproduktion, schafft Arbeitsplätze und erhöht die Kaufkraft. Das alles gilt natürlich nur, so lange Schnittblumen aus Ecuador in den Industrieländern begehrt sind und keine Nachfrageschwankungen oder -rückgänge auftreten.

Diesen Vorteilen stehen jedoch auch viele Nachteile und Probleme gegenüber. So entsteht z. B. Konkurrenz an anderen Produktionsstandorten in tropischen Hochlandregionen. Ecuador verdient am Export relativ wenig, da der größte Gewinnanteil an die Blumengroßhändler außerhalb des Landes geht. Die günstigen Verkaufspreise lassen sich kaum noch lange halten, da stark steigende Kosten für die Luftfracht zu erwarten sind. In Ecuador selber verschlechtern sich die bisher günstigen Voraussetzungen: Die Böden laugen bei Monokultur durch die einseitige Belastung aus. Die Produktionskosten steigen, da man zum Ausgleich große Mengen Kunstdünger und auch Pestizide einsetzt. Das verschlechtert die Arbeitsbedingungen, vor allem in den Gewächshäusern. Dadurch

werden die Arbeitsplätze in dieser Branche, die nur sehr geringe Löhne bieten und fast nur für gering qualifizierte Arbeitskräfte angeboten werden, noch unattraktiver.
Man kann also die gegenwärtig noch sehr wichtige Schnittblumenproduktion langfristig durchaus skeptisch beurteilen. (BE 10)

3.1 *Zur Beantwortung dieser Frage sollten Sie neben der Anlage den Atlas, z. B. Diercke Weltatlas 2002, S. 206.4 und S. 210/211 einsetzen. Mit diesen Hilfsmitteln können Sie die wichtigsten Gründe für die vorgegebene Verteilung und Entwicklung der Bevölkerung finden. Sie sollten in Ihrer Antwort allerdings auch darüber hinausgehend auf eigene Kenntnisse zurückgreifen.*

Von 1950 bis 2001 hat die absolute Einwohnerzahl in allen drei Regionen Costa, Sierra und Oriente jeweils durchgehend zugenommen, allerdings in sehr unterschiedlichem Ausmaß. 1950 gab es mit knapp 2 Mio. Einwohnern die höchste Zahl in der Sierra, gefolgt von der Costa mit ca. 1,3 Mio. Einwohnern und weit abgeschlagen der Region Oriente mit ca. 100 000 Einwohnern. Ausschlaggebend für diese Bevorzugung der Sierra war die traditionelle Landwirtschaft in den Anden, die seit der vorkolumbianischen Zeit diese Region begünstigte. Erst ab ca. 1970 fiel die Sierra trotz der Angebote in der Hauptstadt gegenüber den anderen Regionen zurück und es kam zu Abwanderungen. Vor allem die Costa profitierte von den positiven Impulsen des Ausbaus der Plantagenwirtschaft, von der neuen Bewässerungswirtschaft und zusätzlichen Arbeitsplätzen in Industrie und Fremdenverkehr. Mit steigender Bedeutung des Erdöls entwickelte sich die Förderung und Verarbeitung im Energiesektor besonders dynamisch. Seit Mitte der 70er-Jahre hat die Costa der absoluten Bevölkerungszahl nach die Sierra überholt.
Die Region Oriente beharrte zwar auf einem sehr niedrigen Niveau, steigerte aber dennoch ihre Bevölkerungszahl von ca. 100 000 Einwohnern im Jahr 1950 auf ca. 600 000 Einwohner im Jahr 2001. Die Erschließung von Erdöllagerstätten, der Anbau von Cash Crops und die Entwicklung der Rinderweidewirtschaft verhalfen dieser Region zu ihrer Dynamik. (BE 10)

3.2 *Hier werden Sie nach Ihrer eigenen Meinung befragt. Nachdem Sie positive und negative Auswirkungen beschrieben haben, sollen Sie in einer zusammenfassenden Beurteilung Ihre persönliche Einschätzung abgeben.*

Da Ecuador unter hoher Arbeitslosigkeit leidet, wirkt die Arbeitsmigration ins Ausland zunächst einmal entlastend. Jedoch wandern meist Hochqualifizierte ab, die auch in Ecuador gebraucht würden. So entsteht ein hoher volkswirtschaftlicher Verlust, da Ecuador viel Geld in die Ausbildung und unter Umständen Infrastruktur, z. B. Krankenhäuser und Schulen, investierte, aber keinen Nutzen davon hat, zumal die Auswanderer häufig im Zielland verbleiben.
Falls sich jedoch die Migranten im Ausland weiter qualifizieren und nach Ecuador zurückkehren, könnte der Transfer erworbenen Wissens einen positiven wirtschaftlichen Impuls auslösen. Dabei müssen allerdings zunächst die Probleme einer adäquaten Beschäftigung und einer Wiedereingliederung ohne soziale Spannungen gelöst werden.
Einen weiteren Effekt üben die Migranten durch Geldüberweisungen in ihr Heimatland aus. Dieses ist aber meistens für die eigenen Verwandten bestimmt und löst keine Investitionen aus. Daher hat es nur geringen Einfluss auf die Modernisierung der Volkswirtschaft.
Insgesamt scheint auf den ersten Blick Auswanderung für das Herkunftsland durchaus positiv, wenn man jedoch detailliert alle Folgen bedenkt, gleichen die Nachteile die Vorteile fast aus. (BE 10)

Leistungskurs Geographie (Bayern): Abiturprüfung 2009 – Aufgabe IV: Weltmeere und Klima

1 Die Ozeane im Klimasystem

1.1 Anlage IV.1 zeigt die Elemente des Wärmehaushaltes des Meeres in verschiedenen Breitenzonen.
Begründen Sie die dargestellten Veränderungen vom Äquator zu den höheren Breiten!

1.2 Zeigen Sie anhand von Anlage IV.2 die Bedeutung der Ozeane im Kohlenstoffkreislauf auf und erläutern Sie, wie sich eine Erhöhung der Durchschnittstemperatur der Ozeane auf deren CO_2-Aufnahme auswirken könnte! (20 BE)

2 Meeresströmungen

2.1 Arbeiten Sie aus Anlage IV.3 die Mechanismen zur Entstehung von Meeresströmungen heraus und erklären Sie diese in ihren Grundzügen!

2.2 Erläutern Sie die Auswirkungen des Benguelastroms auf das Klima und die Nutzungsmöglichkeiten des Küstenbereichs von Namibia! (20 BE)

3 Meeresspiegel und Klimawandel

3.1 Erklären Sie die in Anlage IV.4 dargestellte Entwicklung des Meeresspiegels während der ausgewiesenen Beobachtungsphasen und zeigen Sie Probleme der Erstellung einer genauen Prognose für die Zukunft auf!

3.2 Stellen Sie zwei Problemfelder dar, die sich bei einem weiteren Meeresspiegelanstieg ergeben! (20 BE)

(60 BE)

Anlage IV.1: Energiebilanz an der Oberfläche des Meeres in verschiedenen Breitenzonen im Jahresmittel (Zahlen gerundet)

	Wärmeenergiegewinne (+) / Wärmeenergieverluste (–) [in Joule pro cm^2 und Tag]			
Breitenzone	**aus der Strahlungsbilanz**	**durch Verdunstung**	**durch direkte Übertragung an die Atmosphäre**	**durch Strömungen**
60° – 70° N	+264	–376	–185	+297
50° – 60° N	+335	–448	–184	+297
40° – 50° N	+586	–607	–159	+180
30° – 40° N	+955	–946	–151	+142
20° – 30° N	+1 295	–1 206	–105	+16
10° – 20° N	+1 365	–1 139	–67	–159
0° – 10° N	+1 319	–917	–46	–356

Anlage IV.2: Der Austausch von CO_2 zwischen Atmosphäre und Ozeanen

Der Kohlenstoffdioxid-Austausch findet über die bis in ca. 50 bis 100 m Tiefe reichende wärmere Deckschicht des Meeres statt und wird durch den Unterschied im CO_2-Partialdruck zwischen Ozean und Atmosphäre gesteuert. Bei einem höheren CO_2-Druck in der Atmosphäre wird CO_2 im Oberflächenwasser aufgenommen und dort chemisch gelöst oder organisch gebunden. Dabei werden gegenwärtig von den Ozeanen ca. 91,7 Gigatonnen Kohlenstoff pro Jahr aufgenommen und 90 Gigatonnen abgegeben.
Die Aufnahme ist von der Löslichkeit des CO_2 abhängig und diese erhöht sich besonders mit sinkender Temperatur des Wassers. Der Kohlenstoff-Gehalt ist somit regional sehr unterschiedlich, die im Meer gelöste Gesamtmenge beträgt aber etwa 50-mal mehr als die in der Atmosphäre.
Kohlenstoffdioxid wird durch absinkende Wassermassen sowie durch absinkende organische Substanzen, in denen Kohlenstoff gebunden ist, in den tiefen Ozean geführt und dort über große Entfernungen über die Ozeane verteilt und somit effektiv über lange Zeiträume von Jahrzehnten bis Jahrhunderten dem Austausch mit der Atmosphäre entzogen. Diese langen Austauschzeiten sind vor allem in der sehr langsamen Bewegung und dem großen Volumen der beteiligten Wassermassen begründet, deren Auf- und Absteigen in großen Teilen der Ozeane durch die leichtere Deckschicht behindert wird. Momentan sind circa 30 Prozent der ozeanischen Kohlenstoffdioxid-Speichermöglichkeiten ausgeschöpft.

Anlage IV.3: Meeresströmungen und ihre Antriebsmechanismen

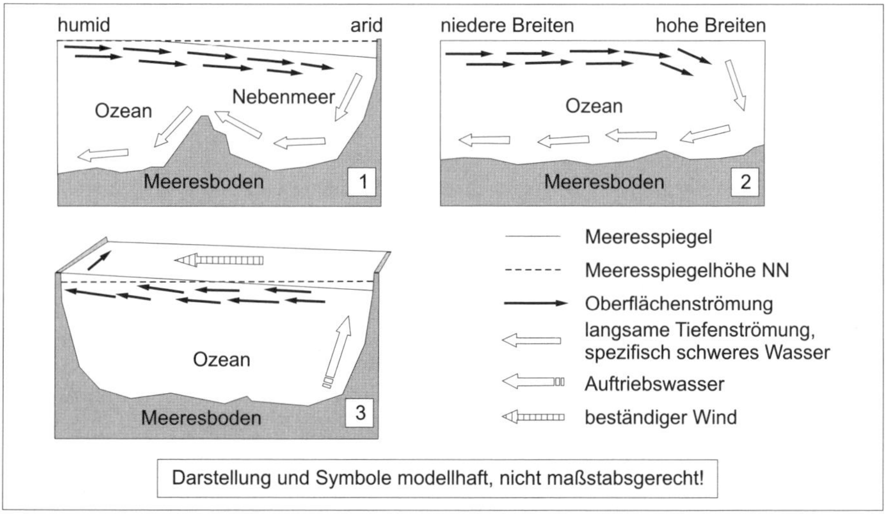

Anlage IV.4: Höhe des Meeresspiegels im Vergleich zum Bezugsjahr 1993

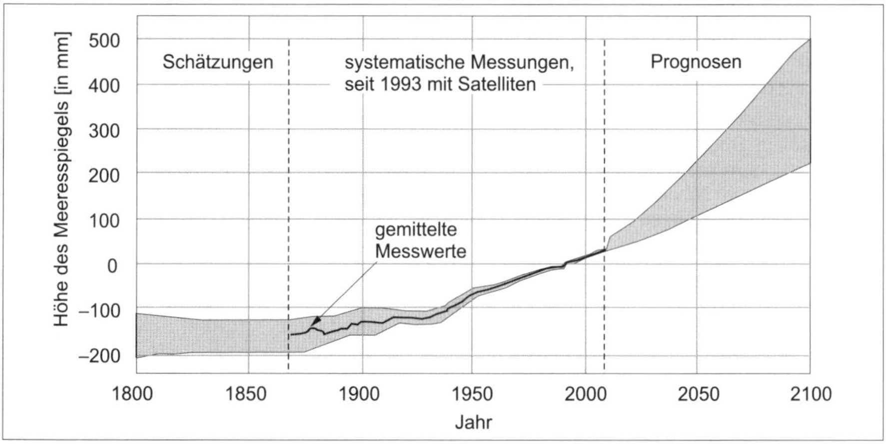

Quellenverzeichnis

Jätzold, R. /Richter, G.: Harms Handbuch der Geographie: Physische Geographie, 13. Auflage. Hannover 1992, S. 280 (verändert, Anlage IV.3)

Josef Saratka, in: Marcinek, J./Rosenkranz, E.: Das Wasser der Erde. Gotha: Klett-Perthes 1996, S. 83 (verändert, Anlage IV.1)

Wissenschaftlicher Beirat der Bundesregierung Globale Umweltveränderungen: Die Zukunft der Meere – zu warm, zu hoch, zu sauer. Sondergutachten. Berlin 2006, S. 67ff. (Anlage IV.2)

www.atmosphere.mpg.de/enid/2rv.html, Lucinda Spokes, übersetzt von Elmar Uherek (Anlage IV.4)

Lösungsvorschlag

1.1 *Durch Anlage IV.1 sind vier Elemente des Wärmehaushalts des Meeres – Strahlungsbilanz, Verdunstung, direkte Übertragung an die Atmosphäre, Strömungen – bereits vorgegeben. Sie sollen deren Veränderungen über 70 Breitengrade hinweg benennen und jeweils die wesentlichen Ursachen dafür anführen.*

Die Energiebilanz an der Oberfläche des Meeres wird durch unterschiedliche Einflüsse mit Wärmeenergiegewinnen oder -verlusten dargestellt.

Die größten Energiegewinne stammen aus der Strahlungsbilanz. Sie steigen von einem hohen Ausgangswert am Äquator aufgrund des steilen Einfallswinkels der Sonnenstrahlen bis zum Maximum im Bereich der Wendekreise an. Dort herrscht aufgrund der absinkenden Luftmassen Wolkenauflösung und damit eine starke Einstrahlung bei hohem Sonnenstand vor.
Mit zunehmender geographischer Breite verringern sich die Wärmegewinne, da der Einstrahlungswinkel immer kleiner wird. Der Bereich über 70° Breite ist nicht mehr erfasst, wahrscheinlich wegen der Sondereinflüsse von Polartag und Polarnacht.

Durch Verdunstung entstehen natürlich nur Wärmeverluste. Sie steigen vom Äquator bis zu den subtropischen Hochdruckgürteln an, um dann kontinuierlich bis zu den höheren Breiten abzunehmen. Begründen kann man dies durch die geringe Wasserdampfsättigung der Luft im Bereich der Wendekreise bei gleichzeitig hoher Wassertemperatur, was eine große Verdunstung zur Folge hat. In Richtung höhere Breiten sinkt die Wasserdampfaufnahmefähigkeit der Luft, da die Luftmassen kälter werden. Entsprechend nimmt auch die Wassertemperatur ab, sodass die Verdunstung mit zunehmender Breite immer geringer wird.

Auch die direkte Wärmeübertragung an die Atmosphäre führt nur zu Wärmeverlusten. Diese steigen mit zunehmender Breitenlage an, da sie von der polwärts größer werdenden Temperaturdifferenz zwischen Wasseroberfläche und auflagernder Luft abhängen.

Durch Meeresströmungen entstehen sowohl Wärmegewinne als auch -verluste. Im tropischen Bereich herrschen Verluste vor, da die Meeresströmungen Wärme polwärts abtransportieren. Entsprechend verzeichnen die außertropischen Gebiete Wärmegewinne, die mit zunehmender Breite ansteigen. Sie profitieren von den warmen, aus den Tropen kommenden und polwärts gerichteten Meeresströmungen. (BE 10)

1.2 *Hier sind zwei Teilaufgaben zu einer Gesamtfrage zusammengefasst. Entsprechend werden zwei unterschiedliche Operatoren verwendet. Im ersten Teil Ihrer Antwort müssen Sie nur die Anlage interpretieren. Die zweite Teilfrage fordert Sie auf, mögliche Auswirkungen zu erkennen und zu erklären.*

Der Kohlenstoffgehalt der Meere ist etwa 50-mal so groß wie der der Atmosphäre. Das CO_2 wird durch absinkende Wassermassen und organische Substanzen in die tiefen Meeresbereiche geführt und damit für lange Zeit dem Austausch mit der Atmosphäre entzogen. Diese Gasaustauschprozesse laufen sehr langsam ab und bilden dadurch einen Puffer im Kohlenstoffkreislauf. Da gegenwärtig nur etwa 30 % der ozeanischen CO_2-Speichermöglichkeiten ausgeschöpft sind, steht noch eine große Kapazität zur Verfügung.

Insgesamt führt eine Erhöhung der Durchschnittstemperatur der Ozeane zu einer Verringerung der CO_2-Speicherkapazität. Wärmeres Wasser vermindert die Löslichkeit von CO_2 und damit die Aufnahmefähigkeit. In der erwärmten Deckschicht des Meeres kommt es zu einem Anstieg des CO_2-Partialdrucks und zu einer verstärkten CO_2-Abgabe. Der vertikale Gasaustausch wird eingeschränkt, da die Temperaturgegensätze zwischen der leichteren, erwärmten Deckschicht und den kalten, tiefen Meeresbereichen steigen.

Dadurch verringert sich die Speicherung im tiefen Ozean. Die wärmere und sauerstoffärmere Deckschicht vermindert den Planktongehalt, was dann zu einer Abnahme der organischen Bindung von CO_2 führt. (BE 10)

2.1 *Die Anlage enthält drei unterschiedliche Antriebsmechanismen, die Sie einzeln darstellen und in ihrer jeweiligen Wirkungsweise erläutern sollen.*

Die erste Möglichkeit zur Entstehung von Meeresströmungen beruht auf der tieferen Lage des Meeresspiegels gegenüber NN in ariden Gebieten aufgrund der sehr hohen Verdunstung. Dies führt auch zu einer Zunahme des Salzgehaltes und des spezifischen Gewichts des Wassers, wodurch eine Absinkbewegung der Wassermassen entsteht. Als Ausgleichsströmung bildet sich an der Oberfläche eine Meeresströmung in Richtung auf die ariden Bereiche aus, die in dem angeführten Beispiel aus humiden Gebieten stammt. In der Tiefe entsteht ein gegenläufiger Rückstrom.

Der zweite Mechanismus erklärt die Meeresströmungen von niedrigen zu höheren Breiten. In den höheren Breitenlagen kühlt sich das Oberflächenwasser ab, wodurch die Dichte steigt und die Wassermassen in die Tiefe absinken. Als Ausgleich strömt Wasser aus den wärmeren, niedrigen Breiten an der Oberfläche nach. In der Tiefe entwickelt sich eine äquatorwärts gerichtete Gegenströmung.

Die dritte Möglichkeit bezieht sich auf die Wirkung des Windes. Bei sehr beständig wehenden Winden wie z. B. Passaten wird das Oberflächenwasser windparallel abgetrieben. Im Herkunftsgebiet des Wassers entwickelt sich als Ausgleich ein vertikaler Aufstieg von Tiefenwasser. Wenn sich die Meeresströmung an einer Küste staut, wird es je nach Küstenform und Lage der Küste zu einer vertikalen oder horizontalen küstennahen Ausgleichsströmung kommen. (BE 10)

2.2 *Es ist sinnvoll, zunächst Lage, Entstehung und Charakteristik des Benguelastroms zu klären. Dann erst sollten Sie, getrennt nach Klima und Nutzungsmöglichkeiten, dessen Auswirkungen behandeln, die Sie nicht nur nennen, sondern auch erklären müssen.*

Der Benguelastrom ist, wie der Humboldtstrom vor der Westküste Südamerikas, eine kalte, von Süd nach Nord gerichtete Meeresströmung vor der südwestlichen Küste Afrikas. Er ist durch kaltes Auftriebswasser entstanden, das als Ausgleich für die durch den Passat nach Westen abdriftenden Wassermassen aus der Tiefe aufsteigt.

Über dem kalten Oberflächenwasser kühlen sich die unteren Luftschichten ab, was Niederschlagsarmut und die Ausbildung einer Küstenwüste zur Folge hat. Die absinkenden Luftmassen führen zu Inversionslagen mit Wolkenauflösung und Bildung von Küstennebeln. Damit ist im Küstenbereich von Namibia keine landwirtschaftliche Nutzung möglich, zumal die extreme Trockenheit auch die Entstehung von Flüssen aus den küstennahen Gebirgen und damit Bewässerungsmöglichkeiten verhindert.
Das kalte Meereswasser ist jedoch sehr sauerstoff- und damit planktonreich. Das hat einen großen Fischreichtum zur Folge, der wiederum die Grundlage für eine ertragreiche Küstenfischerei bildet.
Eine zusätzliche Nutzung der natürlichen Voraussetzungen zeichnet sich für Namibia unter Umständen in einer touristischen Inwertsetzung ab. Wüsten- und Safaritourismus sowie die Beobachtung der Meerestiere im küstennahen Bereich wären möglich. Dafür muss aber die touristische Infrastruktur weiter ausgebaut werden. (BE 10)

3.1 *Hier sollten Sie die zwei Teilfragen deutlich voneinander trennen. Im ersten Teil Ihrer Antwort können Sie sich auf die Informationen aus der Anlage stützen, die Sie zusätzlich noch begründen müssen. Im zweiten Teil müssen Sie aus eigenen Kenntnissen die Probleme einer Prognose erkennen und logisch zusammenfassen.*

Für die Entwicklung des Meeresspiegels bis ca. 1870 ist man auf Schätzungen angewiesen. Aufgrund von vergleichsweise geringen Einflüssen des Menschen geht man von relativ stabilen Klimaverhältnissen und nahezu konstanter Meeresspiegelhöhe aus. Natürlich bleibt bei Schätzungen der Unsicherheitsfaktor, der beinahe 1 m Höhenunterschied umfasst, recht hoch.
Von 1870 bis zur Gegenwart reicht die Phase der Messungen, die am Anfang ebenfalls noch recht unsicher waren, dann aber, auch mithilfe der Satellitenmessungen seit 1993, immer exakter wurden. Sie zeigen zunächst einen deutlichen Meeresspiegelanstieg, der sich ab 1930 noch beschleunigte. Dem liegen der infolge der Industrialisierung erhöhte CO_2-Ausstoß und die damit verbundene globale Erwärmung zugrunde. Dadurch sind schon große Teile der Gebirgsgletscher und der polaren Eisschilde geschmolzen. Außerdem nimmt das Volumen des Meerwassers bei Erwärmung zu, was zu einem zusätzlichen Anstieg des Meeresspiegels führt.
Die Prognose geht von einem beschleunigten Anstieg des Meeresspiegels aus, da sie annimmt, dass die anthropogenen Einflüsse auf den Treibhauseffekt zunehmen werden. Das ist dann der Fall, wenn die CO_2-Emissionen nicht entscheidend reduziert werden und die Schwellenländer ein rasches Wirtschaftswachstum erreichen.

Je weiter die Prognose in die Zukunft reicht, desto unsicherer werden die Vorhersagen. Denn man kann langfristig die Entwicklung der weltweiten CO_2-Emissionen kaum vorhersagen und kann sich auch nicht sicher sein, ob man bei den Klimamodellen wirklich alle sehr komplexen Zusammenhänge erfasst hat. So hat man z. B. noch zu wenig Informationen, ob sich Meeresströmungen bei steigendem Süßwasserzufluss verändern. (BE 12)

3.2 *Beschränken Sie sich in Ihrer Antwort auf die Behandlung der geforderten zwei Problemfelder. Diese sollten Sie aber deutlich voneinander trennen. Der Operator „darstellen" besagt, dass Sie jeweils die wesentlichen Aspekte aufzeigen sollten, ohne eine eigene Bewertung vorzunehmen.*

Bei weiterem Meeresspiegelanstieg sind natürlich die Küsten sowie niedrig liegende Landesteile und Inseln besonders betroffen. Hier können große und wichtige Siedlungs- und Wirtschaftsflächen verloren gehen, vor allem, da die Küstenregionen überproportional an Wirtschaft und Bevölkerungszahl beteiligt sind. Gewaltige Wanderungsbewegungen in vermeintlich sicherere Regionen wären die Folge. Man müsste zusätzlich mit großem Aufwand die restlichen Küstenräume schützen, die aufgrund der Zunahme der Windstärken und Sturmereignisse gefährdet wären.

Bei steigendem Meeresspiegel würde in den Küstenregionen der Wasserhaushalt entscheidend beeinträchtigt. Das Grundwasser würde beim Vordringen des Meerwassers gestaut und wäre einer zunehmenden Versalzung ausgesetzt. Damit würden die landwirtschaftliche Nutzung großer Flächen und die Trinkwasserversorgung der Bevölkerung beeinträchtigt. (BE 8)

Leistungskurs Geographie (Bayern): Abiturprüfung 2010 – Aufgabe I
Südeuropa

1 Naturraum und Landwirtschaft

1.1 Fertigen Sie ein maßstabsgetreues Profil der Jahresniederschläge entlang der Linie AB in Anlage I.1 an und erläutern Sie davon ausgehend die Niederschlagsverhältnisse entlang dieser Linie!

1.2 Legen Sie die Ursachen für die herausragende landwirtschaftliche Bedeutung der Po-Ebene innerhalb Italiens dar! (20 BE)

2 Ökologie und Wirtschaft

2.1 Wie überall in Europa haben die ökologisch bewirtschafteten Flächen auch in Andalusien zugenommen.
Stellen Sie mögliche Gründe für die Umstellung auf ökologische Landwirtschaft dar und erläutern Sie das in Anlage I.2 dargestellte Produktionsspektrum des andalusischen Ökolandbaus!

2.2 Varese Ligurie (44° 23' N, 9° 36' O) erhielt als eine der ersten Gemeinden Italiens das EMAS-Zertifikat für Umweltmanagement und hat in der Folge einen wirtschaftlichen Aufschwung erlebt.
Zeigen Sie auf, dass die in Anlage I.3 dargestellten Entwicklungen nicht nur positiv beurteilt werden können! (20 BE)

3 Wirtschafts- und Strukturpolitik

3.1 Die EU subventioniert den Anbau von Baumwolle in Südeuropa und wird dafür von Umweltverbänden kritisiert.
Erklären Sie diese Kritik!

3.2 Der in Norditalien ansässige Automobilkonzern Fiat lagert einen großen Teil seiner Produktion aus den süditalienischen Werken ins südliche Polen aus.
Erläutern Sie mögliche Gründe für diese Unternehmensentscheidung! (20 BE)

(60 BE)

Anlage I.1: Durchschnittliche Jahresniederschlagsmenge in Italien (ohne Sizilien und Sardinien)

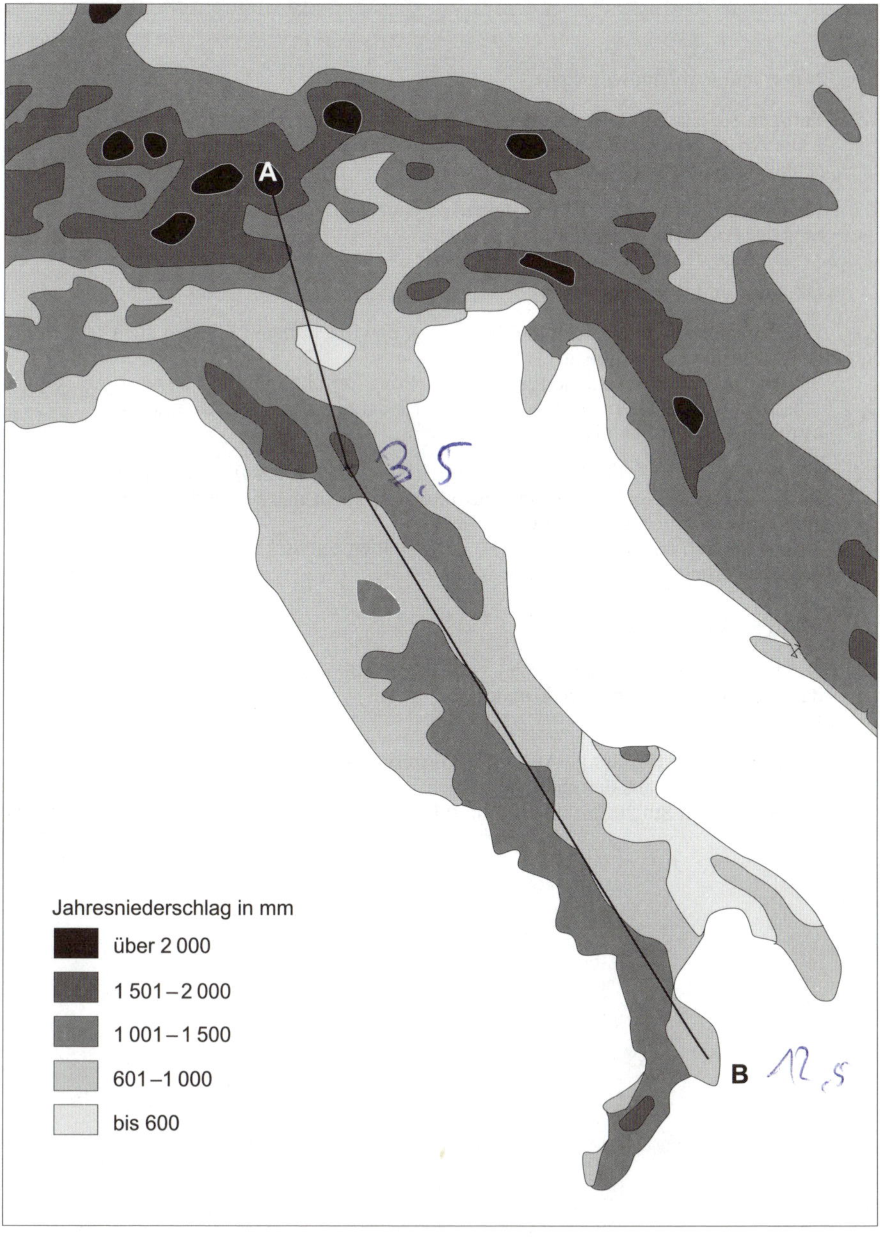

Anlage I.2: Flächennutzung im Ökolandbau der Region Andalusien (2005)*

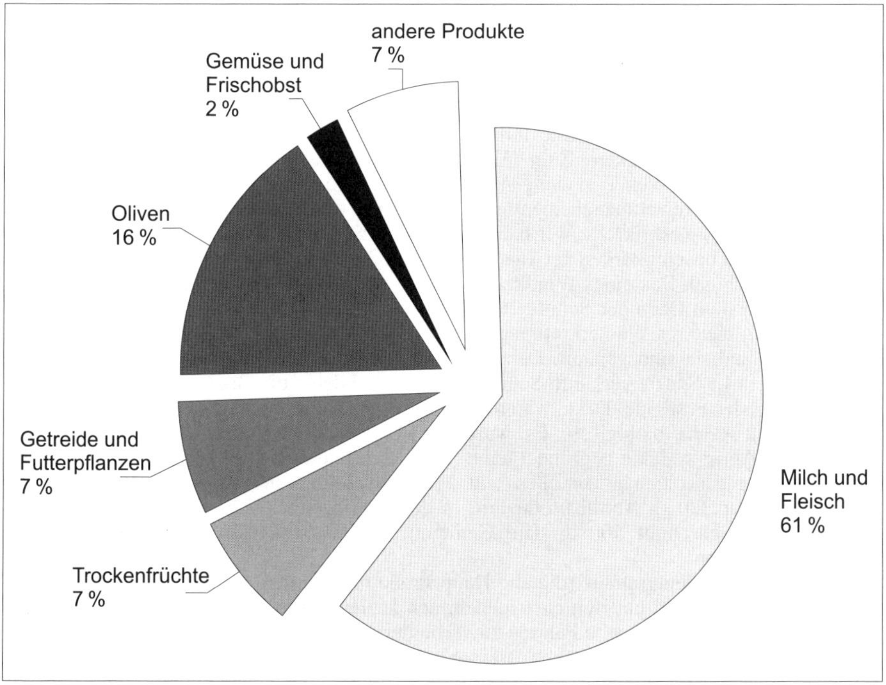

* Angaben in Prozent der ökologisch bewirtschafteten Flächen Andalusiens

Anlage I.3: Ökozertifizierung

Varese Ligurie – die erste Gemeinde Europas mit Ökozertifikat

Grün war in Varese Ligurie, einem Apenninendorf zwischen La Spezia und Parma, die Farbe der Resignation. Kein blaues Meer, dem die Orte unten an der Küste ihren Reichtum verdanken. Keine weißen Marmorberge, wie sie im nahegelegenen Carrara seit der Antike ausgebeutet werden und auch keine Industrieanlagen. Nur 14 000 Hektar magere Weiden, Buchen- und Kastanienwälder. Zum Weglaufen grün. Doch dann kam 1999 in diesem Winkel Liguriens eine Wende in Gang. Varese erfüllte damals als erste Gemeinde in Europa die internationale Umweltmanagementnorm ISO 14 001 und errang kurz darauf auch das europäische EMAS-Zertifikat[1]. „Wir haben in unseren Schwächen eine Chance erkannt und sie konsequent in unsere Stärken verwandelt", erzählt die Bürgermeisterin Marcone. So wurden durch den Bau eines Windkraftparks, zweier Wasserkraftwerke und der Sonnenkollektoren auf dem Dach der Schule 10 000 Barrel Öl und 4 680 Tonnen CO_2-Emissionen eingespart. Ein weiteres Wasserkraftwerk mit 1 Mio. kWh sowie eine Solaranlage auf dem Dach der Kläranlage sind geplant. Der zusätzlich produzierte Strom wird an ein Energieunternehmen in La Spezia verkauft. Schon früher verwendeten die Bauern der Region kaum Kunstdünger oder Pestizide. Diese waren einfach zu teuer. Inzwischen produzieren 64 Bauernhöfe auf 2 000 ha biologisch. Es wurden zwei Genossenschaften zum Vertrieb der biologischen Agrarprodukte gegründet, eine für Fleisch und eine für Milchprodukte. Neben der Mülltrennung setzt man vor allem auf Müllvermeidung. In Varese werden pro Einwohner und Jahr 320 kg Abfall produziert, in der Provinz La Spezia, zu der man gehört, dagegen im Durchschnitt 500 kg. Die Gemeindeabgaben sind dadurch niedriger als in anderen Kommunen.

Für eine neue Umgehungsstraße (die alte Hauptstraße führt mitten durchs Zentrum) hat man zur Zeit kein Geld. Man hat sich entschieden, den Linienverkehr mit dem Schulbusverkehr zu kombinieren und so doppelte Fahrten zu verhindern.

„Heute ist niemand mehr gezwungen, Varese zu verlassen", sagt Bürgermeisterin Marcone zufrieden. „Nach Jahrzehnten ist der Saldo von Zuzügen und Abgängen seit 2004 wieder positiv. Der ökologische Weg hat dazu geführt, dass lokale Unternehmen in der Region bleiben konnten. 140 Arbeitsplätze sind entstanden. Das Molkereigeschäft läuft wunderbar. Die Übernachtungszahlen sind zwischen 2002 und 2007 um fast 40 % gestiegen. Die Nachfrage nach Häusern, die als Bed & Breakfast benutzt oder als Ferienhaus dienen können, ist groß. Viele Häuser sind von Einwohnern aus Genua oder Mailand aufgekauft worden oder auch von Ausländern." In der Gemeindeverwaltung setzt man auf die Verstärkung des Ökotourismus und auf einen neuen Golfplatz: mit EMAS-Zertifikat natürlich.

1 Mit dem EMAS-Zertifikat (Eco-Management and Audit Scheme, übersetzt: „Gemeinschaftssystem für das Umweltmanagement und die Betriebsprüfung") versucht die EU, nachhaltiges Wachstum zu fördern. Unternehmen, Institutionen, aber auch Gemeinden können dieses Siegel anfragen.

Quellenverzeichnis

Wainright, John und Thornes, John: Environmental Issues in the Mediterranean. Routledge Publishers, London 2004, S. 71 (Anlage I.1)

Ministerio de Medio Ambiente y Medio Ruaral y Marino, Espana (MARM) 2005 (Anlage I.2)

Krause, U.: Die erste Gemeinde Europas mit Ökozertifikat: Varese Ligurie (Italien). In: Praxis Geographie, 4/2009, Westermann Verlag, S. 10–15, für Prüfungszwecke bearbeitet (Anlage I.3)

Lösungsvorschlag

1.1 *Diese Aufgabe verlangt von Ihnen, aus den Vorgaben der Anlage I.1 ein Profil der Jahresniederschläge zu zeichnen. Sie können dafür den Längenmaßstab der beigefügten Karte verwenden, den Höhenmaßstab wählen Sie selbst. Achten Sie auf eine exakte, saubere Zeichnung mit Überschrift sowie Beschriftung der Achsen und der Profillinie. Im zweiten Teil Ihrer Antwort sollen Sie die Niederschlagsverhältnisse entlang der Profillinie interpretieren.*

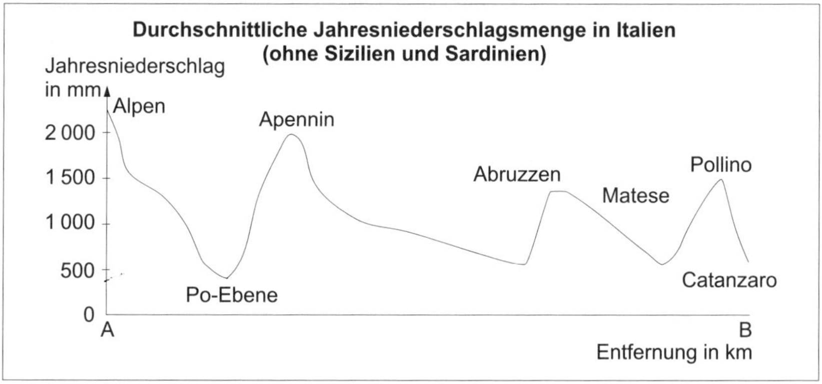

Punkt A liegt im Bereich der italienischen Alpen und hat durch seine Höhenlage, Steigungsregen und zyklonale Niederschläge eine hohe jährliche Niederschlagssumme. Der Rückgang der Niederschläge bis zur Po-Ebene ist durch die tiefe Lage im Lee des nördlichen Apennins und der Südalpen bedingt. Südlich der Po-Ebene schließt sich der Anstieg zu den Apenninen an, der durch Staueffekte und die winterlich südliche Lage der Westwindzone eine entsprechende Erhöhung der Niederschläge mit sich bringt. Die Profillinie verläuft dann nach Süden westlich des Apenninenhauptkamms durch die Abruzzen, Matese, Pollino bis zur Küste Kalabriens. Je nach lokaler Höhenlage sowie Luv- oder Leeseite variieren die Niederschläge dabei etwa zwischen 600 – 2 000 mm. Ganz im Süden nehmen die Niederschläge dann bis zum Punkt B an der Küste aufgrund der Sommertrockenheit durch das Subtropenhoch sowie Leeeffekte deutlich ab. (10 BE)

1.2 *Der Operator „legen Sie die Ursachen dar“ ist etwa gleichbedeutend mit dem Operator „begründen“. Sie sind also gefordert, Gründe für die herausragende landwirtschaftliche Bedeutung der Po-Ebene zu finden. Es empfiehlt sich eine Gliederung in naturräumliche und kulturräumliche Voraussetzungen. Diese sollen Sie nennen und erläutern.*

Die Po-Ebene ist das wichtigste landwirtschaftlich genutzte Gebiet Italiens. Hier werden anspruchsvolle Kulturen wie Obst, Gemüse, Wein und Reis, aber auch Zuckerrüben, Mais und Weizen angebaut. Dies wird ermöglicht durch die sehr günstigen naturräumlichen Voraussetzungen. Die fluviatile Aufschüttungsebene bietet einen sehr nährstoffreichen Schwemmlandboden und aufgrund des flachen Reliefs gute Möglichkeiten zu großflächigem Anbau. Die durch Gebirge an drei Seiten geschützte Beckenlage verlängert die Vegetationsperiode und garantiert weitgehende Frostfreiheit. Darüber hinaus liefern die wasserreichen Alpenflüsse ganzjährig genügend Wasser, um ausgedehnte Bewässerung zu ermöglichen.

Die Po-Ebene ist jedoch nicht nur naturräumlich begünstigt. Auch die kulturräumlichen Voraussetzungen sind im Hinblick auf rentable Produktion und Vermarktung sehr gut. Das Gebiet liegt zentral zu regionalen und überregionalen Verdichtungsräumen, mit denen es durch eine gut ausgebaute Verkehrsinfrastruktur verbunden ist, die wiederum entscheidend für eine schnelle Vermarktung ist.

Diese vielfältigen Gunstfaktoren haben dazu geführt, dass die Po-Ebene schon seit der Antike eine bedeutende Kulturlandschaft mit entsprechender Tradition geworden ist. Dazu gehört auch, dass sich im Laufe der Zeit viele kapitalkräftige Großbetriebe hier entwickelt haben, die die Landwirtschaft auf dem modernsten Stand halten und vorantreiben können. (10 BE)

2.1 *Sie sollen zunächst ganz allgemein erläutern, welche Gründe Landwirte haben können, ihre Produktion auf ökologische Landwirtschaft umzustellen. Vier bis fünf Gründe reichen aus. Im Anschluss sollen Sie speziell auf den in der Anlage I.2 dargestellten Fall des andalusischen Ökolandbaus eingehen, indem Sie die dortige Flächennutzung interpretieren.*

Aufgrund eines stärker ausgeprägten Gesundheitsbewusstseins und geänderter Ernährungsgewohnheiten werden Produkte aus der ökologischen Landwirtschaft in steigendem Maße nachgefragt. Auf der anderen Seite ist auch das Verantwortungsbewusstsein der Landwirte für das Ökosystem deutlich gestiegen. Da der Staat diese Entwicklung unterstützt, wird eine Umstellung auf nationaler und supranationaler Ebene subventioniert, sodass die Landwirte die entstehenden Mehrkosten einigermaßen auffangen können. So ist es möglich, Ökoprodukte zu konkurrenzfähigen Preisen anzubieten. Auch kleinere Betriebe können davon durchaus profitieren, wenn sie Nischenmärkte erschließen und dank besonderer Vermarktung bzw. der Herstellung spezieller Produkte konkurrenzfähig bleiben.

Die Anlage I.2 zeigt lediglich die Flächennutzung im Ökolandbau Andalusiens. Wie hoch der Anteil des Ökolandbaus am gesamten Landbau Andalusiens ist, wird nicht dargestellt. Man muss daher die angegebenen Prozentzahlen in diesem Rahmen sehen, der die Gesamtbedeutung für die Landwirtschaft Andalusiens nicht erkennen lässt.
Mit dieser Einschränkung kann man feststellen, dass sich der Ökolandbau Andalusiens weitgehend am traditionellen Produktionsspektrum orientiert. Weidewirtschaft und Olivenanbau bleiben die wichtigsten Produktionszweige. Beide sind für eine Umstellung auf Ökolandbau besonders geeignet, da dafür nur ein geringer Mehraufwand nötig ist. Sie stellen zusammen 77 % des Produktionsspektrums. Die restlichen 23 % verteilen sich recht gleichmäßig auf Obst und Gemüse sowie Getreide- und Futterpflanzen. Hier ist der Aufwand für eine Umstellung deutlich höher, während der Hektarertrag gering bleibt. Da der konkurrierende konventionelle Anbau viel rentabler arbeiten kann, bleiben die Anteile dieser Produkte jeweils unter 10 %. (10 BE)

2.2 *Mit dieser Fragestellung wird von Ihnen lediglich erwartet, dass Sie den in Anlage I.3 beigefügten Text zur Grundlage Ihrer Antwort machen. Darüber hinausführende Gesichtspunkte sind nicht gefordert und daher unnötig. Beschränken Sie sich auf die Erläuterung der negativen Aspekte, eine Gegenüberstellung der positiven Seiten ist nicht verlangt.*

Varese Ligurie hat durch vielfältige ökologische Maßnahmen das Ökozertifikat EMAS erhalten. Der Ausbau der regenerativen Energiequellen bringt jedoch die Gefahr mit sich, dass das Landschaftsbild beeinträchtigt wird. Windkraftparks zerstören die optische Harmonie einer natürlichen Landschaft, Wasserkraftwerke stellen einen gravierenden Eingriff in den Wasserhaushalt dar.

Die steigende Attraktivität des Ortes, nicht zuletzt wegen des EMAS-Zertifikats, führt zu einer zunehmenden Nachfrage wohlhabender In- und Ausländer nach Zweitwohnsitzen. Das bringt die Gefahr der Überfremdung mit sich und führt zum Anstieg der Bodenpreise, sodass Grundstücke für Einheimische unerschwinglich werden können. Auch die Lebenshaltungskosten erhöhen sich bei steigender Nachfrage, zumal die ökologische Ausrichtung der Lebensmittelproduktion ohnehin preistreibend wirkt.

Mit dem Anstieg der Zuzüge und der Touristen wird das Verkehrsaufkommen mit allen negativen Begleiterscheinungen größer. Die Gemeinde wird nicht umhin kommen, in weitere ökologisch orientierte Infrastrukturen zu investieren und so die finanzielle Belastung zu erhöhen.

Es stellt sich die Frage, ob sich ein kleines Dorf wie Varese Ligurie mit einer einseitigen Ausrichtung auf ökologische Maßnahmen bis hin zum Ökotourismus nicht zu stark abhängig macht von der Nachfrage und Nachhaltigkeit dieser Wirtschaftsform und dabei seine finanzielle Belastbarkeit überschreitet. Zu bedenken ist auch, dass ökologische Angebote durch ihre Anziehungskraft auf Fremde der Gefahr unterliegen, ihre eigene Basis zu zerstören. (10 BE)

3.1 *Die Fragestellung ist sehr knapp und allgemein, zumal auch die vorgeschaltete Information keine detaillierten Auskünfte enthält. Es bleibt Ihnen daher nichts anderes übrig, als ebenso knapp und allgemein zu antworten. Sie sollten keinen Bezug auf bestimmte Regionen oder Arten und Bedingungen von Subventionen nehmen, sondern sich auf die allgemeingültigen Gesichtspunkte konzentrieren, die Umweltverbände gegen eine Ausdehnung des Anbaus von Baumwolle in Südeuropa anführen könnten.*

Baumwollanbau in Südeuropa bedeutet normalerweise Bewässerungswirtschaft und Monokultur. Also wird die Kritik der Umweltverbände wohl an den Nachteilen dieser Methoden ansetzen.

Zunächst ist aber zu befürchten, dass aufgrund der Subventionierung der Baumwollanbau die dem Klima und dabei vor allem den Niederschlägen angepassten Dauerkulturen wie Wein oder Oliven verdrängt. Das kann sich langfristig sehr negativ auswirken, da Baumwollpflanzen im Gegensatz zu Wein und Oliven künstlich bewässert werden müssen. Wasser ist aber nur in begrenztem und zukünftig wahrscheinlich immer geringerem Umfang verfügbar, wenn diverse Nutzer wie Tourismus, Industrie und Landwirtschaft darum konkurrieren. Steigern diese Nutzer ihren Bedarf, so wird für einzelne Projekte der anderen Nutzer immer weniger Wasser zur Verfügung stehen.

In den sommerariden Gebieten Südeuropas ergibt sich beim Ausbau der bewässerungsintensiven Kulturen häufig das Problem der Grundwasserabsenkung, was die natürliche Vegetation schädigt. Geht man dann bei der künstlichen Bewässerung nicht ganz sachgerecht vor und verzichtet beispielsweise auf die Dränage, besteht die Gefahr einer Bodenversalzung.

Da der Anbau von Baumwolle in Monokulturen erfolgt, sind damit diverse Probleme wie Schädlingsanfälligkeit, steigende Erosion, einseitige Nährstoffauslaugung des Bodens oder auch Überdüngung verbunden. Natürlich sind Monokulturen bei starken Preisschwankungen und aufgrund der überhöhten Marktabhängigkeit besonders krisenanfällig.

Ein weiterer Kritikpunkt ist, dass die Subventionierung zu einem Preisdumping führen kann. Auf diese Weise entsteht für viele Entwicklungsländer, die auf den Export von Baumwolle angewiesen sind, unlautere Konkurrenz. (10 BE)

3.2 *Sie sollen in Ihrer Antwort eine nicht vorgegebene Anzahl von Gründen nennen und verdeutlichen, die die Unternehmensentscheidung zur Verlagerung der Produktion beeinflusst haben. Selbstverständlich wird es sich dabei um wirtschaftliche Gründe und Rentabilitätsüberlegungen handeln. Die Erläuterung von fünf bis sechs Gründen genügt.*

Ursprünglich hatte die Unternehmensleitung von Fiat die Produktion vor Jahrzehnten von Nord- nach Süditalien verlagert, weil dort die Löhne geringer waren. Nun sind die gleichen Gründe einer günstigeren Kostenstruktur, insbesondere geringere Lohnstückkosten, für eine erneute Verlagerung nach Südpolen ausschlaggebend. Süditalien ist mit seiner abseitigen Lage und den zwischenzeitlich gestiegenen Lohnkosten nicht mehr attraktiv genug.

Fiat erhofft sich in Polen ein qualifiziertes Arbeitskräftepotenzial und weitere Standortvorteile durch die Nähe anderer dort ansässiger Automobilwerke. Unternehmen wie GM, VW, Toyota und Isuzu sind bereits vertreten. Sie haben für entsprechende Agglomerationsvorteile und eine günstige Infrastruktur gesorgt.

Gleichzeitig rückt man mit der Verlagerung der Produktion aus der peripheren Lage Süditaliens näher an den europäischen Kernraum heran. Das bringt deutliche Vorteile bei den Transportkosten. Mittelfristig rechnet man auch mit einer stark wachsenden Nachfrage im östlichen Europa, die Fiat von Polen aus optimal bedienen könnte.

Schließlich haben auch EU-Entscheidungen die Verlagerung mit beeinflusst: Die Subventionen für Süditalien wurden gekürzt, die Fördermittel für Polen dagegen aufgestockt. Mit der Unternehmensentscheidung kann Fiat nun nicht nur seine Kostenstruktur verbessern und damit konkurrenzfähiger werden, sondern gleichzeitig auch einen Teil der EU-Fördermittel abschöpfen. (10 BE)

Leistungskurs Geographie (Bayern): Abiturprüfung 2010 – Aufgabe II: Kanada

1 Küstenräume

1.1 Erläutern Sie ausgehend von Anlage II.1 die Temperatur- und Niederschlagsverhältnisse an der West- und Ostküste Nordamerikas bei Stationen gleicher geographischer Breite!

1.2 Legen Sie für den pazifischen Küstenraum Alaskas und Kanadas das naturräumliche Potenzial für eine wirtschaftliche Nutzung dar! (20 BE)

2 Ressourcennutzung

In der kanadischen Provinz Alberta werden zunehmend reichhaltige Vorkommen an Ölsanden ausgebeutet.
Bewerten Sie unter Einbeziehung der Materialien der Anlage II.2 die Nutzung dieser Ressource aus wirtschaftlicher und ökologischer Sicht! (18 BE)

3 Bevölkerung und Raumerschließung

3.1 Erklären Sie ausgehend von Anlage II.3 sowie von geeigneten Atlaskarten, warum es sich bei den Atlantikprovinzen Kanadas um einen Passivraum handelt!

3.2 Experten gehen davon aus, dass infolge des weltweiten Klimawandels in den nächsten Jahrzehnten die sogenannte Nordwestpassage zwischen Beringstraße und Labradorsee in zunehmendem Maße für die Schifffahrt nutzbar wird.
Erörtern Sie wirtschaftliche Auswirkungen dieser Entwicklung! (22 BE)

(60 BE)

Anlage II.1: Temperaturen und Niederschläge an Nordamerikas Küsten

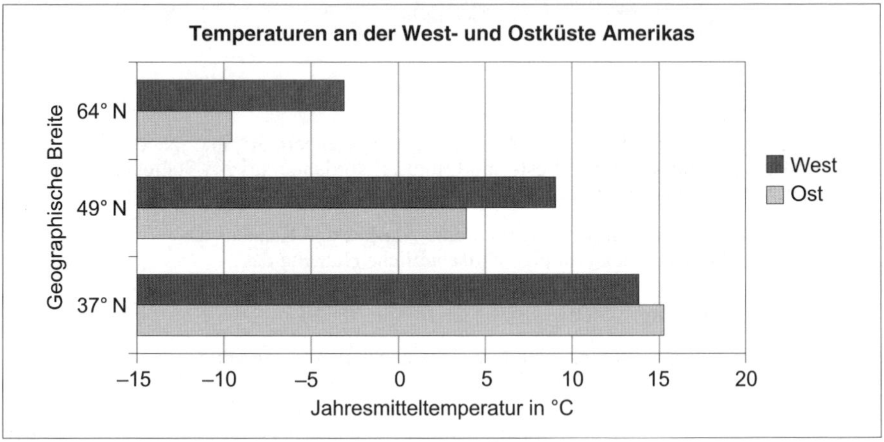

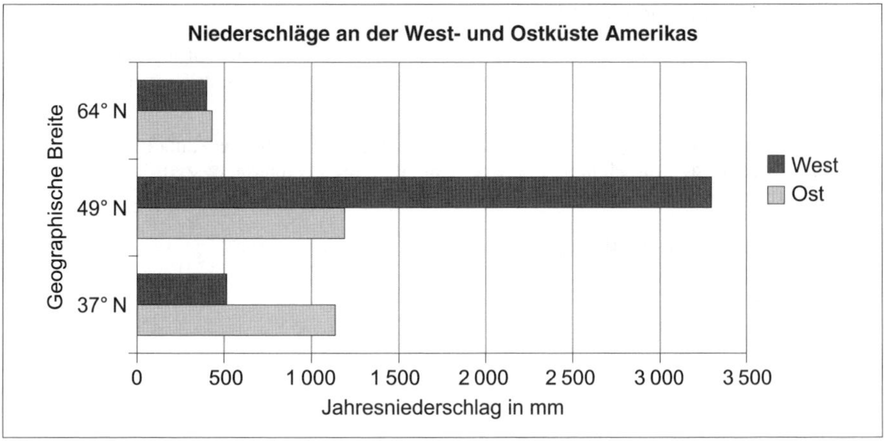

Anlage II.2

M 1: Lage und Ausdehnung der Ölsandvorkommen, Natur- und Nationalparks in Alberta

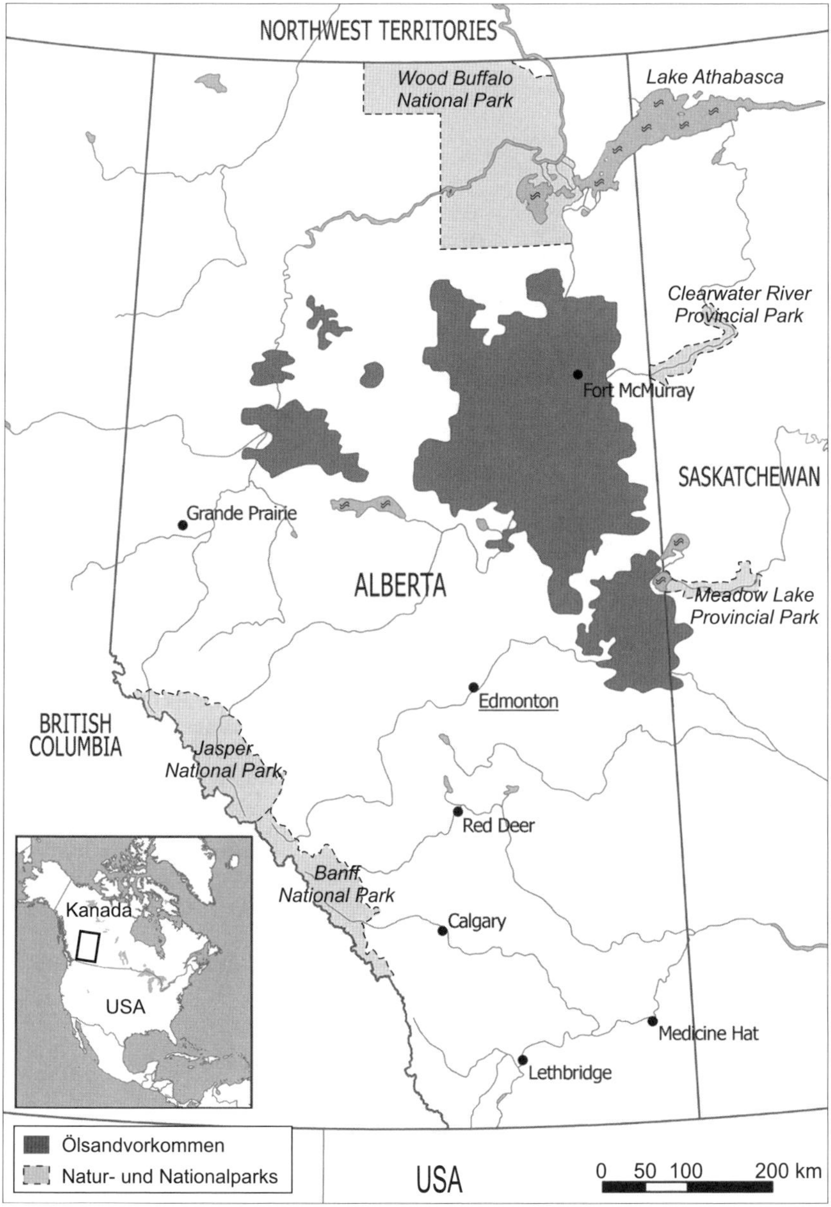

M 2: Entwicklung der Rohölproduktion in Kanada

	1990	1995	2000	2005	2010*	2015*	2020*
Westliches Kanada							
– konventionell	1 319	1 512	1 438	1 213	1 064	892	721
– nicht-konventionell	344	428	610	990	2 151	3 495	3 997
Offshore Ostküste	0	21	145	305	320	230	160
Kanada insgesamt	1 663	1 961	2 193	2 508	3 535	4 617	4 878

* Prognose
(Rohölproduktion nicht-konventionell = Rohöl aus Ölsanden; alle Werte in 1 000 Barrel pro Tag; 1 Barrel = 159 l)

M 3: Gewinnung und Aufbereitung von Ölsanden

Die kanadischen Ölsandvorkommen werden mit 1 700 bis 2 500 Mrd. Barrel Bitumen[1] angegeben. Der größte Teil liegt in der Provinz Alberta, verteilt auf drei Reviere, die eine Gesamtfläche von rund 150 000 km^2 einnehmen. Im Athabasca-Revier liegen die Ölsande weniger als 75 m tief, bei Schichtmächtigkeiten von 40 bis 60 m. Hier konzentrieren sich daher bis jetzt die Aktivitäten der Industrie. Die Ölsande werden derzeit überwiegend im Tagebau gewonnen und die Abtrennung des Bitumens erfolgt anschließend in oberirdischen Anlagen.

Da sich aber 80–90 % der Ölsande nicht im Tagebau gewinnen lassen, wird gegenwärtig von fast allen Gesellschaften die In-Situ-Förderung entwickelt. Dabei wird heißer Dampf durch ein Rohrsystem in die Tiefe gepresst, bis die Wärme das Bitumen flüssig werden lässt, so dass es durch ein zweites Rohrsystem nach oben gepumpt werden kann. Die Bitumenausbeute ist zwar geringer als bei der Tagebauförderung, konnte aber im Laufe der Jahre von anfänglich 10–20 % auf 60 % und darüber erhöht werden. Um 1 Barrel Bitumen abzupumpen, werden zur Dampfbereitung mehr als 20 m^3 Erdgas und bis zu 3 m^3 Wasser benötigt.

Zur weiteren Aufbereitung wird das vom Sand getrennte Bitumen zu so genannten Upgradern gepumpt, die sich sowohl bei der Bitumengewinnung selbst als auch in Edmonton und Calgary befinden. Um es auch über große Entfernungen fließfähig zu machen, muss Leichtöl zugesetzt werden. In den Upgradern werden unerwünschte Begleitstoffe abgetrennt, vor allem Stickstoff und Schwefel, der im Bitumen einen Anteil von bis zu 5 % erreicht. Aus 2 t Ölsand entsteht letztendlich rund 1 Barrel Rohöl. Es ähnelt in seinen Eigenschaften konventionellem Leichtöl. Allerdings müssen Raffinerien, in denen es zu Benzin, Dieselkraftstoff und anderen Produkten weiter veredelt wird, besonders angepasst werden. Auch beim Upgrading des Bitumens werden große Mengen Erdgas und Wasser benötigt und es entstehen giftige, biologisch nicht abbaubare Abwässer, die auf Dauer sicher gelagert werden müssen.

1 Bitumen: natürlich vorkommendes Gemisch aus verschiedenen Kohlenwasserstoffen, abhängig von der Temperatur fest, zäh- oder dünnflüssig.

M 4: Durchschnittliche Förderkosten und Rohölpreis (jeweils in US-$ pro Barrel)

	1986–1990	1991–1995	1996–2000	2001–2005
Kosten der Gewinnung von Rohöl aus kanadischen Ölsanden	27	21	18	22
durchschnittlicher Weltmarktpreis für Rohöl	32	27	26	39

M 5: Sozioökonomische Daten von Alberta und Kanada im Zeitraum von 1998 bis 2008

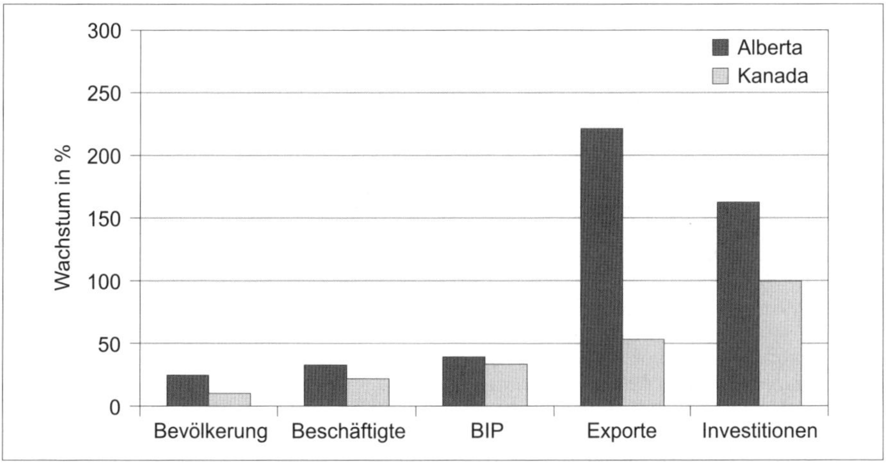

M 6: Ölförderung weltweit

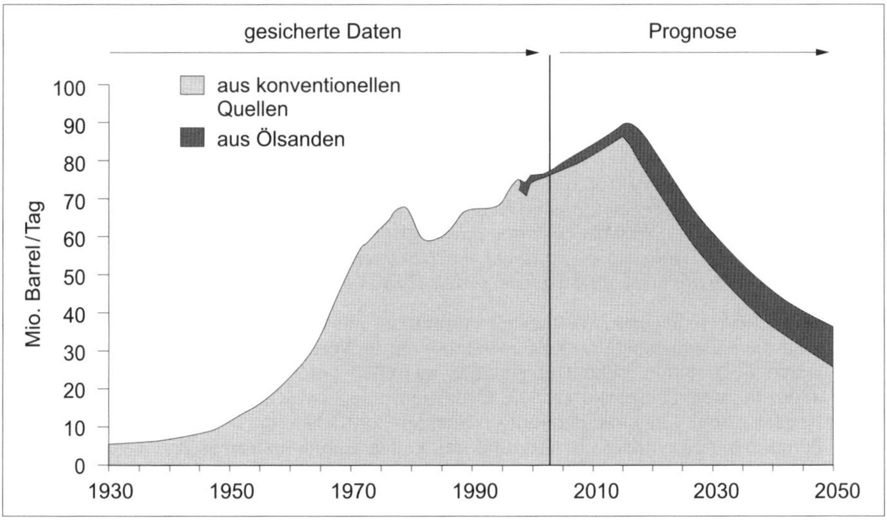

Anlage II.3: Bevölkerung und Wirtschaft in Kanada und seinen Atlantikprovinzen[1]

	Atlantikprovinzen	Kanada gesamt
Wanderungssaldo (2006 in ‰)	–2,6	6,6
Veränderung des Bestands an Kleinunternehmen 1998–2008 (in %)	–7,7	7,4
Arbeitslosenquote (2008 in %)	10,2	6,1
durchschnittliches jährliches Haushaltseinkommen (2007 in CAN$)	52 100	61 800
Gesamtverschuldung (2009 in % des jeweiligen BIP)	38,8	29,9

1 New Brunswick (auch: Neubraunschweig), Nova Scotia (auch: Neuschottland), Prince Edward Island (auch: Prinz-Edward-Insel), Newfoundland and Labrador (auch: Neufundland und Labrador)

Quellenverzeichnis

Bernhard Mühr, http://www.klimadiagramme.de/index_3.html, aufgerufen am 17. 11. 2009 (Anlage II.1)

Norman Einstein, http://upload.wikimedia.org/wikipedia/commons/7/7a/Athabasca OilSands _map.png; Wikimedia Commons License, Zugriff vom 09. 06. 2010 (Anlage II.2, M 1)

National Energy Board Canada, 2008 (Anlage II.2, M 2)

Gerloff, J.-U.: Ölsande und Ölschiefer – Reserven des Ölmarkts? In: Geographische Rundschau 1/2008, Westermann Verlag, S. 42–46 (Anlage II.2, M 3)

EIA Energy Information Administration, National Energy Board Canada 2006. Fundstelle: http://www.albertacanada.com/documents/SP-EH_highlightABEconomy.pdf, aufgerufen am 17. 11. 2009 (Anlage II.2, M 4)

Statistics Canada, Alberta Employment, Immigration and Industry 2009. Fundstelle: http://www.albertacanada.com/documents/SP-EH_highlightABEconomy.pdf, S. 6, aufgerufen am 17. 11. 2009 (Anlage II.2, M 5)

The World Oil Supply Report 2004-2005 (3rd Edition) © Douglas Westwood, für Prüfungszwecke verändert (Anlage II.2, M 6)

Statistics Canada, Fundstelle:http://www.statcan.gx.ca/pub/91-209-x/2004000/tab10-eng.htm, aufgerufen am 17. 11. 2009 (Anlage II.3)

Lösungsvorschlag

1.1 *Sie sollen sich bei Ihrer Antwort an den Daten der Anlage II.1 orientieren, darüber hinausgehend aber auch eigene Kenntnisse einbringen. Es geht um drei Klimavergleiche jeweils einer Westküstenstation mit einer Ostküstenstation gleicher geographischer Breite. Dabei sollen Sie vor allem die Unterschiede herausarbeiten und begründen, jedoch auch auf Gemeinsamkeiten, soweit vorhanden, hinweisen.*

Die auf 64° N liegende Westküstenstation muss am Beringmeer in Alaska liegen, während die entsprechende Ostküstenstation wohl in Nordkanada in der Nähe der Hudsonstraße liegt. Klimatische Unterschiede zwischen beiden Stationen ergeben sich vor allem bei den Temperaturen. Die Ostküstenstation ist deutlich kälter durch ihre nach Norden offene Lage und die vorherrschenden nördlichen und östlichen Winde. Ein mildernder Meereseinfluss ist aufgrund des kalten Labradorstromes kaum zu bemerken. Die Westküstenstation ist dagegen nach Norden durch Gebirge geschützt und unterliegt dem mildernden Einfluss des in einem großen Teil des Jahres eisfreien Beringmeers.

Die Niederschlagswerte sind bei beiden Stationen etwa gleich niedrig, da die absolute Feuchte der kalten Luftmassen jeweils gering ist.

Bei 49° N liegt die Westküstenstation in der Nähe der kanadisch-US-amerikanischen Grenze. Die Ostküstenstation befindet sich etwa im Mündungsgebiet des St. Lorenzstromes. Auch hier weist die Ostküstenstation deutlich niedrigere Temperaturen auf. Trotz Küstenlage herrschen fast kontinentale Klimamerkmale vor, da die Windrichtung meist ablandig ist und der kalte Labradorstrom kaum eine ausgleichende Wirkung hat. Das ist auch der Grund für die relativ niedrigen Niederschläge. An der Westküste dominiert dagegen ganzjährig der vom Meer kommende Westwind, der einen ausgeglichenen, gemäßigten Temperaturverlauf und sehr hohe Niederschläge mit sich bringt, die noch durch Steigungsregen an den Küstengebirgen erhöht werden. Damit hat die Westküstenstation eine deutlich maritimere Klimacharakteristik als die Ostküstenstation.

Die Westküstenstation bei 37° N liegt in Kalifornien, die Ostküstenstation gleicher Breite etwa in Maryland. Die Ostküstenstation ist etwas wärmer und wesentlich feuchter als die Westküstenstation. Sie befindet sich nämlich im Einflussbereich des warmen Golfstroms und des subtropischen Klimas, das im Winter zyklonale Niederschläge und im Sommer Regen durch die auflandigen Südostwinde mit sich bringt. Die Westküstenstation ist dagegen durch den kalten Kalifornienstrom etwas kühler. Im Winter bringen die Westwinde Regen mit sich, im Sommer herrscht durch den Einfluss des Subtropenhochs dagegen Trockenheit vor. (10 BE)

1.2 *Die Frage ist nicht so zu verstehen, dass ein Vergleich zwischen den pazifischen Räumen Alaskas und Kanadas vorgenommen werden sollte. Vielmehr soll für den Gesamtraum das naturräumliche Potenzial beschrieben werden, wobei sich natürlich regionale Unterschiede ergeben können. Beschränken Sie sich bei der Auswahl der naturräumlichen Faktoren auf diejenigen, die für eine wirtschaftliche Nutzung bzw. Inwertsetzung relevant sind.*

Der vorgegebene pazifische Küstenraum ist in seinem südlichen Teil aufgrund des kalten, sauerstoffreichen Kalifornienstroms sehr gut für den Fischfang geeignet. Im nördlichen Bereich sind die natürlichen Voraussetzungen dagegen weniger günstig. Hier dominiert der wärmere pazifische Strom, sodass Alaska und die Aleuten nur ein geringes Potenzial für den Fischfang aufweisen.

Insgesamt ist die Landwirtschaft wegen der nördlichen Lage mit subpolarem Klima, sehr kurzer Vegetationsperiode, geringwertigen Böden und gebirgigem Relief deutlich benachteiligt. Sie beschränkt sich auf inselhaften Getreideanbau und Weidewirtschaft.
Dagegen findet die Holzwirtschaft im gesamten Küstenbereich sehr gute Voraussetzungen. Es gibt ausgedehnte boreale Nadel- und Bergwälder, die dafür ein großes Potenzial bereitstellen.

Bei Rohstoffen und Energie ist die Westküste Kanadas im Vorteil. Hier kann man aufgrund der großen Reliefenergie und des hohen Wasserkraftpotenzials durch Steigungsregen und umfangreiche Abflussmengen sehr gut Hydroenergie gewinnen. Sowohl in Alaska als auch in Kanada liegen lokale Vorkommen von Energierohstoffen.

Die weitgehend unberührte und unzerstörte Landschaft von der Südgrenze Kanadas bis hinauf nach Alaska ist ein beliebtes Gebiet für Wandertourismus. Auch Kreuzfahrten steuern gerne die ausgedehnten Fjordküsten an. (10 BE)

2 *Diese Frage ist mit sehr umfangreichen Materialien – insgesamt sechs Karten, Texten, Tabellen und Diagrammen – ausgestattet und sollte daher, auch erkennbar an den vorgegebenen Bewertungseinheiten, ausführlich beantwortet werden. Sie müssen dabei die Materialien nicht einzeln abarbeiten, sondern sollten auch zusammenfassende Aspekte unter Einbeziehung Ihrer eigenen Kenntnisse liefern. Empfehlenswert ist eine Untergliederung in eine ökologische und eine wirtschaftliche Betrachtungsweise.*
Die einzelnen positiven sowie negativen Gesichtspunkte sollten genannt und kurz erläutert werden.

Die kanadische Provinz Alberta verfügt über umfangreiche Ölsandvorkommen, deren Ausdehnung insgesamt ca. 150 000 km^2 erreicht. Sie liegen zwischen den Flüssen Nord-Saskatchewan, Athabasca und Peace sowie in unmittelbarer Nähe mehrerer Natur- und Nationalparks. Da das Bitumen derzeit überwiegend im Tagebau gewonnen wird, besteht die Gefahr einer großflächigen Zerstörung der ökologisch hochsensiblen Naturlandschaft. Wenn zukünftig vermehrt In Situ-Fördermethoden angewandt werden, gibt es ökologisch große Probleme. Man benötigt sehr viel Wasser, das man den Flüssen entnimmt und nach Gebrauch in verschmutztem Zustand wieder in die Flüsse zurückleitet. Dadurch werden die flussabwärts gelegenen Landschaften gefährdet, insbesondere die dortigen Nationalparks. Beim Upgrading des Bitumens entfernt man vor allem Stickstoff und Schwefel. Während dieses Vorganges entstehen giftige, biologisch nicht abbaubare Abwässer, die eine sichere Endlagerung erfordern. Da man neben den großen Wassermengen auch noch beträchtliche Erdgasvolumen und Leichtöl für Förderung und Transport benötigt und zudem die Raffinerien anpassen muss, ist es fraglich, ob der Wirkungsgrad dadurch nicht so stark verringert wird, dass eine Ausbeutung nicht mehr sinnvoll erscheint.

Man muss daher neben der ökologischen Betrachtung auch eine genaue wirtschaftliche Analyse durchführen.
Die Ausbeute von Ölsandvorkommen ist, wie dargelegt, problematisch und dürfte wohl nur dann durchgeführt werden, wenn sie wirtschaftlich sehr attraktiv ist. Da die Ölförderung aus konventionellen Quellen demnächst aufgrund der Abnahme der Erdölvorräte sinken wird, kann sich Kanada seine Versorgung mithilfe der Ölsandvorkommen sichern. Die Kosten der Gewinnung sind 2005 niedriger als 1990, während der Weltmarktpreis für Rohöl in dieser Zeit, nach einem Einbruch von 1991 bis 2000, deutlich gestiegen ist. Damit nehmen bei wachsender Fördermenge der Ölsandvorkommen Kanadas Erlöse durch den Export zu und das Land kann die teuren Importe substituieren. So wird verständlich, dass die Rohölproduktion in Kanada von 1990 bis 2020 (Prognose) auf das Dreifache steigt, wobei die Ölsandproduktion sich etwa verzehnfacht, während die konventionelle Ölproduktion etwa auf die Hälfte sinkt. Im Jahr 2020 wird der Anteil der Ölsande etwa fünf Sechstel an der Gesamtölproduktion Kanadas betragen.

Es ist davon auszugehen, dass die Ölgewinnung aus Ölsanden für Kanada auch künftig wirtschaftlich rentabel sein wird, auch wenn die Lagerstätten schwieriger zu erschließen sein werden. Die Gewinnmarge kann geschmälert werden durch teure technische Gewinnungsverfahren, durch hohe Lohnkosten aufgrund der extrem harten Arbeit und durch erhebliche Kosten für die notwendige Infrastruktur. Aber wegen der hohen Nachfrage wird die Ausbeutung aus wirtschaftlichen Aspekten dennoch attraktiv bleiben. Das gilt insbesondere für die Provinz Alberta, die natürlich am meisten vom Abbau der dortigen Ölsande profitieren wird. In die Provinz fließen große Mengen Investitionskapital, was die Wirtschaftskraft stärkt und neue Arbeitsplätze schafft. Die sozioökonomischen Daten von 1998–2008 deuten schon darauf hin, dass Alberta in den wichtigsten Sparten überproportional gegenüber Gesamtkanada wächst. Das gilt für Investitionen, Exporte und BIP genauso wie für Bevölkerungszahl und Beschäftigte. Die bisher nur dünn besiedelte Provinz könnte eine völlig neue Phase ihrer Entwicklung erleben. (18 BE)

3.1 *Mithilfe der Anlage II.3, geeigneter Atlaskarten und eigener Kenntnisse sollen Sie die These untermauern, dass die Atlantikprovinzen Kanadas einen Passivraum darstellen. Sie sind also gefordert, nur Aspekte zusammenzustellen und zu veranschaulichen, die typisch für einen Passivraum sind.*

Alle Daten der Anlage II.3 über Bevölkerung und Wirtschaft liefern ungünstige Aussagen über die Atlantikprovinzen. Diese Gebiete erleiden große Wanderungsverluste, die mit der hohen Arbeitslosenquote und dem geringen Haushaltseinkommen korrespondieren. Es dürfte also insbesondere die jüngere Bevölkerung sein, die auf der Suche nach Arbeitsplätzen oder höherem Einkommen abwandert.
Die Zahl der Kleinunternehmen geht zurück, da sich diese Betriebe von der Verlagerung in wirtschaftlich lukrativere Provinzen Kanadas bessere Bedingungen und Geschäfte erhoffen. So ist die Gesamtverschuldung der Provinzen überdurchschnittlich gestiegen. Dadurch besteht kaum ein Spielraum zur Verbesserung der Lage über Investitionen in die Infrastruktur oder Subventionierung von Unternehmen.

Das wirtschaftliche Potenzial der Atlantikprovinzen ist gering. Für landwirtschaftliche Nutzung ist es aufgrund ungünstiger naturräumlicher Faktoren (Boden, Klima) kaum geeignet. Die einheimische Fischereiwirtschaft ist gegenüber der modern ausgerüsteten und kapitalkräftigen US-amerikanischen Konkurrenz unterlegen. Und auch die Industrie ist mangels großer Rohstoffvorkommen oder günstiger Infrastruktur nur gering entwickelt. Dazu kommt, dass die Atlantikprovinzen peripher liegen und verkehrsmäßig teilweise nur unzureichend an die wirtschaftlichen Zentren Kanadas angebunden sind. (12 BE)

3.2 *Aufbauend auf der These, dass die Nordwestpassage aufgrund des Klimawandels nutzbar werden wird, sollen Sie wirtschaftliche Auswirkungen ableiten und veranschaulichen. Sie sollten dabei sowohl positive Punkte anführen als auch auf Probleme hinweisen, die mit dieser Neuerung entstehen können.*
Es ist keine Anzahl der geforderten Aspekte angegeben; vier bis fünf Gesichtspunkte sollten ausreichen.

In erster Linie profitieren natürlich die Reedereien von einer Nutzbarkeit der Nordwestpassage bzw. einer Verkürzung des Seewegs von Asien/amerikanischer Westküste zur amerikanischen Ostküste. Mit moderner Ausrüstung dürfte auch die schwierige Navigation entlang einer sehr schmalen, gewundenen Fahrrinne beherrschbar sein. Auf dieser neuen Route kann künftig Öl aus dem nördlichen Alaska direkt in den Osten Nordamerikas transportiert werden. Man muss sich dabei allerdings im Klaren sein, dass im Falle einer Havarie die Gefahr großer ökologischer Schäden besteht.

In der Nähe des gesamten neuen Seewegs wird die Erschließung mineralischer Rohstoffe aufgrund des kostengünstigeren Abtransports erleichtert, auch wenn keine dauernde Eisfreiheit garantiert ist. Im Zusammenhang damit besteht die Möglichkeit, neue Häfen anzulegen. Es ist jedoch fraglich, ob das wirtschaftliche Entwicklungspotenzial dafür ausreicht.
Schließlich eröffnet sich die Chance einer touristischen Nutzung. Kreuzfahrtschiffe könnten hier neue, attraktive Reisen anbieten. Allerdings dürften die Preise recht hoch sein und damit der Kreis möglicher Interessenten relativ klein. (10 BE)

Leistungskurs Geographie (Bayern): Abiturprüfung 2010 – Aufgabe III: Lateinamerika

1 Naturraum

1.1 Anlage III.1 zeigt die Niederschlagsverhältnisse an der Westseite Mittelamerikas.
Erklären Sie den jährlichen Niederschlagsgang bei 8° N, 16° N, 24° N und 32° N!

1.2 Erläutern Sie das in Anlage III.2 dargestellte Zusammenwirken naturräumlicher Parameter im tropischen Regenwald sowie bei ackerbaulicher Nutzung dieser Region! (20 BE)

2 Wirtschaftliche Entwicklungen

2.1 Anlage III.3 zeigt die Entwicklungen im Sojaanbau Brasiliens. Begründen Sie die wesentlichen Veränderungen und stellen Sie problematische Folgen dar!

2.2 Arbeiten Sie aus Anlage III.4 die Veränderungen in der PKW-Produktion Brasiliens heraus und diskutieren Sie die daraus entstehenden Chancen für die Entwicklung des Landes! (20 BE)

3 Mobilität und Stadtentwicklung

3.1 Anlage III.5 zeigt modellhaft die räumliche Mobilität in verschiedenen Stadien von Gesellschaften.
Erläutern Sie die Veränderungen des Wanderungsverhaltens im gekennzeichneten Abschnitt des Modells, in dem sich Schwellenländer befinden!

3.2 In vielen Großstädten Lateinamerikas werden illegal bebaute randstädtische Gebiete von den Stadtverwaltungen legalisiert.
Zeigen Sie Ziele auf, die mit dieser Maßnahme verfolgt werden! (20 BE)

(60 BE)

Fragen, Wünsche, Anforderungen?

Anlage III.1: Die jahreszeitliche Verteilung des Niederschlags in Prozent des Gesamtniederschlags an der Westseite Mittelamerikas

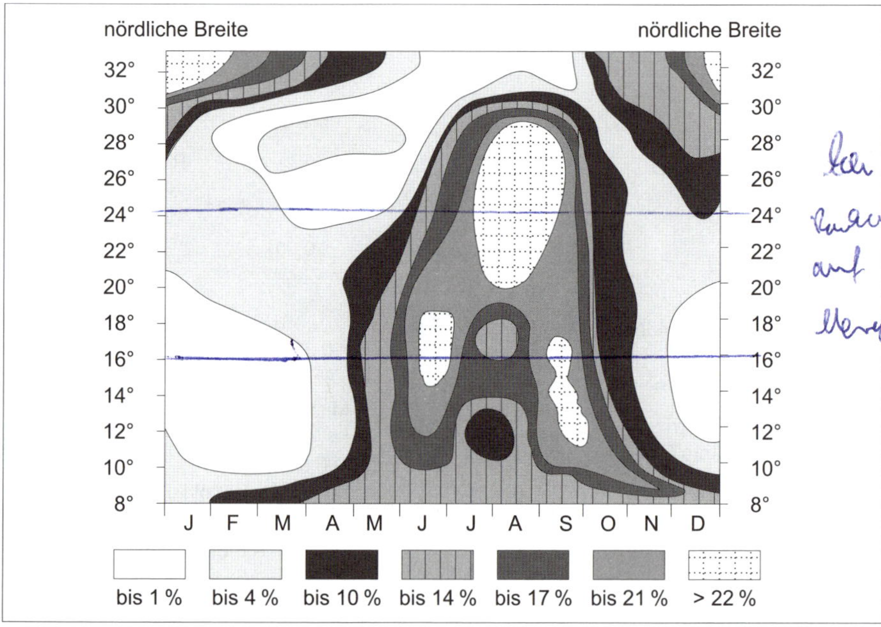

Anlage III.2: Stark vereinfachte Darstellung des Zusammenwirkens naturräumlicher Parameter im Bereich des tropischen Regenwalds

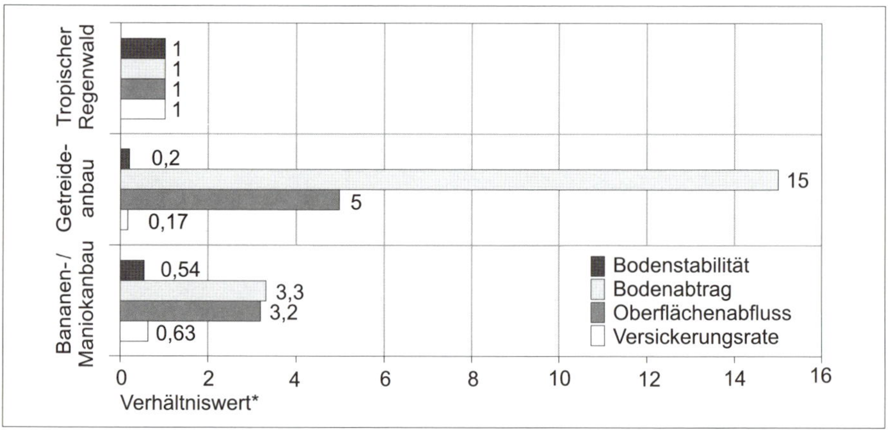

* Der Verhältniswert ist der relative Wert naturräumlicher Parameter jeweils bezogen auf die entsprechenden Parameter im tropischen Regenwald (Urwald).

Anlage III.3: Anbauflächen für Soja 1990 und 2007 in den zwölf im Sojaanbau führenden Bundesstaaten Brasiliens

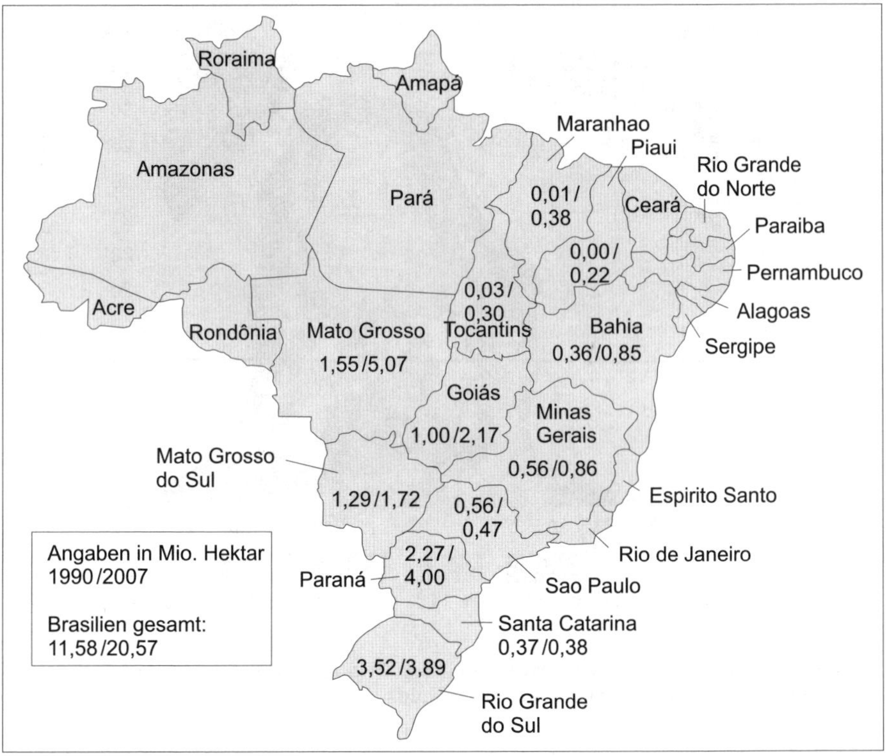

Anlage III.4: Die PKW-Produktion Brasiliens nach Treibstoffart und die Entwicklung des Rohölpreises von 1977 bis 2007

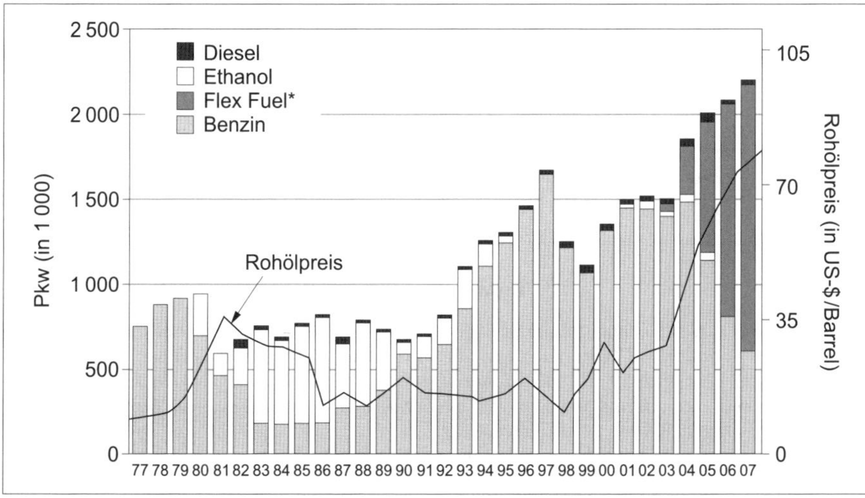

* Flex-Fuel-Technologie: Einführung 2003 durch die deutsche Tochterfirma *VW do Brasil* mit Standort Sao Paulo; die Fahrzeuge können mit einem beliebigen Mischungsverhältnis aus Benzin und Bioethanol betankt werden. Dieses wird vor allem aus dem heimischen Zuckerrohr gewonnen.

Anlage III.5: Modell zur Entwicklung der räumlichen Mobilität

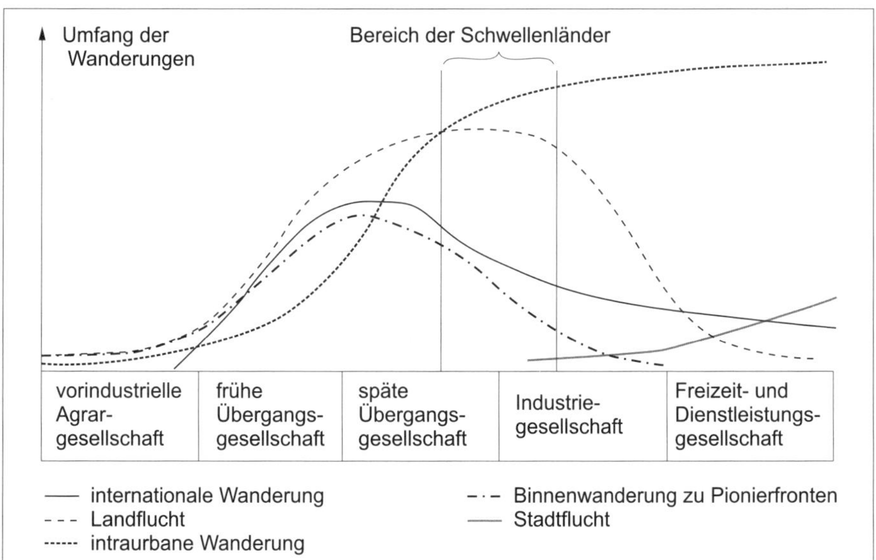

Quellenverzeichnis

Lauer, Wilhelm: Das Wesen der Tropen. Akademie der Wissenschaft i. d. Literatur, Mainz 1975, S. 40 (Anlage III.1)

Bremer, Hanna.: Die Tropen. Gebr. Bornträger, Stuttgart 1999, S. 161 (Anlage III.2)

Borsdorf, A.: Landflucht als Teil der Mobilitätstransformation. In: Praxis Geographie 7–8/ 2004, S. 12 (Anlage III.5)

http://www.sidra.ibge.gov.br, aufgerufen am 20. 01. 10 (eigene Zusammenstellung zum Soja-Anbau) (Anlage III.3)

Schacht, S.: Energie aus Zuckerrohr. In: Praxis Geographie 9/2008, Westermann Verlag, S. 29 (Anlage III.4)

Lösungsvorschlag

1.1 *Da die Anlage III.1 nur Aussagen über die prozentuale jährliche Verteilung der Niederschläge erlaubt, ist keine Aussage über die absolute Höhe und damit den Klimatyp möglich. Beschränken Sie sich daher darauf, den Jahresgang der Niederschläge entsprechend der Anlage für die vier angegebenen Breitenkreise zu beschreiben und seinen Ursachen nach zu erläutern.*
Die angegebenen Signaturen gelten jeweils pro Monat.

Der jährliche Niederschlagsgang bei 8° N weist keine extremen Werte auf. Von Januar bis einschließlich März fallen pro Monat zwischen 1 % und 4 % bzw. zwischen 4 % und 10 % des jährlichen Gesamtniederschlags. Im gesamten restlichen Jahr von April bis Dezember fallen pro Monat zwischen 10 %und 14 % der Jahresniederschläge. Dieser relativ gleichmäßige jährliche Niederschlagsgang findet seine Ursache in der Breitenkreislage: Die inneren Tropen befinden sich ganzjährig im Bereich des äquatorialen Tiefdrucks und in der Nähe der ITC mit häufigen Konvektionsregen.

Bei 16° N steht einer Trockenzeit von Dezember bis einschließlich März eine zweigeteilte sommerliche Regenzeit mit zwei Maxima im Juni und September gegenüber. Das deutet im Sommer auf den Einfluss der ITC und Zenitalregen jeweils nach den Höchstständen der Sonne sowie Trockenheit unter dem winterlichen Einfluss des randtropischen Hochs hin.

Die jahreszeitliche Verteilung der Niederschläge bei 24° N unterscheidet sich nur geringfügig von der bei 16° N. Einziger Unterschied ist, dass die zwei Regenzeiten hier zu einer langen Regenzeit von Juli bis September verschmelzen. Die Monate von Oktober bis März sind wieder von relativer Trockenheit geprägt. Das Verschmelzen der Regenzeiten im Sommer ist durch die nur sehr kurze Zeitspanne zwischen den beiden Höchstständen der Sonne erklärbar. Im Winter dominiert wieder das Randtropenhoch.

Die Verteilung der Niederschläge bei 32° N entspricht den Merkmalen des Mittelmeerklimas: im Winter hohe Niederschläge durch die Südverlagerung der Westwindzone, im Sommer Trockenheit durch die Dominanz des Subtropenhochs. (10 BE)

1.2 *Die Darstellung, vor allem die des sogenannten „Verhältniswertes“, ist etwas ungewohnt und erschwert die an und für sich naheliegenden Antworten. Sie sollen für die drei angegebenen Nutzungsarten „tropischer Regenwald“, „Getreideanbau“ und „Bananen-/Maniokanbau“ jeweils ermitteln, wie sie sich auf die vier vorgegebenen naturräumlichen Parameter auswirken. Je höher der Verhältniswert, desto stärker wird der entsprechende Parameter beeinflusst.*

Für den ursprünglichen Zustand dieses Gebietes wird der tropische Regenwald angeführt, dem für alle Parameter der Verhältniswert 1 zugeordnet ist. Im Vergleich zu den anderen Nutzungsarten hat die ursprüngliche Vegetation damit den geringsten Oberflächenabfluss und den kleinsten Bodenabtrag. Das geschlossene Blätterdach des Regenwaldes entfaltet nämlich eine Schutzwirkung vor Starkregen und erreicht, dass der verzögert den Boden erreichende Niederschlag in den Oberboden versickern kann. Die Versickerungsrate erreicht den höchsten Wert. Weiterhin besitzt der Regenwald eine intensive Durchwurzelung der oberen Bodenschichten, sodass auch die Bodenstabilität den höchsten Verhältniswert erreicht.

Wird der Regenwald gerodet und Getreide angebaut, so verändert sich vor allem der Bodenabtrag. Er wächst auf den 15-fachen Wert gegenüber einer Bedeckung durch tropischen Regenwald an. Entsprechend steigt auch der Oberflächenabfluss auf den fünffachen Wert. Beide Entwicklungen hängen natürlich eng miteinander zusammen. Sie werden verursacht durch die sehr geringen Versickerungsraten, die wiederum eine Folge der nur zeitweiligen, lichten Pflanzenbedeckung sind. Beim Getreideanbau sind vor allem die Brachezeiten wegen des fehlenden Blätterschutzes durch Starkregen, aber auch durch oberflächliche Austrocknung gefährdet. Die Bodenstabilität verringert sich deutlich, da der Boden bei häufigen Ernten intensiv bearbeitet wird und nur noch oberflächennah durchwurzelt ist.
Beim Bananen-/Maniokanbau sind die Veränderungen gegenüber dem ursprünglichen tropischen Regenwald nicht so gravierend. Zwar nehmen auch hier Oberflächenabfluss und Bodenabtrag zu, bei Weitem aber nicht so stark wie beim Getreideanbau. Der Stockwerksanbau der mehrjährigen Pflanzen schützt mit seinem Blätterdach einigermaßen vor der Erosion. Bodenstabilität und Versickerungsraten erreichen mittlere Werte, da die Bodenbearbeitung nicht sehr intensiv ist, sodass sich eine ausgeprägte Durchwurzelung bilden kann. (10 BE)

2.1 *Diese Frage enthält zwei Teile. Der Operator „begründen“ fordert Sie zunächst auf, der Anlage III.3 die wesentlichen Veränderungen im Sojaanbau Brasiliens zu entnehmen und die entscheidenden Gründe dafür aufzuführen. Dann sollen Sie sich entsprechend dem Operator „darstellen“ Gedanken darüber machen, welche Folgeprobleme die in Teil 1 dargestellte Entwicklung haben kann.*

Die Anbauflächen für Soja sind in Brasilien von 1990–2007 auf fast das Doppelte angewachsen. Von den zwölf im Sojaanbau führenden Bundesstaaten ist nur in einem (Sao Paulo) die Anbaufläche zurückgegangen. Bei den restlichen elf Bundesstaaten hat die Anbaufläche in unterschiedlichem Ausmaß zugenommen. Die südöstlichen Bundesstaaten zeigen mit Ausnahme von Paraná keine wesentliche Zunahme. Die nordöstlichen Bundesstaaten einschließlich Mato Grosso haben dagegen ihre Anbauflächen erheblich ausgedehnt.
Insgesamt stieg in den dargestellten 17 Jahren die Nachfrage nach Soja enorm an. Die Pflanze wurde als Kraftfutter in der Tiermast verarbeitet und diente als Rohstoff für die Nahrungsmittelindustrie. Da die brasilianischen Bereiche der wechselfeuchten Tropen für den Anbau günstige Voraussetzungen wie Wärme und Wasser boten, ist es verständlich, dass dort der Anbau deutlich ausgeweitet wurde. Im Nordosten und am Südrand des Amazonasbeckens standen dafür große Flächen zur Verfügung, die als Ergebnis von Agrarkolonisationsprogrammen und steuerlicher Förderung von Investitionen erschlossen worden waren. Straßen wurden gebaut, Schifffahrtswege angelegt und Binnenhäfen errichtet, die den Export erleichterten. Auch die mit den Subventionen verbundene Landspekulation hinterließ ausgedehnte, unbearbeitete Flächen, die zum Sojaanbau genutzt werden konnten.

Im Südosten standen weniger Flächen zur Verfügung. Da auch eine starke Konkurrenz durch den hohen Flächenverbrauch von Siedlungen, Industrie und Zuckerrohranbau bestand, fielen die Steigerungsraten für die Sojaanbauflächen hier geringer aus.

Diese für Brasilien eigentlich positive Entwicklung der Ausweitung des Sojaanbaus bringt einige Probleme mit sich. Die Flächenerweiterungen gehen häufig zulasten des tropischen Regenwaldes. Damit entstehen nicht nur die in Teilaufgabe 1.2 behandelten Probleme bei der Rodung des Regenwaldes, sondern es werden auch die Lebensräume der Pflanzen- und Tierwelt bedroht. Auch die indigene Bevölkerung verliert ihre Existenzgrundlage. Kleinbauern werden z. T. gewaltsam durch kapitalkräftige Investoren und Großgrundbesitzer verdrängt. Das verschärft die sozialen Spannungen und kostet viele Arbeitsplätze. Denn die arbeitsintensive kleinbäuerliche Landwirtschaft wird durch den hochmechanisierten Anbau in Monokulturen ersetzt. Schließlich entfallen große Flächen, auf denen bisher Nahrungsmittel produziert wurden. Das bedeutet einen Rückgang der Lebensmittelproduktion und steigende Preise. Es ist fraglich, ob die vermehrte Produktion von cash crops und die damit verbundenen Mehreinnahmen über den Export diese Nachteile ausgleichen können. (10 BE)

2.2 *Wieder eine Doppelfrage! Ihre erste Teilantwort sollte sich darauf beschränken, aus der Anlage III.4 die wichtigsten Phasen in der Entwicklung der Pkw-Produktion Brasiliens zu erkennen und zu beschreiben. Gründe für diese Entwicklung sind nicht gefragt. Im zweiten Teil Ihrer Antwort müssen Sie sich damit auseinandersetzen, ob diese Entwicklung Chancen für die Gesamtentwicklung Brasiliens bietet. Sie sollten dabei Chancen und Risiken gegenüberstellen und zu einem abschließenden Urteil kommen.*

Die Pkw-Produktion Brasiliens hat seit 1977 mehrere Phasen durchlaufen, in denen jeweils eine andere Treibstoffart vorherrschend war.
Die gesamte Pkw-Produktion ist von 1977–1980 von 700 000 auf 900 000 Pkw leicht angestiegen und hat dann bis 1992 mit wechselnden, kurzen Phasen des Auf und Ab auf 800 000 Pkw abgenommen. Von da an ging es bis 1997 aufwärts bis zur Produktion von 1 700 000 Pkw. Ein erneuter Einbruch bis 1999 reduzierte die Produktion auf 1 100 000 Pkw. Seit 2000 nahm die Produktion wieder mit unterschiedlicher Schnelligkeit zu und erreichte 2007 die Zahl von 2 200 000 Pkw.
Während 1977–1979 ausschließlich Benzin-Fahrzeuge produziert wurden, gewann in den 80er-Jahren die Produktion von Ethanol-Fahrzeugen eindeutig die Oberhand. Diese lief dann bis Mitte der 90er-Jahre aus. An ihre Stelle trat, nach einer Zwischenphase bis 2002 mit der Produktion von Benzin-/Diesel-Fahrzeugen, ab 2003 allmählich die Produktion von Flex-Fuel-Fahrzeugen. Diese hat im Jahr 2007 etwa drei Viertel der Gesamtproduktion an Pkw erreicht.

Der seit 2003 zu beobachtende Aufschwung der Pkw-Produktion mit dem Schwerpunkt Flex-Fuel-Fahrzeuge hat für Brasilien zunächst einmal große Vorteile gebracht. Arbeitsplätze wurden geschaffen, Entwicklungsimpulse für Folgeindustrien entstanden. Die Mobilität der Bevölkerung konnte gesteigert werden, zumal der Treibstoffpreis nicht mehr vollständig an die steigenden Rohölpreise gebunden war. Diese Strategie der weitgehenden Abkoppelung vom Rohölweltmarkt war durchaus er-folgreich. Sie wurde ergänzt durch den Versuch, diese Fahrzeuge mit dem neuartigen Treibstoffgemisch zu exportieren, um damit die Deviseneinnahmen zu erhöhen.
Es gibt jedoch auch Probleme. Die Produktion konzentriert sich auf Ballungszentren wie Sao Paulo und trägt damit dazu bei, dass sich die räumliche Disparität vergrößert. Um sich einen Pkw mit Flex-Fuel-Technologie anschaffen zu können, muss erst einmal ein hoher Anschaffungspreis bezahlt werden. Das kann sich ein Großteil der Bevölkerung nicht leisten. Der Einsatz von Bioethanol erfordert die Ausweitung des Zuckerrohranbaus. Dies geschieht meist zulasten des Regenwaldes mit allen daran geknüpften

Folgeproblemen. Schließlich ist auch der Export dieser Fahrzeuge nicht einfach, da die konventionellen Treibstoffe nach wie vor dominieren und die Nachfrage nach Flex-Fuel-Fahrzeugen relativ gering ist.

Wenn man sich der zweifellos vorhandenen Probleme bewusst wird und versucht, ihnen z. B. mittels politischer Entscheidungen entgegenzuwirken, birgt die besondere Entwicklung der Pkw-Produktion in Brasilien jedoch durchaus Chancen für das Land. (10 BE)

3.1 *Basis Ihrer Antwort ist ausschließlich die Anlage III.5. Aus ihr sollen Sie einen Abschnitt des Modells herausnehmen und daran die Veränderungen des Wanderungsverhaltens beschreiben und veranschaulichen.*

Schwellenländer sind in diesem Modell zwischen „später Übergangsgesellschaft“ und „Industriegesellschaft“ angesiedelt. In dieser Phase nimmt die intraurbane Wanderung von einem hohen Niveau aus noch zu. Die etwa ebenso umfangreiche Landflucht stagniert bei leichter Abnahme. Auf geringerem Umfangs-Niveau nehmen sowohl die internationale Wanderung als auch die Binnenwanderung zu Pionierfronten deutlich ab. Stadtflucht steigt zwar leicht an, liegt aber noch auf einem sehr niedrigen Niveau.

Diese Veränderungen sind mit den Merkmalen eines Schwellenlandes zu erklären. Die Auswanderungszahlen ins Ausland sinken, da zunehmend Arbeitsplätze im eigenen Land angeboten werden. Dazu gehören durchaus auch hochwertige Arbeitsplätze, die bei wirtschaftlichem Wachstum und geringer Zuwanderung frei werden. In den ländlichen Bereichen sinken allmählich die Geburtenraten, die dortige Infrastruktur verbessert sich und die überfüllten Städte sind keine lohnenswerten Ziele mehr, sodass die Landflucht nach und nach abnimmt. Stattdessen wird die Wanderung innerhalb einer Stadt oder von einer Stadt zur anderen immer attraktiver. Denn bei einem sozialen Aufstieg bzw. höheren Einkommen bevorzugen die Menschen neue Stadtviertel, die ihrem neuen Status entsprechen.
Die Raumerschließung ist weitgehend beendet. Pionierfronten mit hohen Aufstiegschancen existieren kaum noch. Die früheren Besiedlungsfronten sind unattraktiv geworden, sodass eine Zuwanderung dorthin kaum mehr stattfindet. Neu entsteht in ersten Anfängen eine Abwanderung besonders der wohlhabenden Bevölkerungsschichten aus der Stadt hinaus. Denn Kriminalität und Umweltbelastungen verringern die städtische Lebensqualität, sodass, wer es sich leisten kann, ins Umland zieht. (10 BE)

3.2 *Die Aufgabe fordert von Ihnen die Nennung und Veranschaulichung von Zielen der Stadtverwaltungen, die illegal bebaute Gebiete legalisieren. Die Angabe von vier bis fünf Zielen dürfte ausreichen.*

Die Stadtverwaltungen sind sich aufgrund ihrer Erfahrung völlig im Klaren darüber, dass der Abriss eines illegal gebauten Stadtrandviertels umgehend die Errichtung eines neuen Viertels an einer anderen Stelle nach sich ziehen würde. Daher versucht man lieber, die Situation in den bestehenden Vierteln zu verbessern, um z. B. bisher marginalisierte Gruppen in die Gesellschaft zu integrieren. Ziel ist die Schaffung einer rechtlichen Grundlage für zukünftige Planungs- und Verwaltungsmaßnahmen. Auf diese Weise kann man auch gezielter gegen Kriminalität, Drogenmissbrauch und Prostitution vorgehen. Natürlich haben die Stadtverwaltungen ebenfalls im Blick, damit auch die Grundlage für die Erhebung von Grundsteuern und städtischen Abgaben zu schaffen.

Die ersten, naheliegenden Maßnahmen bei der Legalisierung illegaler Stadtrandviertel sind jedoch meist die Verlegung von Versorgungs- und Entsorgungsleitungen sowie der Versuch, die Wohnsituation zu verbessern. Das verlangt einfach der Blick auf die oft menschenunwürdige Situation in diesen Vierteln. (10 BE)

Leistungskurs Geographie (Bayern): Abiturprüfung 2010 – Aufgabe IV: Steppen und Savannen

1 Steppen und Savannen

1.1 Anlage IV.1 zeigt ausgewählte Klimawerte der Stationen Marrakech (auch Murrakech, Marrakesch) (31° 36' N, 8° 1' W) und Gao (16° 16' N, 0° 3' W). Erläutern Sie mithilfe dieser Werte die klimatische Eignung der beiden Regionen für den Ackerbau!

1.2 In den Steppen und Savannen gewinnt das Sammeln und Speichern von Niederschlägen für den Ackerbau zunehmend an Bedeutung.
Beschreiben Sie die in Anlage IV.2 dargestellten Methoden und zeigen Sie die grundsätzlichen Möglichkeiten und Grenzen einer solchen Nutzung von Niederschlagswasser in Steppen und Savannen auf! (20 BE)

2 Steppen

2.1 Erklären Sie das in Anlage IV.3 dargestellte großräumige Verteilungsmuster des ursprünglichen Humusgehalts in den Böden der Great Plains und legen Sie drei weitere natürliche Faktoren dar, die für die Bodenbildung von Bedeutung sind!

2.2 Begründen Sie die Entwicklung des in Anlage IV.4 dargestellten Humusgehalts in einem Boden der Great Plains! (22 BE)

3 Klima und Vegetationszonen

3.1 Erläutern Sie anhand von zwei Beispielregionen in Afrika, welche natürlichen Einflussgrößen dafür verantwortlich sind, dass die Lage der tropischen Vegetationszonen dort von einer breitenkreisparallelen Anordnung abweicht!

3.2 Anlage IV.5 zeigt eine Prognose der Auswirkungen eines verdoppelten CO_2-Gehalts der Atmosphäre auf die Vegetationszonen der Erde.
Setzen Sie sich kritisch mit der Aussagekraft dieser Abbildung auseinander! (18 BE)

(60 BE)

Anlage IV.1: Ausgewählte Klimawerte zweier Stationen im Nordteil Afrikas

Station Marrakech (Marokko) 31° 36' N, 8° 1' W, Höhe 460 m ü. NN

	Jan	Feb	Mrz	Apr	Mai	Jun	Jul	Aug	Sep	Okt	Nov	Dez
Mittlere Temperatur (in °C)	12	13	16	18	21	25	29	29	25	21	16	12
Absolutes Maximum der Temperatur (in °C)	29	34	34	34	38	41	44	45	42	35	30	26
Absolutes Minimum der Temperatur (in °C)	0	0	2	4	8	12	14	14	12	7	4	–1
Mittlerer Niederschlag (in mm)	28	29	33	31	17	7	2	3	10	21	28	33
Minimaler Niederschlag (in mm)	0	0	0	0	0	0	0	0	0	0	0	0
Maximaler Niederschlag in 24 Stunden (in mm)	33	33	36	63	42	40	26	23	29	43	37	52

Station Gao (Mali) 16° 16' N, 0° 3' W, Höhe 270 m ü. NN

	Jan	Feb	Mrz	Apr	Mai	Jun	Jul	Aug	Sep	Okt	Nov	Dez
Mittlere Temperatur (in °C)	22	25	29	32	35	34	32	30	32	32	28	23
Absolutes Maximum der Temperatur (in °C)	44	43	45	47	47	48	46	42	44	44	42	39
Absolutes Minimum der Temperatur (in °C)	7	7	9	15	18	18	19	17	18	15	11	8
Mittlerer Niederschlag (in mm)	0	0	0	0	8	23	71	127	38	3	0	0
Minimaler Niederschlag (in mm)	0	0	0	0	0	0	10	5	0	0	0	0
Maximaler Niederschlag in 24 Stunden (in mm)	8	1	8	20	38	33	76	120	35	10	2	2

Anlage IV.2: Formen des Sammelns und Speicherns von Niederschlägen

M 1

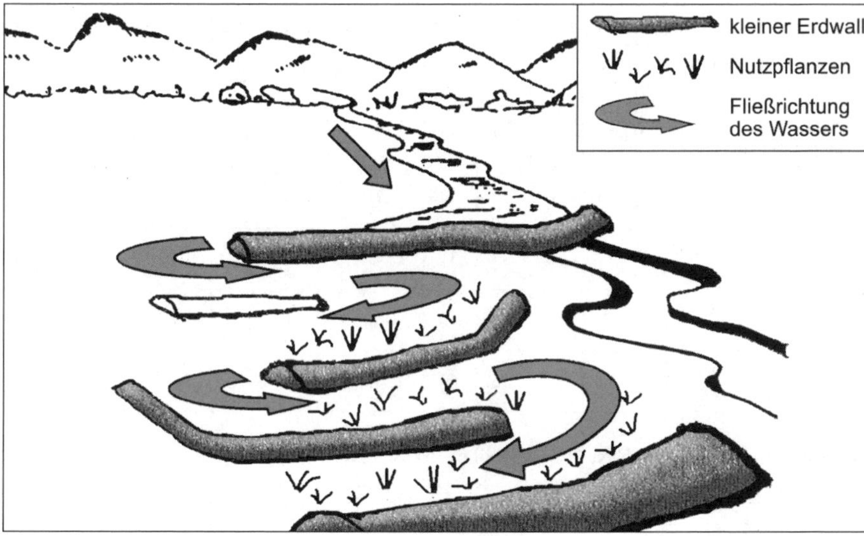

M 2

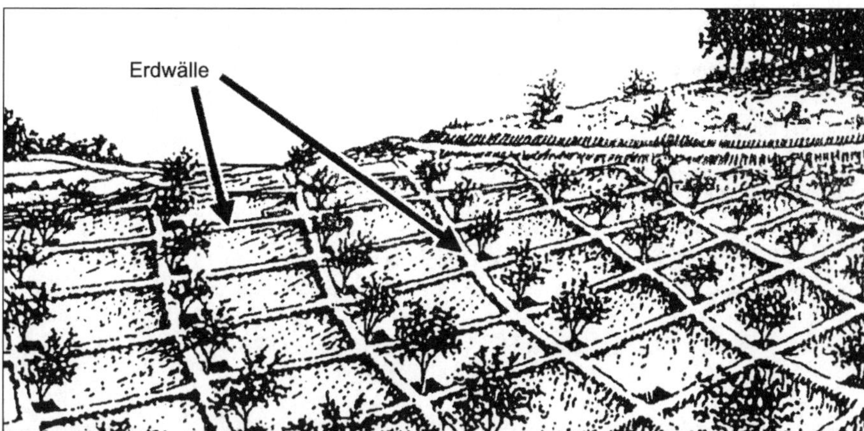

Anlage IV.3: Humusgehalt der Böden der Great Plains um das Jahr 1900 (in kg organischer Kohlenstoff pro m^2 in den oberen 20 cm des Bodens)

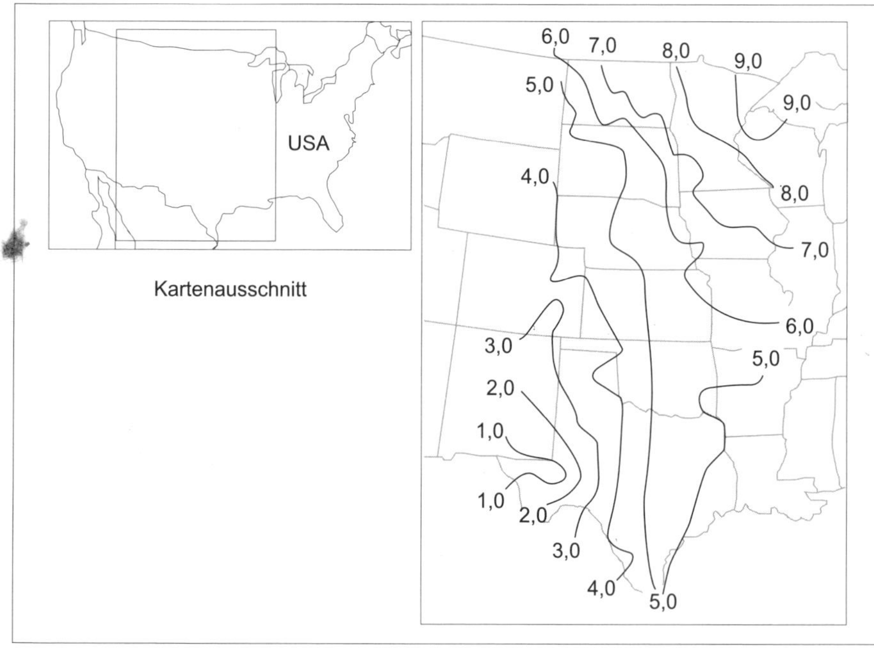

Anlage IV.4: Entwicklung des Humusgehalts in einem Boden in den Great Plains (in kg organischer Kohlenstoff pro m^2 in den oberen 20 cm des Bodens)

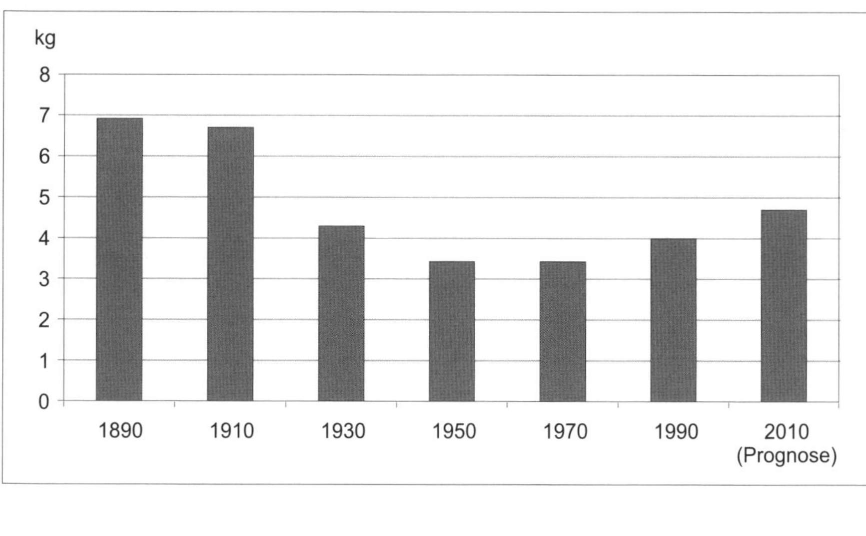

Anlage IV.5: Flächenanteile der Vegetationszonen bei unterschiedlichen CO_2-Gehalten der Atmosphäre

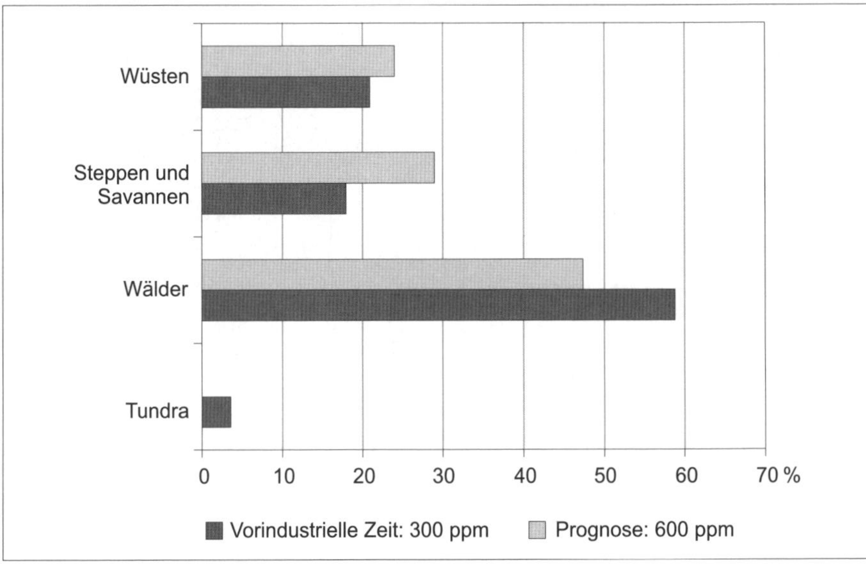

ppm = parts per million

Quellenverzeichnis

Müller, M.: Handbuch ausgewählter Klimastationen der Erde. 5. ergänzte und verbesserte Auflage, Universität Trier 1996, S. 314 u. 320 (Anlage IV.1)

Prinz, D., Oweis, T., Oberle, A.: Rainwater Harvesting for Dry Land Agriculture – Developing a Methodology Based on Remote Sensing and GIS. Proceedings, XIII. International Congress Agricultural Engineering, 02.–06. 02. 1998, ANAFID, Rabat, Morocco (Anlage IV.2, M 1 und M 2)

Schultz, J.: Handbuch der Ökozonen. UTB/Ulmer Verlag, Stuttgart 2000, S. 279 (Anlage IV.3)

Walter, H. und Breckle, S.-W.: Vegetation und Klimazonen. Grundriß der globalen Ökologie. 7. völlig neu bearbeitete und erweiterte Auflage. UTB/Ulmer Verlag, Stuttgart 1999, S. 396 (Anlage IV.4)

Schönwiese, Ch. und Diekmann, B.: Der Treibhauseffekt, Rowohlt, Stuttgart 1987, S. 183 (Anlage IV.5)

Lösungsvorschlag

1.1 *Die in der Anlage IV.1 angeführten Klimawerte sollen weder erläutert noch begründet, sondern lediglich auf ihre Eignung für Ackerbau in den beiden Regionen überprüft werden. Nicht alle Daten sind dabei in gleicher Weise aussagekräftig. Sie sollten auch bedenken, dass einige Werte günstig, andere nachteilig für den Ackerbau bzw. dass Marrakesch und Gao vom Klima her unterschiedlich gut für den Ackerbau geeignet sind.*

Obwohl Gao aufgrund seiner südlicheren Lage weitaus höhere Temperaturen als Marrakesch aufweist, sind bei beiden Stationen die mittleren Temperaturen so hoch, dass potenziell eine ganzjährige Vegetationsperiode besteht. Das sind natürlich günstige Voraussetzungen für den Anbau von Feldfrüchten. In Marrakesch können lediglich episodisch kurze Unterbrechungen der winterlichen Wachstumsperiode auftreten, da von Oktober bis Mai die absoluten Minima der Temperatur unter 10 °C liegen und ein geringes Frostrisiko besteht.

Problematischer sind die Niederschlagsverhältnisse. Marrakesch und Gao haben mit 242 bzw. 270 mm mittlerem Jahresniederschlag einen viel zu geringen Wert für ertragreichen Ackerbau. Bei beiden Stationen beschränken sich die Niederschläge außerdem auf wenige Monate. Auch das ist für einen kontinuierlichen Ackerbau ungünstig. In Marrakesch liegen die Monate mit etwas höheren Niederschlägen zwischen Oktober und April; jedoch sind lediglich vier Monate humid. In Gao sind die Verhältnisse noch ungünstiger: Von November bis April fällt hier normalerweise überhaupt kein Niederschlag. Nur in den Monaten Juli bis September herrscht eine kurze Regenzeit, die jedoch nicht ausreicht, damit die Feuchtigkeit den Boden tiefgründig infiltrieren kann. Die Grundwasserneubildung ist sehr gering.
Anhand der Angaben zum minimalen Niederschlag kann man erkennen, dass beide Stationen eine hohe Niederschlagsvariabilität mit der großen Gefahr von Dürrejahren aufweisen. Bei Marrakesch fällt in trockenen Extremjahren überhaupt kein Regen, in Gao nur in zwei Monaten minimale Mengen. Auf der anderen Seite weisen die maximalen Niederschläge in 24 Stunden aus, dass auch Starkregenereignisse vorkommen können. In Gao können im August innerhalb von 24 Stunden 120 mm Niederschlag fallen. Das birgt die Gefahr der flächenhaften Abschwemmung und Erosion. Beide Extremfälle, sowohl Dürren als auch Starkregen, wirken sich verheerend auf den Ackerbau aus. (10 BE)

1.2 *Hier sind zwei Operatoren zu einer Doppelfrage zusammengefasst. Sie sollen sich zunächst auf die Anlage IV.2 konzentrieren und die dort dargestellten Methoden zur Sammlung von Niederschlag in Steppen und Savannen nennen und beschreiben. Dann sind Sie aufgefordert, die grundsätzlichen Möglichkeiten und Grenzen solcher Methoden zu erkennen und zu veranschaulichen.*

In Anlage M 1 wird dargestellt, wie das Wasser eines Flusses, der wohl unregelmäßig Wasser führt (Region der Steppen und Savannen!), für den Ackerbau nutzbar gemacht wird. Man verändert die Fließrichtung des Wassers durch die Anlage kleiner Erdwälle und leitet es damit auf die zwischen den Erdwällen liegenden Felder. Durch das lenkende Aufstauen wird der Fluss sozusagen künstlich zum Mäandrieren gezwungen.
Fraglich ist, ob diese Methode der Nutzung von Flusswasser dem in der Frage geforderten Sammeln und Speichern von Niederschlägen entspricht!

Die Anlage M 2 zeigt eine gitternetzartige Anlage von Erdwällen auf einer geneigten Fläche. Damit wird die Abflussgeschwindigkeit des Oberflächenwassers verringert und das Wasser jeweils am tiefsten Punkt der entstandenen kleinen Staubecken gesammelt. Dort können dann Pflanzen eingesetzt werden.
Mit diesen Methoden bleibt das Wasser aus Niederschlags- oder Abflussspitzen länger verfügbar, somit kann man die Anbauperiode verlängern bzw. das Anbauspektrum vergrößern. Die landwirtschaftlichen Nutzflächen werden erweitert und durch die Verringerung der Abflussgeschwindigkeit wird eine bessere Infiltration des Regenwassers in den Boden erreicht. In der Folge kann die landwirtschaftliche Produktion intensiviert werden. Gleichzeitig wird durch die Erdwälle die mit Starkregenereignissen verbundene Bodenerosion reduziert, sodass die fruchtbare Bodenkrume erhalten bleibt.

Da diese Maßnahmen einfach und ohne große Investitionskosten und technischen Aufwand umsetzbar sind, eignen sie sich besonders für die Regionen der Steppen und Savannen, die in wirtschaftlich wenig entwickelten Ländern liegen.
Allerdings haben diese Methoden des Wassersammelns und -speicherns auch enge Grenzen. Sie sind beschränkt auf ein geeignetes Relief und verlangen einen hohen Arbeitsaufwand für Bau und Unterhalt. Bei Starkregen besteht die Gefahr, dass sie zerstört werden. Bei der in M 1 dargestellten Methode darf man nicht unterschätzen, dass sich Anrainer am Unterlauf eines Flusses bei Abzweigung des Wassers im Oberlauf benachteiligt fühlen. Solche Bauten bergen also ein hohes Konfliktpotenzial.
(10 BE)

2.1 *Mit dem ersten Teil der Fragestellung wird von Ihnen erwartet, dass Sie der Anlage IV.3 die wichtigsten Informationen entnehmen und diese erläutern. Sie sollen sich dabei in Ihrer Antwort nur auf das vorgegebene Verteilungsmuster in den Great Plains beziehen. Erst im zweiten Teil Ihrer Antwort sollen Sie darüber hinausgehen und drei allgemeine natürliche Faktoren nennen bzw. veranschaulichen, die für die Bodenbildung bedeutend sind.*

In Anlage IV.3 ist der Humusgehalt der Böden der Great Plains um das Jahr 1900 dargestellt, d. h. also annähernd der ursprüngliche Humusgehalt. Das Verteilungsmuster zeigt eine Zunahme von Südwest nach Nordost. Entscheidend dafür ist einerseits der nach Osten zunehmende Jahresniederschlag, der sich in Form einer steigenden Biomassenproduktion und damit in einem höheren Humusgehalt des Bodens auswirkt. Andererseits hat auch die nach Norden abnehmende Jahresmitteltemperatur Einfluss. Durch die längeren Frostperioden bestehen günstigere Bedingungen zur Anreicherung von Humus im Oberboden.
Das großräumige Verteilungsmuster des ursprünglichen Humusgehaltes in den Böden der Great Plains ist also vorwiegend klimatisch zu erklären. Wärme und Trockenheit reduzieren die Humusbildung bzw. ihre Bodenanreicherung im Südwesten, Kälte und Feuchte begünstigen diese im Nordosten.

Neben dem Klima gibt es eine Reihe anderer natürlicher Faktoren, die die Bodenbildung beeinflussen. Dazu gehört das Ausgangsgestein, das durch seine chemische und mineralische Zusammensetzung die Bodenart wesentlich bestimmt.
Auch das Relief ist ein wichtiger Faktor für die Bodenbildung. Bei stärkerer Hangneigung erhöht sich die Erosion. Dadurch verringert sich die Bodenmächtigkeit des Hanges, gleichzeitig wird sie am Hangfuß erhöht.
Schließlich hat auch das Bodenwasser eine besondere Bedeutung. Es ist für die Ausbildung der einzelnen Bodenhorizonte mit verantwortlich, bewirkt eine Verlagerung von Bodenbestandteilen und die Ausbildung unterschiedlicher Auswaschungs- und Anreicherungshorizonte. (11 BE)

2.2 *Grundlage Ihrer Antwort ist ausschließlich die Anlage IV.4. Ihr sollen Sie entnehmen, wie sich der Humusgehalt eines Bodens in den Great Plains über einen Zeitraum von 120 Jahren geändert hat. Neben der reinen Beschreibung dieser Entwicklung ist wesentlich, dass Sie die wichtigsten Gründe für die einzelnen Phasen der Entwicklung erkennen und veranschaulichen können.*

Bis Anfang des 20. Jahrhunderts lag der Humusgehalt mit etwa 6–7 kg organischer Kohlenstoff pro m^2 sehr hoch. Der Mensch hatte damals noch kaum in das Ökosystem der Plains eingegriffen, sodass die Humusbildung ungestört vor sich gehen konnte und so die hohen Werte erzielt wurden.

Bis Mitte des 20. Jahrhunderts halbierte sich der Humusgehalt auf etwa 3,5 kg organischen Kohlenstoff pro m^2. Das war die Zeit, in der man die ackerbauliche Nutzung weit ausdehnte, ohne entsprechende konservierende Maßnahmen zu ergreifen. Für den Anbau von Weizen im Trockenfeldbau wurden riesige Neulandgebiete erschlossen, wobei die Entnahme der Biomasse weitgehend die Neubildung von Humus verhinderte. Die zeitweise brach liegenden Felder trockneten aus und es kam zur Auswehung des Oberbodens. Dabei ging natürlich ein Großteil des Humus verloren. Dürreperioden verstärkten die Bodenerosion, auch Starkregenereignisse führten zu Oberflächenabschwemmungen.

Ab Mitte des 20. Jahrhunderts stabilisierte sich zunächst die Höhe des Humusgehalts und stieg ab 1970 bis 2010 wieder auf 4,8 kg organischer Kohlenstoff pro m^2. Man hatte nun erkannt, dass in diesem klimatisch riskanten Gebiet die landwirtschaftliche Nutzung nicht beliebig ausgedehnt werden konnte, ohne gleichzeitig Schutzmaßnahmen für die Erhaltung des Bodens zu treffen. Solche Schutzmaßnahmen waren z. B. ein verbessertes dry-farming System, bei dem in den Brachejahren durch verschiedene Maßnahmen das Niederschlagswasser konserviert wird. Durch isohypsenparalleles Pflügen vermindert man die der Hangneigung folgende Bodenerosion. Streifenförmige Bebauung mit Pflanzen unterschiedlicher Reifezeit verhindert, dass große Flächen gleichzeitig brach liegen und der Winderosion ausgesetzt sind. Crop rotation (Fruchtwechselwirtschaft) statt Monokultur, stubble mulching (Bodeneinarbeitung der Stoppeln) und windbreaks (Waldschutzstreifen) dienen den gleichen Zielen. Auf diese Weise konnte erreicht werden, dass sich der Boden erholte und der Humusgehalt erhöhte. (11 BE)

3.1 *Sie sollen zwei tropische Regionen in Afrika suchen, in denen nicht die zu erwartende breitenkreisparallele Anordnung der Vegetationszonen vorherrscht. Die Abweichung muss auf natürliche Einflussgrößen zurückführbar sein. Diese sollten Sie nennen und veranschaulichen.*

Als erstes Beispiel kann man Ostafrika im Bereich der Staaten Äthiopien/Kenia nennen. Hier verlaufen die natürlichen Vegetationszonen, vor allem die Dornstrauchsavanne, aber auch die Feuchtsavanne, fast meridional. Ursache dafür sind die Höhenverhältnisse und davon abgeleitet die klimatischen Folgen. Im Hochland von Äthiopien sind die Temperaturen ganzjährig gegenüber der Umgebung abgesenkt. Wegen der dann vorherrschenden Nordost-Passate kommt es auch im Winter auf der Leeseite nicht zu höheren Niederschlägen.
Auch im Sommer ergibt sich beim dann dominierenden Südost-Passat die gleiche Wirkung. So kommt es, dass hier die Dornsavanne weit nach Süden in das eigentlich der Feuchtsavanne vorbehaltene Gebiet vordringen kann. Die Feuchtsavanne wiederum breitet sich am Westabhang des äthiopischen Hochlandes meridional in der ihren klimatischen Bedürfnissen entsprechenden Höhenlage aus.

Ein zweites Beispiel liegt im Küstenbereich des südwestlichen Afrika etwa bei 15° S. Auch hier verlaufen die Vegetationszonen meridional. Von der Küste aus durchquert man von West nach Ost nacheinander Wüste, Halbwüste, Dornstrauchsavanne, Trockensavanne und Feuchtsavanne. Am Meer verhindert der kalte Benguelastrom die Niederschläge, sodass eine Küstenwüste entstehen konnte. Aufgrund der Abkühlung regnet sich die Feuchtigkeit bereits vor der Küste ab. Im Landesinneren machen sich dann zunehmend die Niederschläge in Form von Zenitalregen und unter dem Einfluss der ITC bemerkbar, sodass sich die entsprechenden Vegetationszonen ausbilden können.

Das Beispiel Madagaskar mit einer musterhaft meridionalen Ausrichtung der Vegetationszonen wurde nicht gewählt, da die Frage so verstanden wurde, dass der Kontinent Afrika angesprochen war. (9 BE)

3.2 *Die Vorgabe einer „kritischen Auseinandersetzung" legt nahe, dass es an der Aussagekraft der Anlage IV.5 wohl einiges zu bemängeln gibt. Die entsprechenden Kritikpunkte zu finden, klar anzusprechen und ein eigenes Urteil darüber zu fällen, ist Ihre Aufgabe. Dafür müssen Sie zunächst eine Beschreibung liefern, auf deren Grundlage Sie dann weiter argumentieren können.*

In der Anlage IV.5 werden die Flächenanteile dargestellt, die bestimmte Vegetationszonen bei unterschiedlichen CO_2-Gehalten der Atmosphäre – 300 ppm in vorindustrieller Zeit und 600 ppm als Prognose – haben. Während Wüsten sowie Steppen und Savannen bei steigendem CO_2-Gehalt deutlich zunehmen, wird der Anteil der Wälder reduziert. Tundren verschwinden sogar vollständig.
Das Diagramm enthält keine Aussage zum gegenwärtigen Zustand. Daher ist die ausgewiesene Veränderung von „vorindustrielle Zeit" bis zu „Prognose" nicht sehr aussagekräftig. Die erkennbaren Veränderungen können theoretisch auch schon im Zeitraum „vorindustrielle Zeit" bis heute stattgefunden haben. Die Angabe „Prognose" ist sehr vage und fixiert keinen exakten Zeitpunkt. Man kann daher auch bei angegebenem CO_2-Gehalt von 600 ppm keine Rückschlüsse über die Anpassungsmöglichkeiten von Pflanzen an die Klimaveränderungen ziehen, die von bestimmten Zeiträumen abhängen. Die Aussage über die Zunahme von Wüsten sowie Steppen und Savannen ist sehr oberflächlich, da nicht zwischen den verschiedenen Typen dieser Vegetationszonen differenziert wird. Ähnliches geschieht bei der Angabe zum Rückgang der Wälder. Tropische und außertropische Waldgesellschaften mit völlig unterschiedlichen klimatischen Ansprüchen werden undifferenziert dargestellt, sodass die Einheitsaussage über „Wälder" keinerlei vernünftige Rückschlüsse zulässt.

Insgesamt ist die Darstellung sehr vereinfacht und oberflächlich. Komplexe Zusammenhänge werden nicht berücksichtigt, sodass man auf dieser Basis möglichst keine Aussagen machen sollte. (9 BE)